Python

深度学习异常检测

使用 Keras 和 PyTorch

[美] 斯里达尔·阿拉(Sridhar Alla)
苏曼·卡拉扬·阿达里(Suman Kalyan Adari)　　　　著

杨小冬　　　　　　　　　　　　　　　　　　　　译

U0286566

清华大学出版社

北　京

北京市版权局著作权合同登记号 图字：01-2020-2325

Beginning Anomaly Detection Using Python-Based Deep Learning, with Keras and PyTorch
Sridhar Alla, Suman Kalyan Adari
EISBN：978-1-4842-5176-8
Original English language edition published by Apress Media. Copyright © 2019 by Apress Media.
Simplified Chinese-Language edition copyright © 2020 by Tsinghua University Press. All rights reserved.

本书中文简体字版由 Apress 出版公司授权清华大学出版社出版。未经出版者书面许可，不得以任何方式复制或抄袭本书内容。

图书在版编目(CIP)数据

Python 深度学习异常检测 使用 Keras 和 PyTorch/ (美)斯里达尔·阿拉(Sridhar Alla),(美)苏曼·卡拉扬·阿达里(Suman Kalyan Adari)著；杨小冬 译. —北京：清华大学出版社，2020.7（2021.12重印）
书名原文：Beginning Anomaly Detection Using Python-Based Deep Learning, with Keras and PyTorch
ISBN 978-7-302-55942-9

I.①P… II.①斯… ②苏… ③杨… III.①软件工具－程序设计 IV.①TP311.561

中国版本图书馆 CIP 数据核字(2020)第 120410 号

责任编辑：王 军 韩宏志
装帧设计：孔祥峰
责任校对：成凤进
责任印制：丛怀宇

出版发行：清华大学出版社
　　　网　　　址：http://www.tup.com.cn，http://www.wqbook.com
　　　地　　　址：北京清华大学学研大厦 A 座　　邮　　编：100084
　　　社 总 机：010-62770175　　　　　　　　　邮　　购：010-62786544
　　　投稿与读者服务：010-62776969，c-service@tup.tsinghua.edu.cn
　　　质 量 反 馈：010-62772015，zhiliang@tup.tsinghua.edu.cn
印 装 者：三河市吉祥印务有限公司
经　　销：全国新华书店
开　　本：170mm×240mm　　　印　　张：20　　　字　　数：409 千字
版　　次：2020 年 8 月第 1 版　　　印　　次：2021 年 12 月第 2 次印刷
定　　价：98.00 元

产品编号：087104-01

译 者 序

我们处于一个迅猛发展的信息时代，各种形式的数据源源不断地涌现，而在庞大的数据集中，很可能存在这样或那样的异常，如果不及时检测并解决这些异常，那么据此做出的预测或判断很可能不准确，甚至出现很大的偏差。而本书可为你提供这方面的指导，教会你如何利用相关工具来检测异常。

在我们的生活中，异常事件多种多样，导致异常的原因也各不相同，而不管是哪种异常，往往都会带来不利影响。在商业领域，这种影响尤为显著，有时甚至可能带来巨大的经济损失。因此，我们应该通过适当的异常检测技术提前将异常检测出来，从而得到有效的正常数据。所谓异常检测，其实就是找出不属于正常行为或预期行为的模式。它在很多领域都得到广泛而深入的应用。

本书介绍如何使用异常检测来解决各种商业问题，并与大家一起探索如何使用异常检测处理各种实际状况，以及如何解决商业环境中的实际问题。当然，每个企业的具体情况各不相同，因此无法通过一个通用模型来检测所有数据集中存在的异常情况，不过本书提供了大量的实际应用案例，以及很多可以实际运行的代码示例，帮助大家更好地理解相关内容。

本书不仅包含严谨的理论介绍，还提供了丰富的示例以及生动形象的插图，可谓图文并茂，使大家在学习过程中不会感到枯燥乏味。

对于本书的作者，乍一看，其中竟然有一位是本科大学生，不免让人对图书的质量产生一丝疑虑。然而，真正看过书中的内容以后，这种疑虑就完全消除了。作者在深度学习和异常检测领域有着非常深入的研究，而且有着丰富的实践经验，相比于那些身居高位的人员，作者的描述、讲解更贴近普通用户，让没有相关经验的初学者也可以轻松理解所介绍的内容。当然，还有两位技术专家为本书做技术审阅，使本书的质量得到进一步保障。相信通过本书的学习，大家一定能对 Python 深度学习异常检测有更全面、深入的了解，并能在实际工作中运用相关技术和方法解决遇到的问题。

在这里，我要对清华大学出版社的编辑及其他相关人员表示诚挚的谢意，他们一丝不苟的严谨工作作风让我深感佩服，没有他们的辛勤工作，就没有本书简体中文版本的顺利出版。

在本书的翻译过程中，译者本着信、达、雅的原则，力求能够忠实于原文，准确表达出作者的原意，同时表述清晰，让读者能够轻松理解对应的内容。当然，由于译者本身的水平有限，书中难免会存在一些错误或不恰当的地方，欢迎广大读者不吝指正，在此先行表示感谢。本书的全部章节由杨小冬翻译。

最后，要对我的家人表示深深的谢意，没有他们的理解和支持，就没有本书翻译工作的顺利完成。

译者

作 者 简 介

Sridhar Alla 是 Bluewhale 公司的联合创始人兼首席技术官(CTO)。该公司致力于帮助各种规模的组织构建人工智能(AI)驱动的大数据解决方案和分析方法。Sridhar 撰写了很多图书，众多的 Strata、Hadoop World、Spark Summit 相关会议争相邀请他做主题演讲。此外，他还在大规模计算和分布式系统领域拥有在美国专利商标局备案的一些专利。他对很多相关技术拥有丰富的使用经验，其中包括 Spark、Flink、Hadoop、AWS、Azure、TensorFlow、Cassandra 等。2019年 3 月，他曾在 Strata SFO 上做了关于深度学习异常检测的演讲。2019 年 10 月，他曾在 Strata London 大会上做相关演讲。

Sridhar 出生在印度海得拉巴，目前与妻子 Rosie 和女儿 Evelyn 一起居住在美国新泽西州。平时，在编写代码之余，他喜欢与家人共度美好时光。此外，他还热衷于培训和教学指导工作，并经常组织一些技术交流活动。

Suman Kalyan Adari 是一名大学本科学生，在佛罗里达大学攻读计算机科学学士学位。从大学一年级起，他就一直针对深度学习在网络安全领域的应用进行深入研究；在 2019 年 6 月，他曾经在美国俄勒冈州波特兰市举办的 IEEE 可靠系统与网络研讨会上做了关于安全可靠的机器学习的演讲。

Suman 对深度学习的相关研究充满热情，尤其专注于深度学习在各个领域的实际应用，例如视频处理、图像识别、异常检测、有针对性的对抗攻击等。

致　　谢

Sridhar Alla

我要向我亲爱的妻子 Rosie Sarkaria 和美丽、可爱的女儿 Evelyn 表示最诚挚的谢意，感谢她们在我撰写本书的几个月中给予我无微不至的关心和包容。此外，还要感谢我的父母 Ravi 和 Lakshmi Alla，他们给予我莫大的支持，不断鼓励我克服各种困难。

Suman Kalyan Adari

这是我参与撰写的第一本书，在整个撰写过程中，我的父母 Krishna 和 Jyothi 为我提供了非常大的支持，在这里，我要向他们表示深深的谢意。还有我可爱的小狗 Pinky，它一直陪伴在我的左右，为我带来欢乐。还要特别感谢我的姐姐 Niha，她帮助我创建图表，并且校对、编辑和测试代码示例。

技术审校者简介

Jojo Moolayil 是一位人工智能方面的专家，撰写并出版了三本关于机器学习、深度学习和物联网(IoT)的著作。他目前在加拿大不列颠哥伦比亚省温哥华办事处作为人工智能助理研究员负责 Amazon Web Services 相关工作。

Jojo 出生于印度浦那，并在那里长大，毕业于浦那大学，主修信息技术工程专业。他热衷于问题解决和数据驱动的决策方面的研究，并于 Mu Sigma Inc.开启自己的职业生涯。Mu Sigma Inc.是世界上最大的专业分析方案提供商之一，在那里，他主要负责为医疗保健和电信行业巨头开发机器学习和决策科学解决方案，用于解决他们遇到的各种复杂问题。此后，他又先后就职于 Flutura (一家 IoT 分析初创公司)和 General Electric，在印度班加罗尔专注于工业人工智能方面的研究工作。

目前，作为 AWS 助理研究员，他主要负责研究和开发各种大规模人工智能解决方案，用于打击网络欺诈以及丰富和改善客户的云支付体验。此外，他还与许多有名的出版商合作，作为技术审阅者和人工智能顾问积极参与了很多图书的出版工作，到目前为止，他已经为大量机器学习、深度学习和商业分析方面的图书提供了技术审阅。

Satyajit Pattnaik 是一位高级数据科学家，在这一领域拥有八年的工作经验。他热衷于将数据转换为可操作的知识和有意义的案例。从数据提取一直到最终数据产品或可操作的知识，他全身心地投入到数据处理工作中，并充分享受其中的乐趣。

他是一个非常投入且专注的人，坚决、果断，能够很好地适应各种环境，这一点从他所参与的各种跨领域项目可以充分体现出来，这些项目往往涉及各种不同类型的数据、平台和技术。除了与数据捕获、分析和表示相关的技能以外，他还拥有很强的问题解决能力。对于以可重用的方式快速完成工作来说，拥有计算机科学领域的工作经验确实是一个很好的补充。除了机器学习之外，他对快速学习也比较推崇。

前　言

　　当你做出与我们一起探索深度学习并运用深度学习来进行异常检测的决定时，恭喜你，你的决定非常英明，相信你一定能够在此过程中收获愉悦的心情和丰富的知识。

　　所谓异常检测，其实就是找出不属于正常行为或预期行为的模式。如果出现异常事件，可能会对企业造成数百万美元的经济损失。广大消费者也可能会因异常事件而损失经济利益。实际上，在日常生活中，人们会面临各种各样的情况，财产甚至生命方面的风险无处不在。如果你的银行账户被清空，这就是一个问题。如果你家的水管破裂，淹了地下室，这也是一个问题。还有，如果机场的所有航班都发生延误，导致旅客长时间滞留机场，这同样是一个问题。你可能经历过误诊的情况，这更是一个非常严重的问题。

　　在本书中，你将了解到如何使用异常检测技术来解决各种商业问题，如何使用异常检测技术处理各种实际状况，以及如何解决商业环境中的实际问题。每个企业的实际情况以及应用异常检测技术的方式各不相同，因此，我们不能简单地通过复制粘贴代码来构建一个通用模型，以此来检测任何数据集中存在的异常情况，但是，本书将提供大量的应用案例，让大家亲身尝试一些编码练习，从而了解整个过程背后的各种可能性和相关概念。

　　我们之所以选择 Python，是因为它包含大量的程序包，集成了 scikit-learn、深度学习库等，是最适合用于数据科学的语言。

　　首先，我们将为大家简单介绍异常检测，然后看一看过去几十年所采用的异常检测方法。紧跟着，我们将带你了解一下深度学习的相关情况。

　　接下来，我们将探索自动编码器和变分自动编码器，为你更好地了解新一代生成模型铺平道路。

　　我们将探索如何使用 RBM(受限玻尔兹曼机)来检测异常。然后将介绍 LSTM(长短期记忆)网络模型，看一看如何处理时间数据。

你还将了解 TCN (时域卷积网络)的相关内容，它是业内最佳的时间数据异常检测技术。最后，我们会提供各种业务环境中的一些异常检测示例。

此外，将在最后的附录部分详细介绍流行的两种深度学习框架，分别是 Keras 和 PyTorch。

大家可以通过 Jupyter 基于记事本的练习将这些丰富的知识与亲手编码结合起来，对这些知识有一个切身的体验，了解可以在哪些领域运用这些算法和框架。

欢迎进入深度学习的世界，祝你好运！

在纸质书中，部分图片较为模糊，读者可扫描封底二维码，下载和查看较为清晰的电子图片。

目　　录

第 1 章

■ ■ ■ ■

异 常 检 测

在本章中，你将对异常有一个基本的了解，包括异常的类别和异常检测。此外，还将了解为什么异常检测非常重要，如何检测异常以及此类机制的使用情况。

概括来讲，本章主要介绍以下主题：

- 什么是异常？
- 异常的类别
- 异常检测的三种方式
- 异常检测用在什么地方？

1.1 什么是异常？

在开始学习异常检测的相关内容之前，首先必须要明确了解你的目标对象是什么。一般来说，异常就是不符合预期的结果或值，不过，用于确定异常的确切条件可能因具体情况而异。

1.1.1 异常的天鹅

为了更好地了解什么是异常，我们来看湖边的一些天鹅(见图 1-1)。

假如你想要观察这些天鹅，针对天鹅的颜色做出假设。目的是确定天鹅的正常颜色，看一看是否存在颜色与正常颜色不同的天鹅(见图 1-2)。

图 1-2 中出现了更多天鹅，鉴于没有看到任何不是白色的天鹅，因此假定湖边的所有天鹅都是白色的似乎是合情合理的。接下来，我们继续观察这些天鹅，看看会出现什么情况。

图 1-1　湖边的一对天鹅

图 1-2　出现更多天鹅，并且都是白天鹅

什么情况？现在，你看到出现了一只黑天鹅(见图 1-3)，但是，这种情况是怎么出现的呢？考虑到之前的所有观察结果，你已经看到了相当多的天鹅，足以假定下一只天鹅应该也是白色的。然而，你所看到的这只黑天鹅彻底推翻了这种假设，这就成为一个异常。它实际上并不是一个离群值(也就是一只非常大的白天鹅或一只非常小的白天鹅)，而是一只颜色完全不同的天鹅，从而使其成为异常。这种情况下，白天鹅占压倒性的多数，这就使得黑天鹅非常罕见。

换句话说，假定湖边有一只天鹅，这只天鹅是黑天鹅的概率是非常低的。你可以通过下面两种方法中的任何一种来解释将黑天鹅标记为异常的原因，当然，可以采用的方法还有很多，并不仅限于这两种。

第一种方法，鉴于在此特定湖边观察到的绝大多数天鹅都是白色的，通过类似于归纳推理的过程，你可以假定在这里天鹅的正常颜色是白色。自然而然地，仅根据之前做出的所有天鹅都是白色的假设，就会将这只黑天鹅标记为异常，因为之前看到的只有白天鹅。

图 1-3　出现了一只黑天鹅

　　解释为什么将这只黑天鹅标记为异常的第二种方法是通过概率。假设这个广阔的湖边共有 1000 只天鹅,其中只有两只黑天鹅,黑天鹅的概率仅为 2/1000,也就是 0.002。根据概率阈值,也就是某一结果或事件将被接受为正常的最低概率,黑天鹅可能会被标记为异常或正常。在我们所举的这个例子中,你肯定会将黑天鹅视为异常,因为这个湖边出现黑天鹅的概率非常低。

1.1.2　数据点形式的异常

　　我们将这个概念扩展到现实世界中的应用。在下例中,你将看到一家生产螺丝钉的工厂,并试图确定这种情况下异常可能是什么。这家工厂一次性生产大批量的螺丝钉,然后对每一批中的样品进行检测,以确保达到一定的质量水平。对于每个样品,假定要对其密度和抗拉强度(即螺丝钉承受压力或拉伸的能力)进行测量。

　　图 1-4 是各个抽样批次的示例图,其中虚线表示密度和抗拉强度的允许范围。

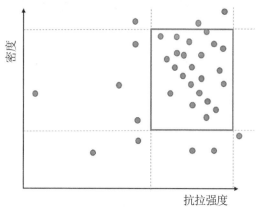

图 1-4　螺丝钉抽样批次中的密度和抗拉强度

　　虚线相互交叉形成了一些包含数据点的不同区域。我们感兴趣的是两组虚线相交形成的边界框(实线包裹的部分)，因为其中包含的数据点表示被认为质量可接受的样品(见图1-5)。该边界框以外的任何数据点将被认为是异常值。

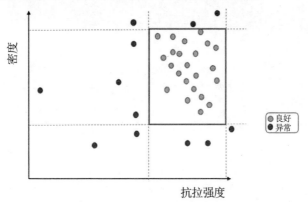

图1-5　根据所处位置将数据点识别为良好或异常

　　现在，你已经知道了哪些点是可接受的，哪些点是不可接受的，接下来，我们从新的一批螺丝钉中挑选出一个样品，对其数据进行检查，看看它在图中落在什么位置(见图1-6)。

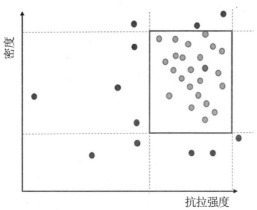

图1-6　生成了一个新的数据点，表示新的螺丝钉样品，其数据落在边界框以内

　　此螺丝钉样品的数据落在可接受的范围内。这意味着，这批螺丝钉的质量良好，因为它的密度和抗拉强度适合消费者使用。现在，我们来看下一批螺丝钉中的一个样品，并对其数据进行检查(见图1-7)。

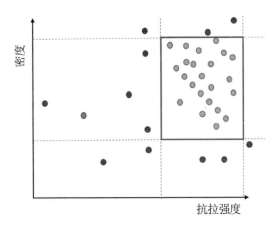

图 1-7　为另一个样品生成一个新的数据点，但该数据点落在边界框以外

　　该数据落在可接受的范围以外，并且相距甚远。对于该螺丝钉的密度来说，它的抗拉强度是非常糟糕的，根本不适合使用。由于该样品已经被标记为异常，因此，工厂可能会调查这批螺丝钉如此脆弱的原因。对于具有一定规模的工厂来说，一定要达到很高的质量标准，还要保持稳定的高产出量，以满足消费者的需求，这一点非常重要。对于这种具有重大意义的任务，通过自动化流程检测出各种异常，从而避免有问题的螺丝钉出厂是必不可少的环节，并且具备很强的可扩展性。

　　到目前为止，你已经以数据点形式对异常进行了探索，这些数据点要么不在正确位置，如黑天鹅的示例，要么不是所需要的，如不合格的螺丝钉。如果将时间作为一个新变量，会出现什么情况呢？

1.1.3　时间序列中的异常

　　引入时间并将其作为一个变量后，便可处理与数据集关联的时间性概念。这意味着，可能会出现一些基于时间戳的模式，以便可以查看某些现象在每个月的出现次数。

　　为了更好地了解基于时间序列的异常，我们随机选择一个人，看一看他在任意月份的消费习惯(见图 1-8)。

　　假定月初的消费小高潮是由于支付租金和保险账单等因素造成的。在周中，这个人有时会到外面就餐，而在周末，他会采购一些食品杂货、衣物或者其他各种用品。

　　受到各种假期的影响，这些消费支出可能会因月份而异。我们以十一月为例进行说明，你应该可以预计到，在"黑色星期五"这一天采购量会大大增加(见图 1-9)。

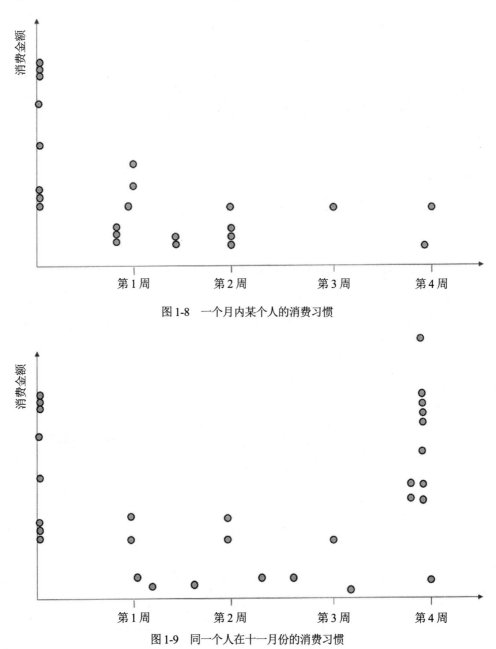

图 1-8　一个月内某个人的消费习惯

图 1-9　同一个人在十一月份的消费习惯

　　正如我们所预计的,在"黑色星期五"这一天采购量大大增加,而且其中的一些商品非常昂贵。不过,这个消费高潮是我们早就预料到的,因为很多人都存在这种情况,这属于通用的消费趋势。现在,假定出现了一个非常不幸的情况,这个人的信用卡信息被盗,犯罪分子决定用这张信用卡购买所需的各种商品。还是以第一个示例中的月份(见图 1-8)为例,这种情况下会呈现出哪种表现形式呢?图 1-10 就是一种可能的情况。

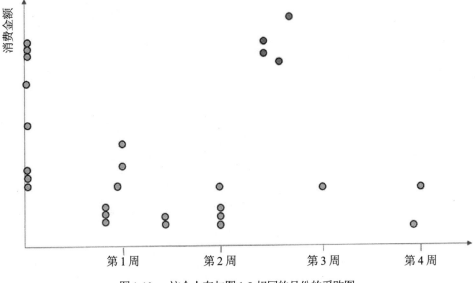

图 1-10 这个人在与图 1-8 相同的月份的采购图

参考该用户在上一年的购买记录,在给定上下文中,购买量的突然增加会被标记为异常。对于"黑色星期五"或圣诞节前夕来说,这样的大规模集中采购可能是正常的,但在其他没有重要节假日的月份,可能就不正常了。这种情况下,相关的负责人可能会与该用户取得联系,确认相关的购买行为是不是本人完成的。

某些公司甚至可能对遵循正常社会趋势的购买进行标记。如果电视机不是你所研究的用户在"黑色星期五"购买的,会怎么样?这种情况下,公司软件可通过电话应用程序直接向客户询问,例如,确认相关商品是不是他本人购买的,从而针对一些欺诈性购买行为提供额外保护。

1.1.4 出租车

类似地,你可以看一下随机的某个城市出租车下车人数随时间变化的数据,看看能否检测出任何异常。正常情况下,在一天中,乘车的总人数可能与图 1-11 差不多。

在图 1-11 中可以看到,午夜后乘车人数逐渐下降,在后半夜几乎趋近于零。但是,在早高峰左右会突然上升,并在傍晚前一直保持较高水平,在晚高峰时乘车人数达到最高点。基本上,普通的一天就是这样的情况。

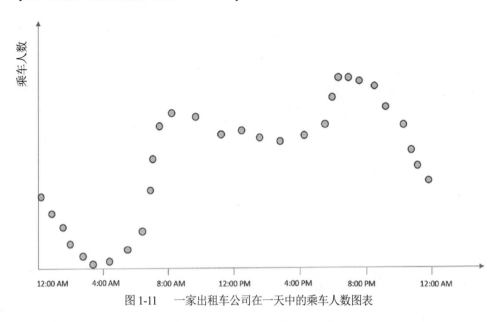

图 1-11　一家出租车公司在一天中的乘车人数图表

接下来，我们将研究范围稍微扩展一些，了解一周内的乘客人数是怎样变化的。请查看图 1-12 了解相关数据。

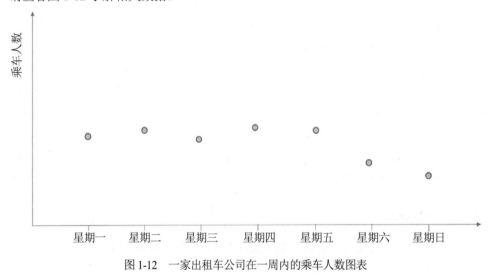

图 1-12　一家出租车公司在一周内的乘车人数图表

与我们预期的一样，绝大多数乘车都出现在周中，因为在这几天上班族需要往返于住所与单位之间。在周末，仍然有一定数量的人外出购买食品杂货，或者仅仅是外出过周末。

在少数情况下，会有一些情况导致出租车无法正常出车，或者某些机构出台某种奖励措施，鼓励客户不选择坐出租车出行，这些原因会导致出现异常。例如，星期五发生严重的雷暴。图 1-13 显示了这种情况下对应的图表。

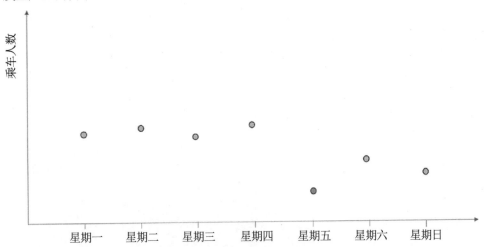

图 1-13　出租车公司一周内的乘车人数图表，其中星期五发生了严重的雷暴

雷暴的出现导致某些人选择留在家中，因此，乘车人数比工作日的正常人数少很多。但是，这种异常出现的概率通常非常小，会对整体模式产生明显影响。

我们来看看整年的数据，如图 1-14 所示。

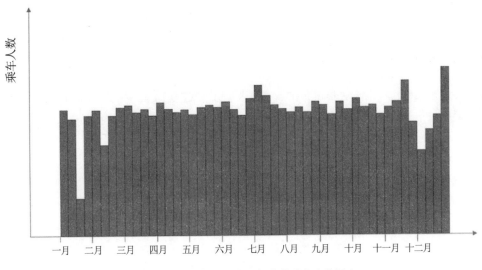

图 1-14　出租车公司在一年中的乘车人数图表

预计在冬天的几个月会出现暴风雪天气，出现这种天气的时候乘车人数会有所下降。可以肯定的是，这些是固定的模式，每年在类似的时间都可以观测到，因此，这些不是异常。然而，如果在四月的某个时间出现极地涡旋会怎么样？

正如你在图 1-15 中看到的，极地涡旋使这个虚构的城市发生了多次比较严重的暴风雪，导致第一周所有交通工具的速度都大大降低，并且在接下来的两周给城市交通带来很大的困难。将此图与之前的图表进行对比可以发现，四月份发生的极地涡旋导致此图中出现了一个明显异常。四月份出现这种情况是非常罕见的，因此，应该将其标记为异常。

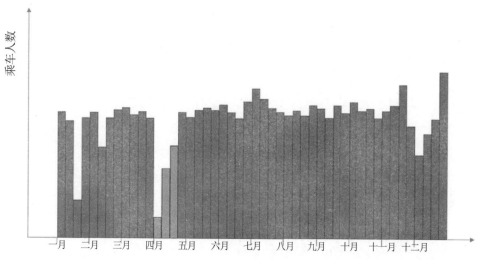

图 1-15　出租车公司在一年中的乘车人数图表，其中四月份该城市发生了一次极地涡旋

1.2　异常的类别

现在，你已经对各种情况下的异常定义有了一定的了解，回想一下，就会发现这些异常一般分为以下几个类别：
- 基于数据点的异常
- 基于上下文的异常
- 基于模式的异常

1.2.1　基于数据点的异常

基于数据点的异常可以看成一组数据点中的离群值。不过，异常和离群值并不是同一个概念。离群值对应的数据点原本预计应该出现在数据集中，但由于无法避免的随机错误或与数据抽样方式相关的错误而导致不在数据集中。异常包括离群值，也包括用户预计不应该出现的其他值。在由多个值构成的数据集中往往可以找到这些类型的异常。

由甲状腺诊断结果值构成的数据集就是这种类型的一个示例，其中绝大多数数据点都表示正常的甲状腺功能。这种情况下，异常值表示甲状腺出现病症。这些异常值不一定是离群值，只是相对于所有正常数据，它们出现的概率比较低。

你可能会检测到总数非常大的个人购买行为，并将它们标记为异常，因为正常情况下它们不应该出现，或者出现的概率非常低。这种情况下，它们会被标记为欺诈交易，相关部门会联系信用卡持有人，确认相应的购买行为是否合法。

基本上，对于异常与离群值之间的区别，可以做如下表述：你应该预计到一组数据中可能存在离群值，但不应该出现异常。

1.2.2 基于上下文的异常

基于上下文的异常指的是如下数据点：这些数据点在一开始看起来似乎是正常的，但在各自的上下文环境中会被认为是异常。例如，你可能能够预计到，在某些节假日来临之际，采购量会大幅增加，但如果是在八月中旬出现这种情况，似乎就有些不合时宜。正如你在前面的示例中看到的，如果某个人在"黑色星期五"购买了大量的商品，一般不会将其标记为异常，因为，在这个时候大多数人通常都会这样做。但是，如果根据之前的购买历史记录，这种大批量购买商品的行为所出现的月份在以往并没有出现过这种情况，就会将其标记为异常。这可能与 1.2.1 节中所举的示例类似，这里的不同之处在于，各个购买的商品不一定很贵重。如果你所研究的对象之前从未购买过汽油，因为他开的是电动汽车，那么在这种上下文环境中，突然出现购买汽油的行为就是不正常的，会被认为是异常。对于大多数人来说，购买汽油是非常正常的事情，但在上述的这种上下文环境中，这就属于异常。

1.2.3 基于模式的异常

基于模式的异常指的是背离其历史轨迹的模式和趋势。在出租车的示例中，四月份的乘车人数与其他月份没有什么差别。但是，出现极地涡旋后，乘车人数发生了非常明显的变化，在图中表现为大幅下降，因此被标记为异常。

类似地，在监控工作场所的网络流量时，某些公司会根据几个月甚至几年内对数据的持续监控，形成较为稳定的网络流量模式。当某位员工试图下载或上传大量数据时，会在整体网络流量图中生成一种特定的模式，如果这种行为违反了员工的正常行为准则，则会被认为是异常行为。

如果有外部攻击者决定对公司的网站进行 DDoS 攻击(DDoS 是 Distributed Denial-of-Service 的简写形式，即分布式拒绝服务攻击，在这种攻击形式中，攻击者试图将处理网络流量的服务器都引向某个特定网站，从而使整个网站瘫痪或者无法正常执行功能)，每次单独的攻击尝试都会记录为一次不正常的网络流量高峰。所有这些流量高峰很明显不符合正常的流量模式，因此会被认为是异常。

1.3　异常检测

现在，你已经对可能遇到的各种不同类型的异常有了更好的了解，接下来就可以开始创建模型来检测各种异常。在此之前，将为你介绍两种可供使用的方法，当然，并没有限制你只能使用这些方法，采用其他有效的方法也是可以的。

回顾一下将黑天鹅标记为异常的原因。其中一个原因就是，由于在那之前你看到的所有天鹅都是白色的，因此，黑天鹅就被认为是异常。另一个原因是，天鹅羽毛为黑色的概率非常低，因此你并没有预计到会出现这种情况，从而将其视为异常。

可以针对正常数据进行训练以分类异常，或者根据它们低于某个特定阈值的概率对异常进行分类，你在本书中探索的异常检测模型将遵循这些方法。但是，在你选择的一类模型中，异常和正常数据点都会根据自身情况进行标记，从而简单地告诉你哪种天鹅是正常的，哪种天鹅是异常的。

最后，我们来探索一下异常检测。在异常检测过程中，会通过某种高级算法将特定数据或数据模式识别为异常。与异常检测紧密相关的任务包括离群值检测、噪点消除和奇异值检测。这些都是基本的异常检测方法。本书将为你介绍所有这些方法。

1.3.1　离群值检测

离群值检测技术旨在从给定数据集中检测出异常的离群值。正如前面所讨论的，这种情况下，可以应用三种方法，分别是仅针对正常数据进行训练以通过高重构错误来识别异常；对概率分布进行建模，在其中根据与极低概率的关联性来标记异常；最后一种方法是对模型进行训练，告诉它异常是什么样的，正常数据点是什么样的，让其据此识别异常。

对于高重构错误，可以认为模型在标记异常时遇到困难，因为相对于观察到的所有正常数据点，它看起来非常奇怪。就好比说，根据最初做出的所有天鹅都是白色的这一假设，黑天鹅真的是与众不同，模型意识到这个异常数据点"与众不同"，但要对其做出解释却非常困难。

1.3.2　噪点消除

在**噪点消除**中，数据集中存在恒定背景噪声，必须将其过滤掉。想象一下，你在聚会上与朋友交谈。现场有很多背景噪声，但你的大脑只专注于你朋友的声音，并将其与其他噪声隔绝开，因为这是你想要听到的声音。类似地，模型会学习一种高效的方式来表示原始数据，以便在不包括异常干扰噪点的情况下对其进行重构。

再比如，某个图像以某种形式被修改，例如加上扰动、丢失细节、雾等。模型会学习原始图像的准确表示，并输出没有任何异常元素的重构图像。

1.3.3 奇异值检测

奇异值检测与离群值检测非常相似。这种情况下，奇异值指的是位于训练集(向其公开模型的数据集)之外的数据点，将其显示给模型以确定其是否为异常。奇异值检测与离群值检测的主要区别在于，在离群值检测中，模型的任务是确定训练数据集中哪个数据点是异常。而在奇异值检测中，模型会学习什么样的是正常数据点，什么样的不是正常数据点，然后尝试将其之前从未见过的异常分类到一个新的数据集中。

1.4 异常检测的三种样式

请注意，存在三种主要的异常检测"样式"，了解这一点非常重要。这三种样式如下：

- 监督异常检测
- 半监督异常检测
- 无监督异常检测

在**监督异常检测**技术中，训练数据对异常和正常数据点都有对应的标签。基本方法就是，你在训练过程中告诉模型某个数据点是不是异常。令人遗憾的是，这并不是最实用的训练方法，最主要的原因就是，需要对整个数据集进行处理，并且需要对每个数据点添加标签。由于监督异常检测从本质上来说是一种二元分类任务，也就意味着模型的任务是将数据归类到两个标签之一的下面，因此，任何分类模型都可以用于执行此任务，不过并不是每种模型都可以达到很高的性能水平。第 7 章介绍时域卷积网络时你可以看到此类异常检测的一个示例。

半监督异常检测仅对训练集中的一部分数据点添加标签。在异常检测的上下文中，可能会出现这种情况，即仅对正常数据添加标签。理想情况下，模型将学习正常数据点是什么样子，因此，模型可将不正常的数据点标记为异常，因为它们不同于正常数据点。可以使用半监督学习进行异常检测的模型示例包括自动编码器，相关内容将在第 4 章中详细介绍。

顾名思义，所谓**无监督异常检测**就是针对未添加标签的数据对模型进行训练。在训练过程完成后，模型应该知道数据集中的哪些数据点是正常的，哪些数据点是异常的。在第 2 章中，我们将介绍一种称为孤立森林(isolation forest)的模型，这就是一种可用于无监督异常检测的模型。

1.5　异常检测用在什么地方？

不管我们是否意识到，现今异常检测已在我们生活中的方方面面被广泛使用。绝大多数涉及各种形式的数据收集的任务可能都应用了异常检测。下面我们来看一看可以应用异常检测的部分最常见的领域和方面。

1.5.1　数据泄露

在现今这个大数据时代，各个公司都存储着大量关于用户的信息，信息安全至关重要。任何信息泄露的情况都必须立即进行报告并予以标记，但是所需的工作量非常大，仅凭手动操作是非常困难的。数据泄露的范围非常广泛，从一些简单的意外事件，例如包含公司敏感信息的 U 盘丢失，到员工有意将数据发送给外部人员，再到试图访问数据库的入侵攻击。你一定听说过一些非常著名的数据泄露事件，比如 Facebook 的安全漏洞、iCloud 数据泄露和 Google 的安全漏洞，在这些事件中，数百万密码发生外泄。这些公司都是国际性大公司，需要采用自动化技术来监控所有事项，从而确保在发生任何泄露事件时能以最快的速度做出响应。

某些情况下，数据泄露甚至不需要访问网络。例如，一名员工可能会通过电子邮件向外部人员或与竞争公司有关联的另一名员工发送差旅计划，从而便于在特定的时间和场合碰头并交换机密信息。异常检测模型可以筛选并处理员工的电子邮件，将任何可疑的员工标记出来。相关软件可以选取一些关键词并对其进行处理，以了解对应的上下文环境，并决定是否标记员工的电子邮件以进行审查。

如果员工尝试向另一个位置上传数据，那么异常检测软件可以选取不正常的数据流，同时监控网络流量并标记相应的员工。在员工的日常工作中，一项重要的工作就是从代码库获取内容以及向代码库推送内容，因此，我们可以预计到，在这些情况下，员工的数据传输量可能会非常大，这属于正常现象。但软件会考虑很多的可变因素，其中包括发送者是谁，接收者是谁，数据是如何发送的(间隔时间不固定、一次性发送所有数据或者在一定时间内分散发送)。在任何一种情况下，某些内容不会累加，软件会选取这些内容，然后对相关员工进行标记。

在工作场所使用异常检测的主要优势在于可以轻松地进行扩展。这些模型既可以用于小型公司，也可以用于大型国际化公司。

1.5.2　身份盗用

在当今社会中，身份盗用是另一个常见的问题。得益于很多在线服务的开发，我们可以轻松地完成在线购物，每天发生的信用卡交易量不断增长。然而，大量在线服务的开发和应用也使得信用卡信息或银行账户信息盗用变得更容易，如果被盗用的信用卡没有及时停用，或者没有对银行账户重新采取安全保护措施，那么犯罪分子就可以利用这些盗用来的信息购买他们想要的各种商品。由于交易的数量非常庞大，让所有交易都得到有效监控可能非常困难。然而，这正是异常检测大显身手的机会，因为它具有非常高的可扩展性，可以在发出申请后迅速检测出欺诈交易。

正如你在前面看到的，上下文环境非常重要。如果发生了一笔交易，软件会参考信用卡持有者以前的消费历史记录，以此确定是否应该对其进行标记。很显然，突然发生购买贵重商品的行为会立即引发警报，但是，如果犯罪分子非常聪明，意识到这种情况，因此在一段时间内分批进行多次购买，使信用卡持有者的账户不出现明显的异常，这种情况下应该怎么办呢？再次说明一下，根据具体的上下文环境，软件会选取这些交易并再次对其进行标记。

例如，假定某人的祖母最近经他人介绍了解了 Amazon，并且知道了如何在线购物。一天，不幸的事情发生了，她遇到了一个与 Amazon 类似的网站，并误认为就是 Amazon 网站，然后在网站上输入了自己的信用卡信息。在网站的另一端，犯罪分子获取了这些信息，并开始用它来购买商品，但为了避免引起怀疑或者出于其他方面的考虑，他并不是一次性购买大量商品。身份盗用保险公司开始注意到最近发生的一些购买电池、硬盘驱动器、闪存驱动器和其他电子产品的行为。虽然这些商品可能并不是非常昂贵，但是考虑到购买者是一位老太太，就明显不太正常了，因为在此之前，她只购买过食品杂货、宠物食品以及其他各种装饰品。根据她之前的购物历史，检测软件会将这些新发生的购物行为标记为异常，并与这位祖母取得联系，确认这些购买行为是不是本人完成的。更厉害的是，在尝试进行这种购买时，软件就会立即对这些交易进行标记。这种情况下，位置或交易本身都会引发警报并阻止交易成功完成。

1.5.3 制造业

之前你已经对异常检测在制造业中的应用进行了探索。一般情况下，制造工厂需要确保其产品满足一定的质量标准，然后才能让产品出厂。如果工厂按照接近恒定的速率进行大批量生产，将检查各种抽样产品质量的过程实现自动化是必不可少的。与前面螺丝钉的示例类似，现实世界中的制造工厂可能通过检测来提高各种金属零件、工具、引擎、食品、服装等产品的质量。

1.5.4 网络服务

要说异常检测最重要的应用，恐怕要数网络服务领域了。互联网承载了各种各样的网站，它们不仅数量庞大，而且位于世界的各个角落。令人感到遗憾的是，由于互联网要求具备易于访问的特性，各种不怀好意的个人都可以轻松访问互联网。与前面在保护公司数据的上下文中讨论的数据泄露问题类似，攻击者也可以在其他网站上发起攻击，从而泄露其中的信息。

攻击者试图通过网络攻击泄露政府机密信息就是这样的一个示例。考虑到此类信息的敏感性，以及每天大量的攻击次数，运用自动化工具来帮助网络安全专业人员处理攻击并保护政府机密是必不可少的。在更小的范围内，攻击者可能会试图攻击各个云网络或局域网，以达到数据泄露的目的。即使在这种小范围内，异常检测也可以帮助及时检测出网络入侵攻击，并通知适当的人员。KDD Cup 1999 数据集可以作为网络入侵异常检测的一个示例数据集。该数据集包含大量非常有用的信息，详细介绍了各种类型的网络入侵攻击，并针对每种攻击详细列出了各种相关的变量，可以帮助模型有效识别每种类型的攻击。

1.5.5　医疗领域

除了网络服务领域以外，异常检测在医疗领域同样起着举足轻重的作用。例如，模型可以检测出病人心跳中细微的不规则情况，以便对疾病进行分类，它们还可以测量脑电波活动，帮助医生对某些特定的情况做出诊断。除此之外，它们还可以帮助分析病人器官的原始诊断数据并对其进行处理，从而快速诊断出病人可能存在的各种问题，与前面讨论过的关于甲状腺的示例类似。

异常检测甚至还可以在医学影像中使用，用来确定给定的医学影像是否包含异常的对象。例如，如果模型仅学习过正常骨骼的核磁共振(MRI)影像，那么在向其展示断裂骨骼的影像时，它就会将展示的影像标记为异常。类似地，异常检测还可以扩展到肿瘤检测，让模型分析全身核磁共振扫描中的每个影像，检查是否存在异常的肿大或图案。

1.5.6　视频监控

异常检测在视频监控方面也有所应用，其中异常检测软件可以监控视频内容，帮助标记捕捉到异常举动的视频。这似乎有点可怕，但确实可以帮助抓捕犯罪分子，或者在城市中人流涌动的街头维护公共安全。例如，该软件可将夜晚街头发生的行凶抢劫识别为异常事件，并向可以报警的相关部门发出警报。此外，它还可以检测十字路口发生的不正常的事件，例如交通事故或者一些不正常的交通堵塞，并立即让相关的连续镜头引起人们的注意。

1.6　本章小结

一般来说，异常检测在医疗、金融、网络安全、银行、网络服务、交通运输和制造业等领域有着非常广泛的应用，不过，其应用领域并不局限于此。对于绝大多数涉及数据收集并且可以成像的领域，都可以运用异常检测来帮助用户自动完成检测异常的过程，并在可能的情况下消除异常。很多科学领域都可以使用异常检测，因为其中涉及大量的原始数据收集工作。对正确解释结果产生干扰或者以其他方式在数据中引入某种偏差的异常都可以被检测出来，并在可能的情况下予以消除，前提是这些异常是由系统错误或随机错误所导致的。

在本章中，讨论了什么是异常以及为什么异常检测对于组织中的数据处理至关重要。

第 2 章将介绍用于异常检测的一些传统统计和机器学习算法。

第 2 章

■■■

传统的异常检测方法

在这一章中，我们将介绍一些传统的异常检测方法。此外，你还将了解到各种统计方法和机器学习算法的工作原理，如何使用它们来检测异常，以及如何使用多种算法来实现异常检测。

概括来说，本章主要介绍以下主题：

- 数据科学知识回顾
- 孤立森林
- 一类支持向量机(OC-SVM)

2.1 数据科学知识回顾

为了能够正确评估你的模型的性能表现并将其性能与其他模型进行比较，必须了解一些基本的数据科学概念，这一点非常重要。

首先，异常检测的目标是确定给定的数据点是否为异常。从本质上来说，你会使用类 y 来标记数据点 x。假定在特定上下文环境中，你尝试对某种动物针对特定疾病的化验结果是否为阳性(表示是)进行分类。如果这个动物确实患有这种疾病，则化验结果为阳性，这种情况称为**真阳性**。如果这个动物是健康的，而化验结果显示阴性(表示它没有患上这种疾病)，这种情况被称为**真阴性**。但是，还可能出现化验失败的情况。如果这个动物本身是健康的，但化验结果显示为阳性，这种情况称为**假阳性**。如果这个动物确实患有这种疾病，但化验结果显示为阴性，那么这种情况称为**假阴性**。

在统计学中，存在与假阳性和假阴性类似的术语，那就是**第一类错误**和**第二类错误**。在假设检验中，如果你具有零假设(通常指的是两个被观测的现象之间没有任何关系)以及备择假设(旨在反驳零假设,表示两个被观测的现象之间存在明显的统计关系)，则会用到这些错误。

如果零假设被证明是真的，但你仍拒绝它而选择支持备择假设，则属于**第一类错误**。换句话说，这种情况属于假阳性，因为你拒绝了被证明是真的假设而接受为假的假设。如果接受零假设为真(表示你不拒绝零假设)，但实际上零假设为假，而备择假设为真，则属于**第二类错误**。这种情况属于假阴性，因为你接受了被证明是假的假设，而拒绝了为真的假设。

对于以下定义的上下文，假定条件是你想要证明的东西。这种情况非常简单，就好像是"这是动物疾病"。动物的这个条件或者是生病，或者是健康，而你想要预测究竟是生病还是健康。下面列出了一些定义：

- **真阳性**：条件为真，预测也为真
- **真阴性**：条件为假，预测也为假
- **假阳性**：条件为假，但预测为真
- **假阴性**：条件为真，但预测为假

把上述定义合到一起，就可以形成所谓的**混淆矩阵**(见图 2-1)。有一点需要注意，那就是对于异常检测来说，你只需要一个 2×2 混淆矩阵，因为数据点要么是异常，要么是正常数据。

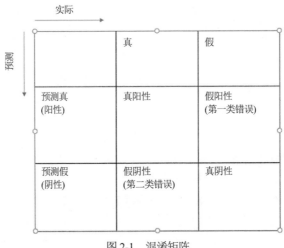

图 2-1　混淆矩阵

通过每个方形中的值，可以推导出**准确率(accuracy)**、**精确率(precision)**和**召回率(recall)**的值，从而更好地了解模型的性能表现。

图 2-2 显示混淆矩阵以及所有公式。

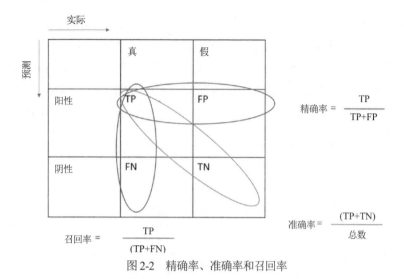

图 2-2 精确率、准确率和召回率

● **精确率**度量描述的是真预测中有多少被实际证明是真。换句话说，对于所有真预测，模型得出其中有多少是正确的？

● **准确率**度量描述的是在整个数据集中有多少预测是正确的。换句话说，对于整个数据集，模型将其中的多少正确预测为阳性和阴性？

● **召回率**度量描述的是对于所有数据点，预测为真的数据点中有多少实际上确实为真。换句话说，对于数据集中的所有真数据点，模型对其中的多少做出了正确预测？

在此基础上，你可以推导出更多的值。

F1 分数是精确率和召回率的调和平均值。这个度量指标可以告诉我们模型的准确程度，因为它既考虑了模型对多少实际为真的数据点做出真预测，也考虑了模型对真预测总数中的多少做出了正确预测。

$$F1分数 = \frac{2*精确率*召回率}{精确率+召回率}$$

真阳性率(TPR) = **召回率** = **灵敏度**。与召回率一样，TPR 告诉我们有多少实际为真的数据点被模型预测为真。

假阳性率(FPR)告诉我们有多少实际为假的数据点被模型预测为阳性。此公式与召回率类似，但它不是真阳性与所有真数据点的比率，而是假阳性与所有假数据点的比率。

$$FPR = 1 - 特效度 = \frac{FP}{FP + TN}$$

$$特效度 = 1 - FPR = \frac{TN}{TN + FP}$$

特效度与召回率非常相似,它告诉我们有多少实际为假的数据点被模型预测为假。

我们可用 TPR 和 FPR 形成一个称为**受试者工作特征(Receiver Operating Characteristic)**曲线(也称为 **ROC** 曲线)的图表。**曲线下面的面积(Area Under the Curve,AUC)**被称为**受试者工作特征曲线下面的面积**,也称为 **AUROC**;其中,数据点表示模型具有真阳性或真阴性结果的概率。该曲线也可以称为 **AUCROC** 曲线。

AUC = 1.0 的 ROC 曲线见图 2-3。

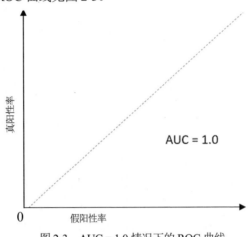

图 2-3　AUC = 1.0 情况下的 ROC 曲线

这是最理想的 AUC 曲线。但是,这样的曲线几乎是不可能得到的,因此能够满足 AUC > 0.95 就是最理想的目标了。模型越接近得到 1.0 的 AUC,其预测真阳性或真阴性结果的概率越大。图 2-3 中的 AUC 值表示此概率为 1.0,这意味着模型每次都能正确预测。但是,AUC 值非常高(比如说 0.999 99)可能表示模型**过拟合(overfitting)**,也就是说它在针对此特定数据集预测标签时表现实在是太好了。将来,你会在支持向量机的上下文环境中对此概念做进一步探索,但你需要尽可能避免出现过拟合,以便模型在面对包含意外变差因素的新数据时也能表现良好。

请特别注意,尽管 AUC 可以达到很高的值(比如 0.99),但不能保证模型在**训练数据集**(用于对模型进行训练,以使其能够学会分类异常和正常数据)之外还能达到这么高的性能水平,了解这一点非常重要。这是因为,在现实世界中,经常会出现一些令人迷惑的不可预知的因素。如果数据非黑即白,那情况就简单多了;话虽如此,但往往存在非常大的灰色区域(我们能够确定某个点是 X 而不是 Y 吗? 这真的是异常,还是仅仅是正常数据点的非正常表现形式?)。对于深度学习模型来说,在向包含很多变差因素的新数据公开时,它们应该尽量达到较高的 AUC 分数,这一点非常重要。基本上来说,在向训练集以外的新数据公开模型时,预计性能会发生少量的下降,这应该是比较合理的假设。

训练模型的目标是避免发生过拟合，并尽可能保持较高的 AUC。如果在向包含各种类别的新数据的大量抽样公开后，AUC 仍然高达 0.99999，这说明这个模型基本上是近乎理想的模型，远远胜过人类的表现，而就目前的技术水平来说，这是不可能实现的。

AUC = 0.75 情况下的 ROC 曲线见图 2-4。

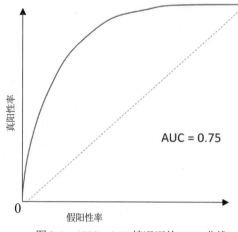

图 2-4 AUC = 0.75 情况下的 ROC 曲线

在图 2-4 中，AUC 的值表示模型正确预测数据点标签的比率仅为 75%。这不算太坏，但也算不上有多好，还有很大的改进空间。

AUC = 0.5 情况下的 ROC 曲线见图 2-5。

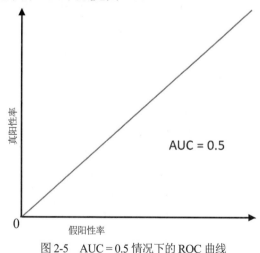

图 2-5 AUC = 0.5 情况下的 ROC 曲线

在图 2-5 中，AUC 的值表示模型预测正确标签的概率只有 50%，或者说概率为 0.5。这差不多是你可以获得的最差的 AUC 值了，因为它意味着模型无法区分阳性类和阴性类。

　　AUC = 0.25 情况下的 ROC 曲线见图 2-6。

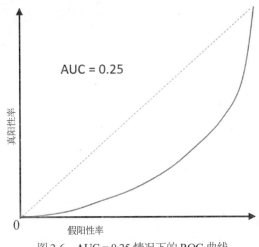

图 2-6　AUC = 0.25 情况下的 ROC 曲线

　　这种情况下，模型预测正确标签的概率只有 0.25，不过，这恰好意味着模型预测错误标签的概率为 0.75。在 AUC 等于 0 的情况下，这意味着可以完美地预测错误标签，表示标签发生了切换。如果 AUC 小于 0.5，其越接近 0.0，就意味着模型错误预测的可能性越大。这与 AUC 大于 0.5 的情况刚好相反，在大于 0.5 的情况下，其越接近 1.0，就意味着模型正确预测的可能性越大。

　　在任何情况下，你都希望 AUC 大于 0.5，至少应该大于 0.9，大于 0.95 是比较理想的情况。

2.2　孤立森林

　　孤立森林是以递归方式划分数据集的各个树结构的集合。对于该过程中的每次迭代，将选择一个随机特征，然后根据在所选特征的最小值和最大值之间随机选择的一个值对数据进行划分。重复此过程，直到对整个数据集进行划分，在森林中形成一个单独的树。一般情况下，异常与根位置之间的路径比正常数据点短得多，因为它们更容易被隔离。你可以使用一个涉及平均路径长度的数据点函数来找出异常分数。

　　将孤立森林应用于没有添加标签的数据集以便捕获异常是**无监督异常检测**的一个示例。

2.2.1　变种鱼

　　为更好地理解孤立森林可以执行什么操作，我们来看一个虚构的案例。在一个非常大的湖中，一位不负责任的养鱼人投放了一批变种鱼，这种鱼在外观上与本地鱼种非常相似，但平均个头要比本地鱼种大。此外，变种鱼的尾鳍长度与鱼身长度的比例也比本地鱼种大。总的来说，可以通过这三种特征来区分入侵的变种鱼与本地鱼种。

下面这个示例直观且细致地说明了这两种鱼的平均样本的差异。在图 2-7 中，你可以看到**本地鱼种**的样本。

图 2-7　这是这个湖中的本地鱼种的一个示例

在图 2-8 中，你可以看到**入侵鱼种**的样本。

图 2-8　这是投放到湖中的新型变异鱼种的一个示例

平均来说，入侵鱼种体型更大，体围更大，尾鳍更长(对比图 2-7 与图 2-8)。然而，问题在于，尽管每个鱼种的平均样本之间存在某些显著的差异，但两个鱼种之间还是存在很多重叠的体征，比如某些本地鱼种也会长得比较大，而某些变种鱼可能生长得不是特别好，体型也较小，还有就是两个鱼种的尾鳍大小并非一成不变的，诸如此类，因此两个鱼种之间的差异可能并不总是显而易见。

为了找出这种渗透同化的程度，我们组织了一大批渔民，要求他们在捕获的 1000 条鱼中确定每条鱼的种类。在这种情况下，假定每个渔民会随机绘制出每条鱼的轮廓，以便确定它是否属于本地鱼种。

现在开始进行评估。每个渔民首先选取一个随机特征，以此对样本做出判断：鱼的长度、鱼的体围或者尾鳍与总长度的比例。然后，渔民在本地鱼种的对应度量标准的已知最小值和最大值之间选取一个随机值，并根据此值对所有鱼进行划分(比如说，相关度量标准等于或大于选取值的所有鱼在右，其他所有鱼在左)。渔民一遍一遍地重复整个过程，直到每条鱼都得到划分，并创建出一棵由鱼构成的"树"。

这种情况下，每个渔民代表孤立森林中的一棵树，这一整组渔民对应的所有树代表一个孤立森林。现在，给定随机的一条鱼，你可以获得一个异常分数，看看有多少渔民认定这条鱼是异常的。根据你选择的异常分数阈值，可将特定的鱼标记为入侵鱼种，而将其他鱼标记为本地鱼种。

不过，还是存在问题，那就是这并不是一个完美的系统，会有一些入侵鱼被错误地划入本地鱼，而有些本地鱼也会错误地划入入侵鱼种。此类情况表示假阳性和假阴性。

2.2.2　使用孤立森林进行异常检测

现在，你已经对孤立森林的工作方式有了更深入的了解，接下来可以开始将其应用于数据集。在开始之前，必须要明确，孤立森林对于高维数据具有出色的性能表现，这一点非常重要。对于入侵鱼的示例，使用了三个特征进行判断：鱼的长度、体围以及尾鳍长度与总体长度的比例。在接下来的这个示例中，针对每个数据条目将使用 42 个特征。

你将使用 KDD Cup 1999 数据集，其中包含大量表示各种入侵攻击的数据。特别地，你将重点关注涉及 HTTP 攻击的所有数据条目。可以通过以下网址找到该数据集：http://kdd.ics.uci.edu/databases/kddcup99/kddcup99.html。打开该链接以后，你看到的内容与图 2-9 类似。

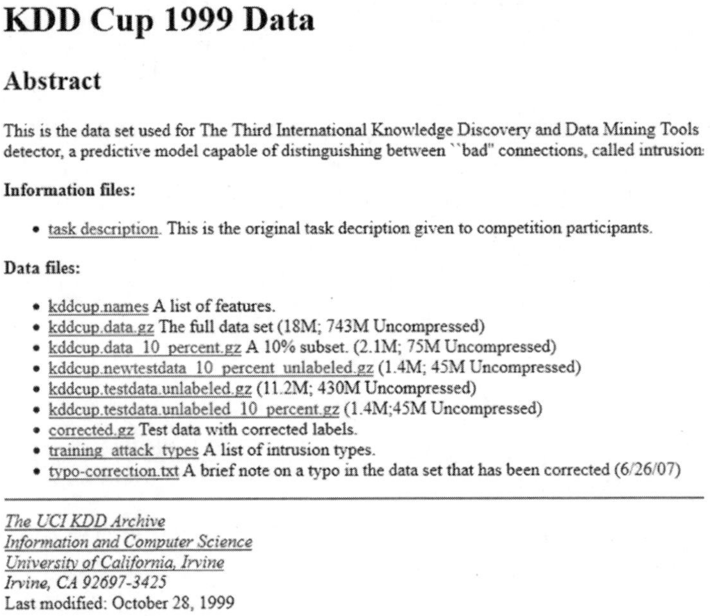

KDD Cup 1999 Data

Abstract

This is the data set used for The Third International Knowledge Discovery and Data Mining Tools detector, a predictive model capable of distinguishing between ``bad'' connections, called intrusion

Information files:

- task description. This is the original task decription given to competition participants.

Data files:

- kddcup.names A list of features.
- kddcup.data.gz The full data set (18M; 743M Uncompressed)
- kddcup.data_10_percent.gz A 10% subset. (2.1M; 75M Uncompressed)
- kddcup.newtestdata_10_percent_unlabeled.gz (1.4M; 45M Uncompressed)
- kddcup.testdata.unlabeled.gz (11.2M; 430M Uncompressed)
- kddcup.testdata.unlabeled_10_percent.gz (1.4M;45M Uncompressed)
- corrected.gz Test data with corrected labels.
- training_attack_types A list of intrusion types.
- typo-correction.txt A brief note on a typo in the data set that has been corrected (6/26/07)

The UCI KDD Archive
Information and Computer Science
University of California, Irvine
Irvine, CA 92697-3425
Last modified: October 28, 1999

图 2-9　打开上述链接时应该看到的内容

下载 kddcup.data.gz 文件并对其进行解压缩，提取其中的内容。

应该不会存在版本不匹配以及代码功能问题，但以防万一，请按照下面所示提取本示例中使用的 Python 3 程序包：

- numpy 1.15.3
- pandas 0.23.4

- scikit-learn 0.19.1
- matplotlib 2.2.2

首先，导入你的代码调用的所有必需模块(见图 2-10)。

```python
import numpy as np
import pandas as pd
import matplotlib.pyplot as plt
from sklearn.ensemble import IsolationForest
from sklearn.model_selection import train_test_split
from sklearn.preprocessing import LabelEncoder

%matplotlib inline
```

图 2-10　导入 numpy、pandas、matplotlib.pyplot 和 sklearn 模块

模块 **numpy** 是其他许多模块的依存项，支持执行高级计算。**pandas** 模块使我们可以读取各种格式的数据文件，以便将它们存储为 DataFrame 对象，通常情况下，它还是一种流行的数据科学框架。这些 DataFrame 按照类似的格式将数据条目保存在矩阵中，可以被认为是由值构成的表。**matplotlib** 是一个 Python 库，通过这个库，我们可以对数据进行自定义和绘图。最后，**scikit-learn** 程序包使我们可将各种机器学习模型应用于数据集，并提供数据分析工具。

%matplotlib inline 允许图表显示在单元格下方并与记事本一起保存。

接下来，定义各列并加载 DataFrame(见图 2-11)。

```python
columns = ["duration", "protocol_type", "service", "flag", "src_bytes",
"dst_bytes", "land", "wrong_fragment", "urgent",

        "hot", "num_failed_logins", "logged_in", "num_compromised",
"root_shell", "su_attempted", "num_root",

        "num_file_creations", "num_shells", "num_access_files",
"num_outbound_cmds", "is_host_login",

        "is_guest_login", "count", "srv_count", "serror_rate",
"srv_serror_rate", "rerror_rate", "srv_rerror_rate",

        "same_srv_rate", "diff_srv_rate", "srv_diff_host_rate",
"dst_host_count", "dst_host_srv_count",

        "dst_host_same_srv_rate", "dst_host_diff_srv_rate",
"dst_host_same_src_port_rate", "dst_host_srv_diff_host_rate",

        "dst_host_serror_rate", "dst_host_srv_serror_rate",
"dst_host_rerror_rate", "dst_host_srv_rerror_rate", "label"]


df = pd.read_csv("datasets/kdd_cup_1999/kddcup.data/kddcup.data.corrected",
sep=",", names=columns, index_col=None)
```

图 2-11　定义所有列并将数据集保存为名为 df 的变量

　　每个数据条目都包含非常多的内容，具体来说，每个条目都包含 42 列数据。每个列的确切名称并不是非常重要，但一定要保证 service 和 label 是相同的，这一点非常重要。列名的完整列表如下所示：

- duration
- protocol_type
- service
- flag
- src_bytes
- dst_bytes
- land
- wrong_fragment
- urgent
- hot
- num_failed_logins
- logged_in
- num_compromised
- root_shell
- su_attempted
- num_root
- num_file_creations
- num_shells
- num_access_files
- num_outbound_cmds
- is_host_login
- is_guest_login
- count
- srv_count
- serror_rate
- srv_serror_rate
- rerror_rate
- srv_rerror_rate
- same_srv_rate
- diff_srv_rate
- srv_diff_host_rate
- dst_host_count

- dst_host_srv_count
- dst_host_same_srv_rate
- dst_host_diff_srv_rate
- dst_host_same_src_port_rate
- dst_host_srv_diff_host_rate
- dst_host_serror_rate
- dst_host_srv_serror_rate
- dst_host_rerror_rate
- dst_host_srv_rerror_rate
- label

为获取表的维度或**形状**，正如在 pandas 中所指出的，可执行：

```
df.shape
```

或者，如果没有在 Jupyter 中，则执行：

```
print(df.shape)
```

在 Jupyter 中，运行代码后，你应该看到与图 2-12 中类似的结果。

```
In [87]:     1  df.shape

Out[87]:  (4898431, 42)
```

图 2-12　输出结果是一个描述 DataFrame 维度的元组

正如你可以看到的，这是一个非常庞大的数据集。

接下来对整个 DataFrame 进行筛选，使其仅包含与 HTTP 攻击相关的数据条目，去除 service 列(见图 2-13)。

```
df = df[df["service"] == "http"]

df = df.drop("service", axis=1)

columns.remove("service")
```

图 2-13　对 df 进行筛选，使其仅包含与 HTTP 攻击相关的数据，从 df 中删除 service 列

为确保结果正确无误，再次检查 df 的形状(见图 2-14)。

```
In [91]:     1  df.shape

Out[91]:  (623091, 41)
```

图 2-14　筛选后的 df 的维度

数据行数已经大大减少，而列数也减少了一个，即被删除的 service 列，之所以要删除 service 列，是因为你实际上已经不再需要它了。

我们来检查一下所有可能的标签以及每个标签的计数，以便了解数据分布。

运行以下命令：

```
df["label"].value_counts()
```

或者

```
print(df["label"].value_counts())
```

你应该看到与图 2-15 类似的结果。

```
In [93]:    1  df["label"].value_counts()

Out[93]:  normal.      619046
          back.          2203
          neptune.       1801
          portsweep.       16
          ipsweep.         13
          satan.            7
          phf.              4
          nmap.             1
          Name: label, dtype: int64
```

图 2-15　df 中的唯一标签以及 df 中具有该特定标签的数据点实例数

数据集的绝大部分都由正常数据条目构成，所有包含实际入侵攻击的 HTTP 攻击所对应的数据条目只占 0.649%左右。

此外，某些列具有分类数据值，这意味着模型在对其进行训练时会遇到困难。为绕过这个问题，将使用 scikit-learn 的一项内置功能，称为**标签编码器**。

图 2-16 显示了运行 df.head(5)后应该看到的结果，此命令表示你希望显示五个条目。

```
In [97]:    1  df.head(5)

Out[97]:
```

	duration	protocol_type	flag	src_bytes	dst_bytes
0	0	tcp	SF	215	45076
1	0	tcp	SF	162	4528
2	0	tcp	SF	236	1228
3	0	tcp	SF	233	2032
4	0	tcp	SF	239	486

图 2-16　用于显示表中前五个条目的代码行。在这个示例中，图像已经被修剪为仅显示前几列

你也可以运行 print(df.head(5))，但它会以文本格式输出(见图 2-17)。

```
In [98]:    1  print(df.head(5))

   duration protocol_type flag  src_bytes  dst_bytes  land  wrong_fragment  \
0         0           tcp   SF        215      45076     0               0
1         0           tcp   SF        162       4528     0               0
2         0           tcp   SF        236       1228     0               0
3         0           tcp   SF        233       2032     0               0
4         0           tcp   SF        239        486     0               0

   urgent  hot  num_failed_logins  logged_in  num_compromised  root_shell  \
0       0    0                  0          1                0           0
1       0    0                  0          1                0           0
2       0    0                  0          1                0           0
3       0    0                  0          1                0           0
4       0    0                  0          1                0           0
```

图 2-17 功能与图 2-16 相同，只不过采用的是文本格式

为解决这个问题，**标签编码器**使用分类值的唯一(表示每个分类值一个条目，而不是多个条目)列表，并指定一个数字来表示其中的每一个。如果你有一个如下所示的数组：

```
[ "John", "Bob", "Robert"],
```

标签编码器会创建如下的数字表示：

```
[0, 1, 2]
```
，其中 0 表示"John"，1 表示"Bob"，而 2 表示"Robert"。

现在，对 DataFrame 中的标签执行相同的操作。

运行图 2-18 中的代码。

```
for col in df.columns:

    if df[col].dtype == "object":

        encoded = LabelEncoder()

        encoded.fit(df[col])

        df[col] = encoded.transform(df[col])
```

图 2-18 将标签编码器应用于具有字符串数据值的列

encoded.fit(df[col])为标签编码器提供列中的所有数据，从中可提取唯一分类值。当你运行以下命令时：

```
df[col] = encoded.transform(df[col])
```

会将每个分类值的编码表示指定给 df[col]。

我们来检查一下现在的 DataFrame(见图 2-19)。

```
In [101]:   1  df.head(5)

Out[101]:
```

	duration	protocol_type	flag	src_bytes	dst_bytes	land
0	0	0	9	215	45076	0
1	0	0	9	162	4528	0
2	0	0	9	236	1228	0
3	0	0	9	233	2032	0
4	0	0	9	239	486	0

图 2-19　应用标签编码器后，查看 df 的前五个条目

非常好，所有分类值都已替换为对应的数字值。现在，运行图 2-20 中所示的代码。

```
for f in range(0, 3):
    df = df.iloc[np.random.permutation(len(df))]


df2 = df[:500000]

labels = df2["label"]

df_validate = df[500000:]

x_train, x_test, y_train, y_test = train_test_split(df2, labels,
test_size = 0.2, random_state = 42)


x_val, y_val = df_validate, df_validate["label"]
```

图 2-20　重新排列组合 df 中的值，创建你的训练、测试和验证数据集

使用以下命令：

```
df = df.iloc[np.random.permutation(len(df))]
```

将随机对数据集中的所有条目进行重新排列组合，避免异常条目集中加入数据集的任何一个区域的问题。

使用以下命令：

```
df2 = df[:500000]
```

会将 df 的前 500 000 个条目指定给变量 df2。

在下一行代码(即 labels = df2["label"])中，将 label 列指定给变量 labels。接下来将 DataFrame 的其余部分指定给名为 df_validate 的变量，以使用 df_validate = df[500000:] 创建验证数据集。

为将数据拆分为**训练集**和**测试集**，可使用一个内置的 scikit-learn 函数，即 train_test_split，如下所述。

```
x_train, x_test, y_train, y_test = train_test_split(df2, labels,
test_size = 0.2, random_state = 42)
```

涉及的参数如下：x、y、test_size 和 random_state。请注意，假定 x 和 y 分别是训练数据和训练标签，test_size 表示数据集中用作测试数据的百分比。random_state 是一个数字，用于初始化随机数生成器，确定为训练数据集和测试数据集选择哪些数据条目。

最后，将数据的其余部分委派给验证集。下面，再次对各个术语进行定义：

● **训练数据**指的是模型针对其进行训练和学习的数据。对于孤立森林来说，这就是模型对其进行划分的集。对于神经网络来说，这就是模型针对其调整权重的集。

● **测试数据**指的是用于测试模型的性能表现的数据。基本上，train_test_split()函数会将数据拆分为两个部分，即用于对其进行训练的部分，以及用于在其基础上测试模型性能表现的部分。

● **验证数据**指的是训练过程中使用的数据，用于测量模型的训练结果如何。它的基本作用就是帮助确保，如果模型针对训练数据执行任务时的性能变好，那么针对类似的新数据执行相同的任务时性能也同样变好。这样，模型并不仅在针对训练数据执行任务时可获得良好性能，针对类似的新数据也可以展现出很好的性能。换句话说，你希望避免出现**过拟合**情况，所谓过拟合，就是模型对某个特定数据集(可能是训练数据集)表现出非常出色的性能，但在处理新数据时，性能显著下降。将模型公开给数据中的新变差元素时，性能出现一定程度的下降是正常情况，但在过拟合情况中，性能下降得过于明显。

在这个示例中，没有在训练过程中使用验证集或测试集，但后面在训练神经网络时会用到它们。实际上，你使用它们评估模型的性能表现。

我们通过运行图 2-21 中的代码来分析新变量的形状。

```
In [140]:  1  print("Shapes:\nx_train:%s\ny_train:%s\n" % (x_train.shape, y_train.shape))
           2  print("x_test:%s\ny_test:%s\n" % (x_test.shape, y_test.shape))
           3  print("x_val:%s\ny_val:%s\n" % (x_val.shape, y_val.shape))
           4
           5
```

```
Shapes:
x_train:(400000, 41)
y_train:(400000,)

x_test:(100000, 41)
y_test:(100000,)

x_val:(123091, 41)
y_val:(123091,)
```

图 2-21　获取训练数据集、测试数据集和验证数据集的形状

如果想要构建孤立森林模型，请运行以下命令：

```
isolation_forest = IsolationForest(n_estimators=100, max_samples=256,
contamination=0.1, random_state=42)
```

下面解释各个参数：

- **n_estimators** 是森林中使用的树的数量。默认值为 100。
- **max_samples** 是应该构建树的最大数据点数。默认值是下面两种情况下较小的值：256 或数据集中的样本数。
- **contamination** 是整个数据集中应该被认为是异常/离群值的估计百分比。其默认值为 0.1。
- **random_state** 是用于初始化随机数生成器以便在训练过程中使用的数字。孤立森林会在训练过程中大量使用随机数生成器。

现在，通过运行以下命令来训练你的孤立森林模型：

```
isolation_forest.fit(x_train)
```

这个过程需要一定的时间，在此期间，你可以起身放松一下。

完成上述过程后，便可以开始计算异常分数。我们来创建对验证集进行测试时的异常分数的直方图。

运行图 2-22 中的代码。

```
anomaly_scores = isolation_forest.decision_function(x_val)

plt.figure(figsize=(15, 10))

plt.hist(anomaly_scores, bins=100)

plt.xlabel('Average Path Lengths', fontsize=14)

plt.ylabel('Number of Data Points', fontsize=14)

plt.show()
```

图 2-22　从训练的孤立森林模型获取异常分数并绘制直方图

你看到的图形应该与图 2-23 类似。

注意，在 Jupyter 上，如果有 %matplotlib inline，plt.show() 就不是必需的，但是，如果你使用的是其他命令，那么该函数应该会带来一个带有图表的新窗口。

我们来计算 **AUC**，看看模型的性能如何。这个图似乎有一些异常数据，其平均路径低于 - 0.15。你预计到在正常数据范围内会存在一些离群值，下面我们来看一些更极端的情况，如 - 0.19。请记住，路径长度越小，数据为异常的可能性越高，这就是图中从左向右曲线显著升高的原因。运行图 2-24 中的代码。

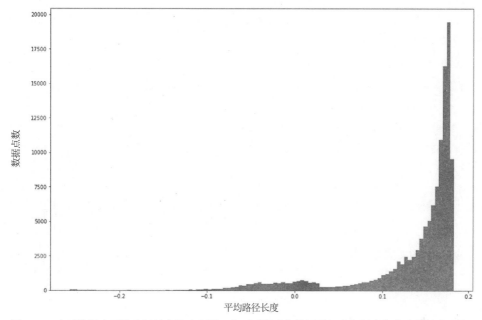

图 2-23　表示数据点平均路径长度的直方图。它可以帮助你使用最短路径长度集来确定异常是什么，
因为这表示模型可以轻松隔离这些点

```
from sklearn.metrics import roc_auc_score


anomalies = anomaly_scores > -0.19
matches = y_val == list(encoded.classes_).index("normal.")
auc = roc_auc_score(anomalies, matches)
print("AUC: {:.2%}".format (auc))
```

图 2-24　根据从图中选取的阈值对异常进行分类，并从这组标签为每个点生成 AUC 分数

所看到的结果应该与图 2-25 类似。

```
In [167]:    1  from sklearn.metrics import roc_auc_score
             2
             3  anomalies = anomaly_scores > -0.19
             4  matches = y_val == list(encoded.classes_).index("normal.")
             5  auc = roc_auc_score(anomalies, matches)
             6  print("AUC: {:.2%}".format (auc))

             AUC: 99.81%
```

图 2-25　运行代码后生成的 AUC 分数

这是一个非常棒的分数！但它可能是过拟合的结果吗？我们来了解一下测试集的异常分数，找出问题的答案。

运行图 2-26 中的代码。

```
anomaly_scores_test = isolation_forest.decision_function(x_test)
plt.figure(figsize=(15, 10))
plt.hist(anomaly_scores_test, bins=100)
plt.xlabel('Average Path Lengths', fontsize=14)
plt.ylabel('Number of Data Points', fontsize=14)
plt.show()
```

图 2-26　创建一个与图 2-23 中类似的直方图，用于测试集而非验证集

得到的图表应该与图 2-27 类似。

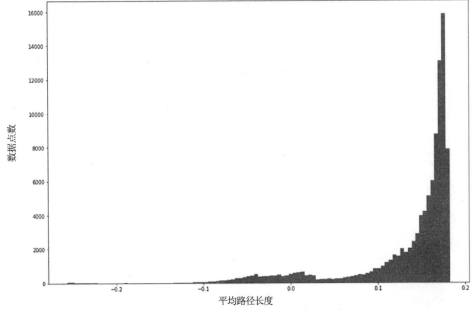

图 2-27　与图 2-23 类似的直方图，但用于测试集

对于 −0.15 左侧，显示为异常数据的内容存在类似模式。我们还是假定存在一些预期的离群值，并选取任何小于 −0.19 的平均路径长度作为异常的分界值。

运行图 2-28 中的代码。

```
anomalies_test = anomaly_scores_test > -0.19
matches = y_test == list(encoded.classes_).index("normal.")
auc = roc_auc_score(anomalies_test, matches)
print("AUC: {:.2%}".format (auc))
```

图 2-28　将图 2-24 中的代码应用于测试集。这种情况下，阈值是相同的，
但仍根据直方图进行选取

结果应该如图 2-29 所示。

```
In [163]:   1  anomalies_test = anomaly_scores_test > -0.19
            2  matches = y_test == list(encoded.classes_).index("normal.")
            3  auc = roc_auc_score(anomalies_test, matches)
            4  print("AUC: {:.2%}".format (auc))

            AUC: 99.82%
```

图 2-29　为测试集生成的 AUC 分数

真的非常好！看起来，无论是对验证数据还是测试数据，该模型的性能表现都非常好。

到现在为止，希望你对孤立森林的概念及其应用方式有了更好的了解。请记住，孤立森林非常适合多维数据(在这个示例中，在删除了 service 列后还剩 41 列)，按照本部分中实施的方式应用时，还可用于**无监督异常检测**。

2.3　一类支持向量机

一类 SVM 是一种经过修改的支持向量机模型，非常适合奇异值检测(**半监督异常检测**的一个示例)。其工作原理是，模型针对正常数据进行训练，然后用于对新数据检测异常。尽管 OC-SVM 可能最适合处理半监督异常检测，但由于仅针对一个类进行训练，意味着在整个数据集中，它仍然是"部分标记"，因此它也可以用于无监督异常检测。接下来，你将针对与孤立森林示例中相同的 KDD Cup 1999 数据集执行半监督异常检测。与孤立森林类似，OC-SVM 也非常适合高维度数据。此外，OC-SVM 还可很好地捕获数据集的形状，下面将对这一点进行详细阐述。

为了了解支持向量机的工作方式，首先在二维平面上可视化一些数据(见图 2-30)。

如何使用一条直线将数据分为两个不同的区域？其实方法非常简单(见图 2-31)。

现在，有了两个区域，用于表示两个不同的标签。但问题要比这更深入一些。

之所以将这种模型称为"支持向量机"，是因为这些"支持向量"对于模型绘制决策边界(在此示例中，由图 2-32 中的直线表示)的方式确实起着非常大的作用。

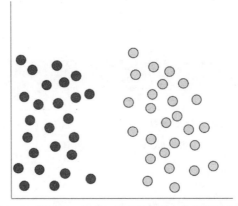

图 2-30　绘制了一些点，使它们在图中分组在两个区域

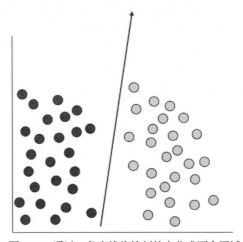

图 2-31　通过一条直线将绘制的点分成两个区域

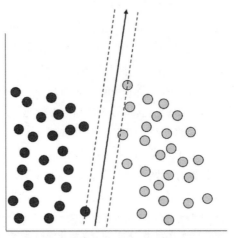

图 2-32　使用支持向量绘制的决策边界

基本上说，**支持向量**是与充当决策边界的**超平面**类似的向量，包含与超平面最近的点，可帮助为决策边界建立间隔。在这个示例中，超平面是一条直线，因为只有两个维度。在拥有三个维度的情况下，超平面应该是一个平面，而在拥有四个维度的情况下，超平面应该是一个三维空间，以此类推。

最优的超平面应该拥有能为超平面建立最大间隔的支持向量。图 2-32 中的示例不是最优的，接下来，我们将在图 2-33 中找到一个更优的超平面。

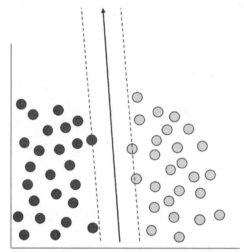

图 2-33　一个具有可建立更大间隔的支持向量的超平面

根据超平面的绘制方法，其各自的支持向量穿过的点是离超平面最近的点。对于超平面来说，这是一个更优的解决方案，因为超平面的间隔远大于上一个示例，见图 2-32。

但实际上，你看到的超平面更像图 2-34 中的样子。

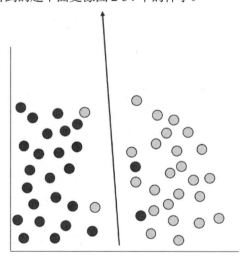

图 2-34　一个更接近实际的表示超平面工作方式的示例

总会存在一些离群值，导致无法明确地区分两种分类。如果回顾一下入侵鱼种的示例，就会发现，有一些本地鱼看起来与入侵鱼种很像，而入侵鱼种中也有一些鱼看起来与本地鱼很像。

作为选择，图 2-35 中显示了一种可能的解决方案。

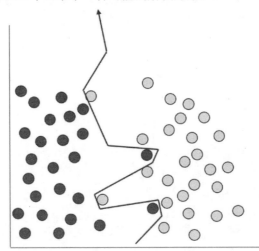

图 2-35　超平面完全分隔两个区域的示例。不过，这是一个过拟合的示例

虽然这可算作分类问题的一个解决方案，但它会导致**过拟合**，从而产生另一个问题。如果 SVM 在处理训练数据时表现出非常好的性能，那么在处理包含不同变差元素的新数据时，它所表现出来的性能可能会更糟。

决策边界也不会那么简单。你可能进入如图 2-36 所示的情况。

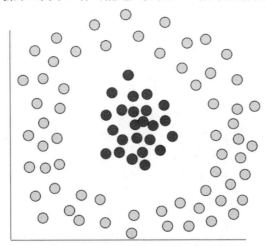

图 2-36　显示一种不同类型的数据点分组的图

你不能针对这种情况绘制一条直线，因此需要转换思维方式，而不能使用线性

SVM。让我们尝试通过特定函数将每个点与深色点中心的距离映射到三维平面(见图 2-37)。

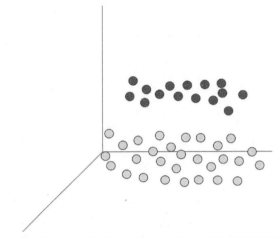

图 2-37 通过将点绘制到三维平面上可以看出，现在可以分开不同的区域

现在，可以明确地区分开两个类，并可继续将数据点分为两个区域，如图 2-38 所示。

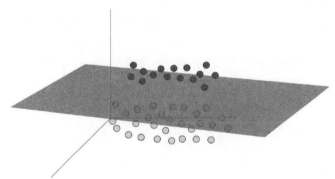

图 2-38 由于添加了第三个维度，超平面现在是一个真正的平面

回到点的二维表示时，可以看到与图 2-39 类似的结果。

你刚刚所做的就是使用**核(kernel)**将数据变换为另一个维度，其中可明确地区分不同的数据类。这种数据映射被称为**核技巧(kernel trick)**。存在多种不同类型的核，包括前面示例中所看到的**线性核(liner kernel)**。其他类型的核包括**多项式核(polynomial kernel)**，这种核可使用多项式函数将数据映射到特定的第 n 维度；还包括**指数核(exponential kernel)**，这种核根据某个指数函数映射数据。

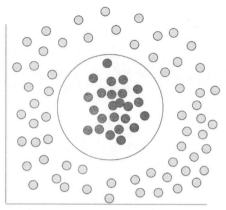

图 2-39　回到二维表示时超平面的样子

这里要介绍的另一个术语是**正则化(regularization)**，该参数告诉 SVM 你希望在多大程度上避免误分类。**较低的正则化值**会生成与前面所看到的类似的图，其中超平面的任一侧都有一些离群值。**较高的正则化值**生成的图中，你可以看到超平面将每一个点都区分开来，但代价是数据可能出现过拟合问题。

gamma 可告诉 SVM 考虑离类之间的分隔区域多远的点。**较高的 gamma** 值会告诉 SVM 只考虑附近的点，而**较低的 gamma** 值会告诉 SVM 也考虑距离更远的点。

最后，**间隔(margin)**是每个类与超平面之间的空隙。正如前面讨论的，**理想间隔**指的是每个最近点与超平面的最大等距间隙。**不良间隔**或**次优间隔**中，超平面距离一个类太近，或者距离不足以使其作为每个点或支持向量的超平面。

至于一类支持向量机，可参见图 2-40。

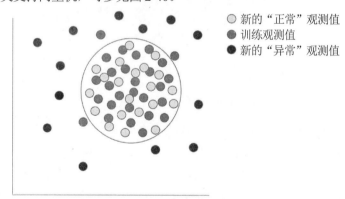

图 2-40　一类支持向量机的决策边界示例

在训练过程中，OC-SVM 会学习正常观测值的决策边界，同时考虑一些离群值。如果**奇异值**(模型之前从未见到过的新数据点)落在此决策边界以内，那么模型会将其认为是正常的。如果它们落在决策边界以外，则将其认为是异常的。这种方法是半监督奇异值检测的一个示例，其目标是使用正常数据对模型进行训练，然后尝试在新数据中找出异常。

通过执行上述操作，OC-SVM 可出色地捕获数据的形状，当然，这要得益于可以捕获绝大多数训练观测值的决策边界。

使用 OC-SVM 进行异常检测

现在，你已经对 SVM 的工作方式有了更深入的了解，接下来，我们开始将一类 SVM 应用于 KDD Cup 1999 数据集。

导入模块并加载此数据集(见图 2-41 和图 2-42)。

```python
import numpy as np
import pandas as pd
import matplotlib.pyplot as plt
from sklearn.model_selection import train_test_split
from sklearn.preprocessing import LabelEncoder
from sklearn.svm import OneClassSVM


%matplotlib inline
```

图 2-41　为 OC-SVM 导入你的模块

```python
columns = ["duration", "protocol_type", "service", "flag", "src_bytes",
"dst_bytes", "land", "wrong_fragment", "urgent",

        "hot", "num_failed_logins", "logged_in", "num_compromised",
"root_shell", "su_attempted", "num_root",

        "num_file_creations", "num_shells", "num_access_files",
"num_outbound_cmds", "is_host_login",

        "is_guest_login", "count", "srv_count", "serror_rate",
"srv_serror_rate", "rerror_rate", "srv_rerror_rate",

        "same_srv_rate", "diff_srv_rate", "srv_diff_host_rate",
"dst_host_count", "dst_host_srv_count",

        "dst_host_same_srv_rate", "dst_host_diff_srv_rate",
"dst_host_same_src_port_rate", "dst_host_srv_diff_host_rate",

        "dst_host_serror_rate", "dst_host_srv_serror_rate",
"dst_host_rerror_rate", "dst_host_srv_rerror_rate", "label"]


df = pd.read_csv("datasets/kdd_cup_1999/kddcup.data/kddcup.data.corrected",
sep=",", names=columns, index_col=None)
```

图 2-42　为数据集定义各列并将数据集导入 DataFrame 变量 df 中

现在，我们筛选出所有正常数据条目。你将生成两个由正常数据条目组成的 DataFrame，以及一个由异常和正常数据条目均匀混合而成的数据集。

运行图 2-43 中的代码。

```
df = df[df["service"] == "http"]

df = df.drop("service", axis=1)

columns.remove("service")


novelties = df[df["label"] != "normal."]

novelties_normal = df[150000:154045]


novelties = pd.concat([novelties, novelties_normal])

normal = df[df["label"] == "normal."]
```

图 2-43　筛选出异常数据点和正常数据点，构造一个由这二者混合而成的新数据集

图 2-44 显示了这两个 DataFrame 的形状。

```
In [308]:    1  print(novelties.shape)
             2  print(normal.shape)

(8090, 41)
(619046, 41)
```

图 2-44　输出奇异值和正常数据集的形状

novelties 的前半部分由异常组成，后半部分由正常数据条目组成。

接下来，对 DataFrame 中的所有分类值进行编码(见图 2-45)。

```
for col in normal.columns:

    if normal[col].dtype == "object":

        encoded = LabelEncoder()

        encoded.fit(normal[col])

        normal[col] = encoded.transform(normal[col])


for col in novelties.columns:

    if novelties[col].dtype == "object":

        encoded2 = LabelEncoder()

        encoded2.fit(novelties[col])

        novelties[col] = encoded2.transform(novelties[col])
```

图 2-45　将标签编码器应用于数据集

现在，运行图 2-46 中的代码，来设置训练集、测试集和验证集。

```
for f in range(0, 10):

    normal = normal.iloc[np.random.permutation(len(normal))]


df2 = pd.concat([normal[:100000],normal[200000:250000]])

df_validate = normal[100000:150000]

x_train, x_test= train_test_split(df2, test_size = 0.2,
random_state = 42)

x_val = df_validate
```

图 2-46　重新排列组织正常数据集中的条目并定义训练集、测试集和验证集

图 2-47 显示了数据集的形状。

```
In [12]:    1  print("Shapes:\nx_train:{}\n" .format(x_train.shape))
            2  print("x_test:{}\n".format (x_test.shape))
            3  print("x_val:{}\n".format (x_val.shape))
            4
```

```
Shapes:
x_train:(120000, 41)

x_test:(30000, 41)

x_val:(50000, 41)
```

图 2-47　输出训练集、测试集和验证集的输出形状

你只使用了整个数据集的一个子集对模型进行训练，因为训练数据越大，OC-SVM 训练所需的时间越长。

运行图 2-48 中的代码以声明并初始化模型。

```
ocsvm = OneClassSVM(kernel='rbf', gamma=0.00005, random_state =
42, nu=0.1)
```

图 2-48　定义 OC-SVM 模型

默认情况下，**kernel** 设置为 rbf，表示径向基函数(radial basis function)。它与你在前面的示例中见到的圆形决策边界类似，由于你希望在一组包含正常数据的区域周围定义一个圆形边界，因此这里使用它。正如在前面的示例中所看到的，落在该区域以外的任何点都将被认为是异常。**gamma** 会告诉模型考虑离超平面多远的点。由于该值非常小，这表示你希望重点考虑距离较远的点。**random_state** 就是一个种子，用于初

始化随机数生成器，与孤立森林模型类似。下一个参数 **nu** 指定训练集包含离群值的程度。我们还是将此参数设置为 0.1，与孤立森林模型类似。这大体上相当于前面见到的正则化参数，因为它告诉模型你预计模型大约会对多少数据点进行误分类。

接下来，我们对模型进行训练并评估预测(见图 2-49)。

```
ocsvm.fit(x_train)
```

图 2-49 针对训练数据对 OC-SVM 模型进行训练

有一件事需要注意，那就是不能获取 AUC 曲线的 x_test 和 x_validation 值，因为它们完全由正常数据值组成。不能获取真阴性或假阳性的值，因为数据集中没有被错误分类为正常或正确地分类为异常的异常。

但是，仍可测量模型对测试集和验证集的准确率。尽管准确率并不是最佳度量指标，但仍可很好地体现出模型的性能。

还有一件事需要注意：在这种情况下，准确率测量的是预测中的数据点中是正常数据点的百分比。请记住，假定数据集中大约 10%的数据点是异常，因此，得到的最佳"准确率"(accuracy)是 90%。

运行图 2-50 中的代码。

```
preds = ocsvm.predict(x_test)
score = 0
for f in range(0, x_test.shape[0]):
    if(preds[f] == 1):
        score = score + 1


accuracy = score / x_test.shape[0]
print("Accuracy: {:.2%}".format(accuracy))
```

图 2-50 做出预测并生成"准确率"(accuracy)分数

图 2-51 显示，准确率约为 89.1%，考虑到你假定数据误分类的比率为 10%，这个结果已经非常棒了。

In [33]:

```
1
2   preds = ocsvm.predict(x_test)
3   score = 0
4   for f in range(0, x_test.shape[0]):
5       if(preds[f] == 1):
6           score = score + 1
7
8   accuracy = score / x_test.shape[0]
9   print("Accuracy: {:.2%}".format(accuracy))
```

Accuracy: 89.09%

图 2-51　针对测试数据集生成的输出准确率

这次，我们针对 x_validation 运行代码(见图 2-52)。

```
preds = ocsvm.predict(x_val)

score = 0

for f in range(0, x_val.shape[0]):

    if(preds[f] == 1):

        score = score + 1


accuracy = score / x_val.shape[0]

print("Accuracy: {:.2%}".format(accuracy))
```

图 2-52　针对验证集生成准确率分数

这一次，准确率得到进一步提高，达到 89.5%左右(见图 2-53)。

In [34]:

```
1   preds = ocsvm.predict(x_val)
2   score = 0
3   for f in range(0, x_val.shape[0]):
4       if(preds[f] == 1):
5           score = score + 1
6
7   accuracy = score / x_val.shape[0]
8   print("Accuracy: {:.2%}".format(accuracy))
```

Accuracy: 89.49%

图 2-53　预测中被认为是正常的数据点的百分比结果

现在对 novelties 数据集进行测试。这一次，你可得到 AUC 分数，因为异常数据和正常数据是按对半的比例进行划分的。另外两个数据集 x_test 和 x_validation 只包含正常数据，但这次，模型可以对假阳性和真阴性进行分类。

运行图 2-54 中的代码。

```
from sklearn.metrics import roc_auc_score


preds = ocsvm.predict(novelties)
matches = novelties["label"] == 4


auc = roc_auc_score(preds, matches)
print("AUC: {:.2%}".format (auc))
```

图 2-54 用于生成 AUC 分数的代码

图 2-55 显示针对奇异值数据集从预测生成的 AUC 分数。

```
In [47]:  1  from sklearn.metrics import roc_auc_score
          2
          3  preds = ocsvm.predict(novelties)
          4  matches = novelties["label"] == 4
          5
          6  auc = roc_auc_score(preds, matches)
          7  print("AUC: {:.2%}".format (auc))

AUC: 95.83%
```

图 2-55　这是一个非常棒的 AUC 分数！

我们在图 2-56 中看一看预测的分布情况。

```
plt.figure(figsize=(10,5))

plt.hist(preds, bins=[-1.5, -0.5] + [0.5, 1.5], align='mid')

plt.xticks([-1, 1])

plt.show()
```

图 2-56 此代码显示一个图表，其中显示了预测的分布情况

正如你可在图 2-57 中看到的，模型最终预测的异常数据点要多于正常数据点，但 AUC 告诉我们的是，它设法对绝大多数的数据条目进行正确分类。

现在，希望你对 OC-SVM 的概念及其应用方式有了更深入的了解。请记住，OC-SVM 非常适合处理多维数据(在这个示例中，删除了 service 列以后仍然有 41 列)，并且在按照本部分中实施的方式应用时，可以用于**半监督异常检测**。

```
In [48]:    1  plt.figure(figsize=(10,5))
            2  plt.hist(preds, bins=[-1.5, -0.5] + [0.5, 1.5], align='mid')
            3  plt.xticks([-1, 1])
            4  plt.show()
```

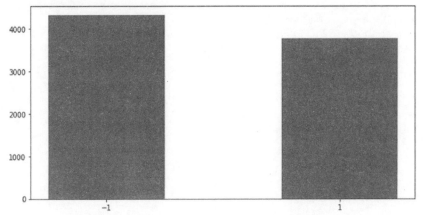

图 2-57 生成的输出结果。1 表示正常数据点，-1 表示异常数据点

2.4　本章小结

在第 2 章中，我们讨论了异常检测的一些传统方法，以及如何使用它们以**无监督**和**半监督**方式进行异常检测。

在下一章中，我们将介绍深度学习网络的相关内容。

第3章

■■■■

深度学习简介

本章将介绍深度学习网络的相关内容。你还将了解到深度学习神经网络的工作方式，以及如何使用 Keras 和 PyTorch 实现深度学习神经网络。

概括来说，本章主要介绍以下主题：

- 什么是深度学习
- Keras 简介：一种简单的分类器模型
- PyTorch 简介：一种简单的分类器模型

3.1 什么是深度学习？

深度学习是机器学习下面的一个特殊分支，主要用于处理各种不同类型的人工神经网络。受人脑的结构和功能的启发，人工神经网络的核心是多个相互连接的层，以及称为神经元的各个单元，其中每一个单元都在给定输入数据的情况下执行一项特定功能。

具体来说，对于"深度"学习，部分最佳模型由几十个层以及数百万个神经元组成，并且针对数 GB 数据进行训练。一般来说，深度学习模型并不总是需要这么大才能出色地完成特定任务，预计应该由较大模型执行的任务通常都比较复杂，包括在图像中绘制出各种对象的轮廓以及生成文章概要总结等。

得益于最近计算能力的大幅提升以及 GPU (图形处理单元)的改进，只要能够访问足够多的 GPU，任何人都可以训练自己的深度学习模型，有一点需要记住，模型越大，需要的 GPU 资源(如内存)可能会越多。

现如今，深度学习以其广泛的用途和出色的性能风靡全球。很多传统的机器学习模型都存在一个问题，那就是添加更多训练样本会对性能产生很大影响，但对于深度学习来说，这个问题根本不存在。相反，样本越多，深度学习模型的性能会变得越好，这意味着它们对于数据集大小有着更好的可扩展性，并且性能会更高。深度学习模型几乎可应用于任何任务，并能取得巨大成功，因此，在网络安全、气象、金融和股票市场、语音识别、医疗、搜索引擎等领域得到广泛运用。深度学习引以为傲的主要内容到底是什么呢？首先，我们来看一看什么是人工神经网络。

人工神经网络

人工神经网络是多层相互连接的节点或人工神经元，模仿生物神经网络进行工作。图 3-1 显示了一个神经元的示例。

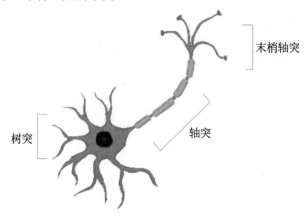

图 3-1　显示神经元外观的一个示例

通过树突接收输入，随后神经元决定是否激发。如果激发，神经元发送的信号将沿着轴突向下传输到末梢轴突，在这里，信号被输出到其他任何神经元。这种信号传输被称为突触，图 3-2 显示的是突触的模型。

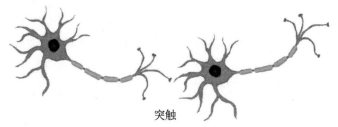

图 3-2　两个神经元可能如何连接以形成一个链，并通过该连接传输信号。
第一个神经元的末梢轴突连接到第二个神经元的树突

我们在人工神经网络中使用与上面类似的概念(见图 3-3)。

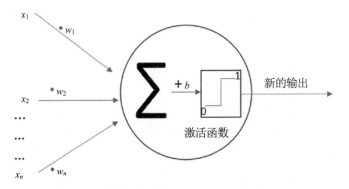

图 3-3　这种模仿生物神经元的方式是人工神经网络的基础

对于此人工神经元，我们得到输入值 x 和权重 w 的点积。x 表示输入数据，w 表示此节点带有的、要与输入值相乘的权重的列表。回顾一下点积的运算方法，即一个向量中的每个元素与第二个向量中的对应元素相乘，如图 3-4 所示。

$$< a,b,d >\bullet< e,f,g >= ae + bf + dg$$

$$\begin{bmatrix} a \\ b \\ c \end{bmatrix} \bullet \begin{bmatrix} e \\ f \\ g \end{bmatrix} = ae + bf + cg$$

图 3-4　点积的运算方法。此处显示的是两个不同类型的向量表示的点积运算示例

这是一个向量的两种不同表示方式，不过，第二种方法更适合，充分考虑到数据和权重最可能采用矩阵的形式。

此后，有一个可选的偏差函数，其中值 b (称为**偏差**)与点积结果相加。从这里，它传递到**激活函数**，该函数决定整个节点是否发送数据。这种情况下，激活函数仅在 0 和 1 之间变化，具体取决于点积加上偏差所得到的结果是否达到某个值(即阈值)。还可能具有其他激活函数，例如 S 型函数，这种函数输出 0 到 1 之间的值。

假定输出为 y，输入为 x，每个节点的基本函数可用图 3-5 中的方程式表示。

$$y = f\left(\sum_{i=1}^{n} w_i x_i + b \right)$$

图 3-5　一个捕获人工神经元的基本功能的方程式。这种情况下，$f(x)$ 是一个激活函数

人工神经网络由互相连接的节点层构成，看起来与图 3-6 类似。

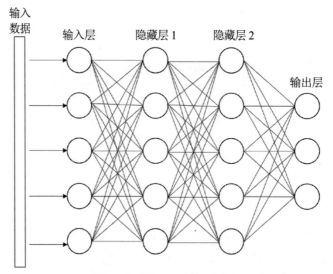

图 3-6　人工神经网络表示形式的示例

隐藏层是介于输入层和输出层之间的层。一个人工神经网络中可具有多个隐藏层。现在，你已经看到了人工神经网络是什么样子，接下来，我们来了解一下数据在此网络中如何流动传输。首先，网络中只有输入数据，并且假定神经元都全部激活(根据激活函数，神经元可部分激活，但在此示例中，每个神经元要么输出 1，要么输出 0)，见图 3-7。

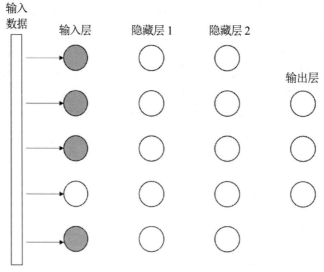

图 3-7　输入数据传入输入层，根据接收到的输入激发选定的节点

输入层接收所有对应的输入，并生成链接到第一个隐藏层的输出。现在，在输入

层中激活的节点的输出成为隐藏层的输入，新的数据相应地流动传输(见图3-8)。

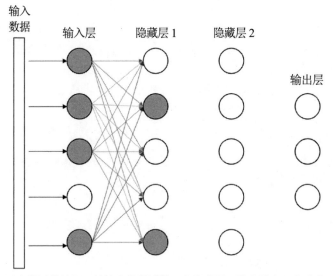

图3-8　输入层中激活的神经元的输出传递到第一个隐藏层。这些输出现在成为下一层的输入，并根据此输入激发选定的神经元

　　隐藏层1按照与输入层类似的方式处理数据，只是激活函数、权重、偏差等的参数有所不同。数据传递到该层，该层的输出成为下一个隐藏层的输入。在这个示例中，根据上一层的输入，只有两个节点激活(见图3-9)。

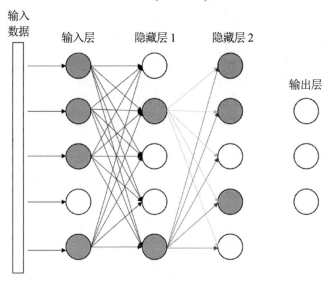

图3-9　针对隐藏层2重复此过程

　　隐藏层2对数据进行处理，并将处理后的数据发送到名为"输出层"的新层，在

这里，只会激活该层中的一个节点。在这个示例中，激活的是输出层中的第一个节点(见图 3-10)。

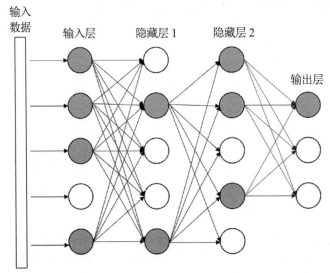

图 3-10　最后，来自第二个隐藏层的数据传入输出层，在这个示例中，激发了一个神经元

输出层中的节点可以表示希望提供给输入数据的不同标签。例如，在鸢尾花卉数据集中，你可以使用鸢尾花的各种度量指标并针对此数据训练人工神经网络，以用于分出这种花的不同种类。

在初始化时，模型的权重会与理想情况相差甚远。在整个训练过程中，模型中的数据流向前流动(从左到右，从输入到输出)，然后返回(称为**反向传播**)以重新计算每个激活的节点的权重和偏差。

在反向传播中，**代价函数**会考虑模型的预测，使训练数据一次性通过网络，还会考虑实际的预测应该是什么。代价函数为你提供一个表示模型权重预测正确结果的情况的指标。对于此示例，假定图 3-11 显示代价函数的公式。

$$J(\theta) = \frac{1}{n} \sum_{i=1}^{n} \left(h_\theta(x^i) - y^i \right)^2$$

图 3-11　均方误差代价函数的公式

此代价函数被称为**均方误差**，之所以这样命名，是因为在给定输入 θ(也就是权重)的情况下，该函数可以得出预测值和实际值之间的平均方差。参数 h_θ 表示在模型中传入了权重参数 θ，因此 $h_\theta(x^i)$ 给出的是模型的权重 θ 下 x^i 的预测值。参数 y^i 表示索引 i 处数据点的实际预测。如果你传入的参数同时包含权重和偏差，那么它很可能是图 3-12 中所示的形式。

$$J(w, b) = \frac{1}{n} \sum_{i=1}^{n} \left(h_{w,b}(x^i) - y^i \right)^2$$

图 3-12　均方误差代价函数的一个公式，表示形式更具体，将权重与偏差区分开来

请注意，$h_{w,b}(x^i)$ 将采用图 3-13 中所示的公式。

$$h(w, b) = wx^i + b$$

图 3-13　详细阐述函数 $h(w,b)$ 的意义

代价函数反映当前权重参数下模型的整体性能，因此，从代价函数输出的最理想的值应该尽可能小。由于代价函数用于测量模型的预测值与实际值的差距有多大，因此，你希望代价函数的输出尽可能地小，这意味着你的预测几乎就是实际预测。

为了最大限度地减小代价函数，你需要告诉模型如何调整权重，但是如何完成这一操作呢？如果回顾一下微积分的相关知识，就会知道优化问题涉及得出导数以及求解临界点(临界点指的是原始方程的导数为 0 的点)。对于你所面临的情况，你需要得出**梯度**，可认为其与导数类似，只不过是在多维设置中，会在某个方向上调整权重，使梯度发生更改并趋近于 0。

可通过多种优化算法来帮助模型达到最优权重，其中包括**梯度下降法**。梯度下降法是一种优化算法，它会找出代价函数的梯度，然后在局部最小值的方向采取一步操作以生成用于调整权重和偏差的值。

步的大小由**学习率**来控制。学习率越大，每次迭代采用的步越大，接近局部最小值的速度也越快。学习率越小，步数越小，训练所花的时间就越长。但是，学习率过大也会出现问题，可能会完全超过局部最小值，导致完全无法达到局部最小值。如果学习率过小，达到局部最小值可能需要漫长的时间。当模型开始达到理想的性能级别时，梯度应该趋近于 0，因为权重会使代价函数达到局部最小值，表示模型的预测与实际预测之间的差异非常小。

在被称为**反向传播**的过程中，会针对一层中的每个节点计算梯度并调整权重，然后对该层前面的层执行相同的操作过程，直到所有层的权重都经过调整。在模型中传递数据并反向传播以重新调整权重的整个过程构成了深度学习中模型的训练过程。

整个训练过程可能非常复杂并且计算量非常大，GPU 可帮助大幅提高模型训练速度，因为它们经过优化，可以出色地执行图形处理所需的矩阵计算。

现在，你已经对深度学习的概念以及人工神经网络的工作方式有了更深入的了解，不过，你可能心存疑问：为什么要使用深度学习进行异常检测呢？

首先，得益于 GPU 技术的不断发展，我们可以针对大型数据集对深度学习模型进行更深入的训练(包含很多层以及大量参数)。这本身就使得人工神经网络的性能得到难以置信的提升，同时使模型获得更广泛的应用。

这不仅催生出适合各种不同应用(图像分类、视频描述、目标检测、语言翻译、可以总结文章的生成模型等)的多种多样的模型,而且各个模型在处理相应的任务时的表现越来越好。

此外,相对于传统模型,这些模型的可扩展性也大为提高,因为深度学习模型不会随着数据条目的增加而出现训练准确率下降的问题,这意味着我们可以将深度学习模型应用于大量数据。深度学习模型的这个属性可以完美适应当今社会大数据广泛应用的趋势。

在这一章中,你将看到如何应用深度学习模型来分类手写数字,从而初步了解如何使用 Python 中两种非常流行、性能卓越的深度学习框架: Keras (采用 TensorFlow 后端)和 PyTorch。借助这些框架,只需要几十行代码就可以创建自定义深度学习模型,而不必完全从头开始创建。

Keras 是一种高级框架,可以用于快速创建、训练和测试功能强大的深度学习模型,同时为你抽象化所有细节。PyTorch 更多地被看作一种低级框架,但它的语法量要比 TensorFlow(一种更流行的深度学习框架)少得多。但与 Keras 相比,仍然需要定义较多的内容,因为它不再自动进行抽象化处理。

究竟选用 PyTorch 还是 TensorFlow,更多地取决于个人喜好,不过,PyTorch 相对更容易上手。二者提供的功能非常相似,如果 TensorFlow 中的某些函数在 PyTorch 中并未包含,仍可使用 PyTorch API 来实现它们。

还有一点需要注意,那就是 TensorFlow 已经将 Keras 集成到其 API 中,因此,如果你将来想要使用 TensorFlow,仍然可以使用 tf.keras 来构建模型。

3.2　Keras 简介: 一种简单的分类器模型

在开始之前,建议你先安装 GPU 版本的 TensorFlow 及其所有依存项,包括 CUDA 和 cuDNN。尽管它们对于训练深度学习模型并不是必需的,但使用 GPU 有助于显著缩短训练时间。在训练时,TensorFlow 和 PyTorch 都使用 CUDA 和 cuDNN 来访问 GPU,而 Keras 基于 TensorFlow 运行。

如果你对 Keras 有任何问题或疑问,可以参考附录 A,更好地了解 Keras 的工作方式及其提供的功能。

下面列出了需要使用的 Python 3 程序包的确切版本:

- tensorflow-gpu 版本 1.10.0
- keras 版本 2.0.8
- torch 版本 0.4.1 (这就是 PyTorch)
- CUDA 版本 9.0.176

● cuDNN 版本 7.3.0.29

你将在 Keras 中使用 MNIST 数据集创建、训练和评估称为卷积神经网络(CNN)的深度学习体系结构。你不需要下载此数据集，因为它就包含在 TensorFlow 中。

MNIST (全称是 Modified National Institute of Standards and Technology，即美国国家标准与技术研究院)数据集是一个庞大的手绘图像集合，用于训练计算机视觉和图像处理模型，例如 CNN。它是新手入门通用的数据集，基本上相当于计算机视觉中的"hello world"数据集。

该数据集包含手写数字 0~9 的 60 000 个训练图像和 10 000 个测试图像，每个图像的尺寸都是 28×28 像素。

首先导入所有依存项(见图 3-14)。

```
import tensorflow as tf

import keras

from keras.datasets import mnist

from keras.models import Sequential

from keras.layers import Dense, Dropout,
Flatten, Input

from keras.layers import Conv2D, MaxPooling2D

from keras import backend as K

import numpy as np
```

图 3-14　导入创建模型所需的模块

接下来，定义后面将要用到的一些变量(见图 3-15)。

```
batch_size = 128

n_classes = 10

n_epochs = 15



im_row, im_col = 28, 28
```

图 3-15　定义后面将要使用的变量

在模型中传递一次完整的数据集称为一次 **epoch**(整个数据集训练迭代一次)。**批大小**指的是一次迭代中有多少个数据条目通过模型。在这个示例中，训练数据每次有 128 个条目通过模型，直到所有数据条目都通过，此时一次 epoch 完成。类数为 10，表示 0~9 这 10 个数字中的每一个数字。这些变量也称为**超参数**，即在训练过程开始之前设置的参数。

我们来创建训练数据集和测试数据集。有一点需要注意，那就是你可在 Keras 中将 DataFrame、数组、矩阵等用于数据集。运行图 3-16 中的代码。

```
(x_train, y_train), (x_test, y_test) = mnist.load_data()
```

图 3-16　定义训练数据集和测试数据集

可使用 matplotlib 查看其中的图像是什么样子。运行图 3-17 中的代码，将看到图 3-18 所示的结果。

```
import matplotlib.pyplot as plt

%matplotlib inline


plt.imshow(x_train[1], cmap='gray')

plt.show()
```

图 3-17　导入 matplotlib.pyplot 以查看这些训练图像是什么样子

```
In [68]:
import matplotlib.pyplot as plt
%matplotlib inline

plt.imshow(x_train[1], cmap='gray')
plt.show()
```

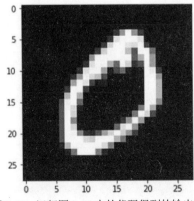

图 3-18　运行图 3-17 中的代码得到的输出结果

可以在 x_train 中输入 0 到 59 999 的任意位置以可视化一个样本。

仅查看数字 1 的 10 个示例，就可以看到数据集中有很多变差元素(见图 3-19 和图 3-20)。

```python
fig = plt.figure(figsize=(15,10))


i = 0
for f in range(0, y_train.shape[0]):
    if(y_train[f] == 1 and i < 10):
        plt.subplot(2, 5, i+1)
        plt.imshow(x_train[f], cmap='gray')
        plt.xticks([])
        plt.yticks([])
        i = i + 1


plt.show()
```

图 3-19　用于生成显示某个特定类的一些示例图像的图形的代码

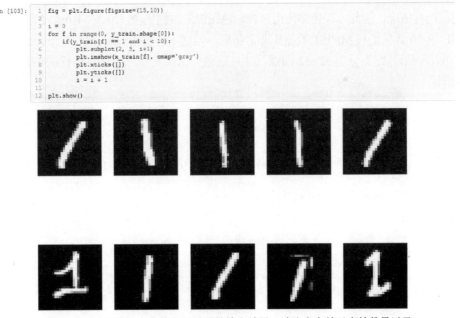

图 3-20　运行图 3-19 中的代码得到的输出结果。请注意变差元素的数量以及
一般不会认为是数字的异常数据

61

接下来，按照某一维度扩展形状。现在，训练集和测试集的维度如图 3-21 和图 3-22 所示。

```
print("x_train: {}\nx_test: {}\n".format(
x_train.shape, x_test.shape, ))
```

图 3-21　用于输出训练数据集和测试数据集的形状的代码

```
In [71]:    1  print("x_train: {}\nx_test: {}\n".format(
            2  x_train.shape, x_test.shape, ))

x_train: (60000, 28, 28)
x_test: (10000, 28, 28)
```

图 3-22　运行图 3-21 中的代码得到的输出结果

为了实现训练模型的目的，你希望将此形状扩展到(60000, 28, 28, 1)和(10000, 28, 28, 1)。

图像有一个属性，那就是彩色图像有三个维度，而灰度图像有两个维度。灰度图像只是简单的"行×列"形式，因为它们没有颜色通道。而彩色图像可表示为"行×列×通道"或者"通道×行×列"的形式。对于彩色图像，变量"通道"(channel)为 3，因为你想要了解红色、绿色和蓝色(RGB)的像素值。

在这个示例中，使用的是灰度图像，因此不必担心通道变量，但下面的代码会考虑这两种情况，因此，即使你使用包含彩色图像的数据集(如 CIFAR-10)也没有问题。CIFAR-10 数据集与 MNIST 数据集非常相似，但这次将根据 cars (汽车)、birds (鸟)、ships (轮船)等标签分类 32×32 图像，并且这些图像都是彩色图像。运行图 3-23 中的代码。

```
if K.image_data_format() == 'channels_first':

    x_train = x_train.reshape(x_train.shape[0], 1, im_row,
im_col)

    x_test = x_test.reshape(x_test.shape[0], 1, im_row,
im_col)

    input_shape = (1, im_row, im_col)

else:

    x_train = x_train.reshape(x_train.shape[0], im_row,
im_col, 1)

    x_test = x_test.reshape(x_test.shape[0], im_row, im_col,
1)

    input_shape = (im_row, im_col, 1)
```

图 3-23　以上代码根据通道是否为第一个重塑训练数据集和测试数据集，然后定义模型的输入形状

接下来，将值转换为 32 位浮点数并除以 255。现在，值全部变为 0 到 255 范围内的整数值，但你需要将这些值转换为浮点数并使其介于 0 到 1 范围内。这个过程称为**归一化(normalization)**，也称为**特征缩放(feature scaling)**，在这个过程中，你试图将数据重新缩放为更小、更容易管理的值。在此示例中，将使用一种称为**最小-最大归一化(min-max normalization)**的方法，图 3-24 定义了对应的公式。

$$x' = \frac{x - x_{\min}}{x_{\max} - x_{\min}}$$

图 3-24　最小-最大归一化对应的公式

值的范围为 0 到 255 之间。对于每个值，用 x "减去" 0，然后除以 255-0(就是 255)。将[0, 255]范围内的像素值重新缩放到[0, 1]在图像任务中是非常常见的，对于彩色图像也可完成。

此外，还有其他一些方法可供使用，其中包括**均值归一化(mean normalization)**、**标准化(standardization，也称为 z 分数归一化(z-score normalization))**以及**单位长度缩放(unit length scaling)**。

每种方法对应的公式如下。

均值归一化见图 3-25。

$$x' = \frac{x - x_{\text{average}}}{x_{\max} - x_{\min}}$$

图 3-25　均值归一化对应的公式

此公式与最小-最大归一化类似，只是在分子中使用 x_{average} 代替 $x_{\min}$。

标准化见图 3-26。

$$x' = \frac{x - \bar{x}}{\sigma}$$

图 3-26　标准化对应的公式

基本过程就是，得出每个 x 的 z 分数值，然后使用这些值替代原始的 x 值。

单位长度缩放见图 3-27。

$$x' = \frac{x}{\|x\|}$$

图 3-27　单位长度缩放对应的公式

基本过程是，得出 x 的单位向量并使用它替代 x。单位向量的大小为 1。图 3-28 中显示了下一个代码块。

```
x_train = x_train.astype('float32')

x_test = x_test.astype('float32')

x_train /= 255

x_test /= 255


y_train = keras.utils.to_categorical(y_train, n_classes)

y_test = keras.utils.to_categorical(y_test, n_classes)
```

图 3-28　将 x_train 和 x_test 转换为 32 位浮点数，然后通过除以 255 应用最小-最大归一化。对于 y_train 和 y_test，将它们转换为独热(one-hot)编码格式

keras.utils.to_categorical()的作用就是获取类的向量并针对类的数量创建一个二进制类矩阵。假定有一个表示 y_train 的向量，最多包含 6 个类，从 0 到 5(见图 3-29)。

索引 0 处的数据　$\begin{bmatrix} 1 \\ 5 \\ 4 \\ 2 \end{bmatrix}$
索引 1 处的数据
索引 2 处的数据
索引 3 处的数据

图 3-29　一个表示 y_train 的向量，具有 6 个类，值为 0 到 5

运行 keras.utils.to_categorical(y_train, n_classes) (其中 n_classes = 5)后，图 3-30 显示了获取的 y_train 的内容。

$$\begin{array}{l} \text{索引 0 处的数据} \\ \text{索引 1 处的数据} \\ \text{索引 2 处的数据} \\ \text{索引 3 处的数据} \end{array} \left[\begin{array}{l} 010000 \\ 000001 \\ 000010 \\ 001000 \end{array} \right]$$

图 3-30　图 3-29 中 y_train 向量的独热编码表示形式

类仍然是相同的，但这次你需要按照索引获取类，而不是直接按照值获取。在原始向量的索引 1 (如果将此看作是一个包含 1 列的矩阵，则为行 1)处，你可以看到类标签为 5。在变换的 y_train 数据(现在是一个矩阵)中，在行 1 (即变换前的索引 1)处，你可以看到，除去列 5 处的值以外，该索引处向量中的所有值都是 0。因此，y_train 在索引 1 处仍为 5，但采用了不同格式。

现在，我们在图 3-31 和图 3-32 中检查变换的数据的形状。

```
print("x_train: {}\nx_test: {}\ninput_shape: {}\n# of training
samples: {}\n# of testing samples: {}".format(

x_train.shape, x_test.shape, input_shape, x_train.shape[0],
x_test.shape[0]))
```

图 3-31　输出变换的数据的形状

```
In [126]:  1  print("x_train: {}\nx_test: {}\ninput_shape: {}\n \
           2  # of training samples: {}\n# of testing samples: {}".format(
           3  x_train.shape, x_test.shape, input_shape, x_train.shape[0], x_test.shape[0]))

x_train: (60000, 28, 28, 1)
x_test: (10000, 28, 28, 1)
input_shape: (28, 28, 1)
 # of training samples: 60000
# of testing samples: 10000
```

图 3-32　输出的结果

■ 注意

\字符会告诉Python你希望继续到下一行。如果没有此字符，代码不会运行，因为Python看不到第二个"表示的字符串结尾，但\告诉Python在下一行继续。

接下来，可以继续定义并编译模型。

运行图 3-33 中的代码。

```python
model = Sequential()
model.add(Conv2D(32, kernel_size=(3, 3),
                 activation='relu',
                 input_shape=input_shape))
model.add(Conv2D(64, (3, 3),
activation='relu'))
model.add(MaxPooling2D(pool_size=(2, 2)))
model.add(Dropout(0.25))
model.add(Flatten())
model.add(Dense(128, activation='relu'))
model.add(Dropout(0.5))
model.add(Dense(n_classes,
activation='softmax'))


model.compile(loss=keras.losses.categorical_
crossentropy,


optimizer=keras.optimizers.Adam(),
             metrics=['accuracy'])


model.summary()
```

图 3-33　用于定义深度学习模型并向其中添加层的代码

在 Keras 中，**顺序(sequential)**模型是多个层的堆叠。Conv2D 是一个二维卷积层。

在卷积神经网络中，**卷积层**逐步滤过数据，将每个值与过滤器中的权重进行逐元素相乘，然后将它们加到一起，生成一个值。在这个示例中，使用的是一个 3×3 过滤器，略过每个像素以生成一个更小的层，称为**激活图**或**特征图**。然后，这个特征图在第二个卷积层中应用另一个过滤器，生成另一个更小的特征图。在过滤器中得到在反向传播过程中优化的权重。为能对此有更好的理解，我们来看几个相关的示例。

假定有一个 5×5 像素的图片，如图 3-34 所示。

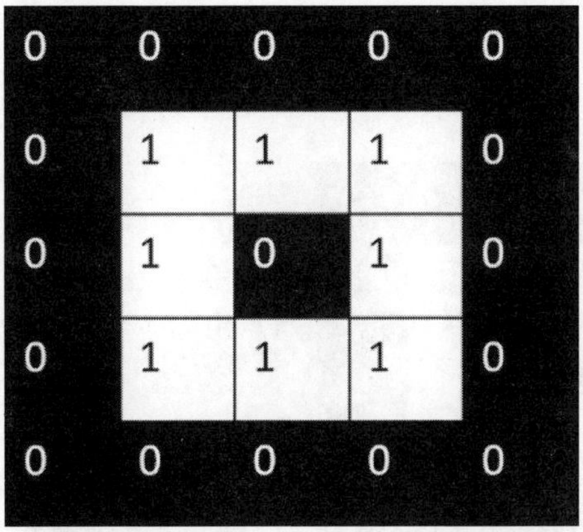

图 3-34 一个 5×5 像素的图片，0 表示黑色像素，1 表示白色像素

此外，假定核大小(过滤器维度)为 2×2。图 3-35 显示了卷积的具体情况。

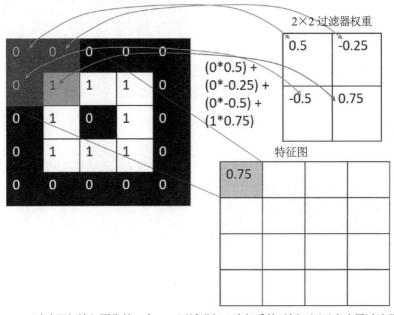

图 3-35 2×2 过滤器与输入图像的一个 2×2 区域进行一次相乘的示例。逐元素应用过滤器权重，
并生成一个属于特征图一部分的输出值，也就是此卷积层的输出

首先，为 2×2 **过滤器(核)**提供一组随机权重。过滤器认真检查图像中的第一个 2×2
区域，然后对过滤器中的值与图像 2×2 区域中的值逐元素相乘的结果进行求和。此值
是特征图(一个 4×4 层图像)的第一个元素。给定一个 $n×n$ 过滤器和 $m×m$ 图像，特征图
的维度应该是一个 $(m-n+1) × (m-n+1)$ 维的图像。在这个示例中，图像是 5×5，核是 2×2，
因此特征图是 $5 - 2 + 1$，即 4×4 像素。

过滤器逐像素处理图像中的每个区域，如图 3-36 所示。

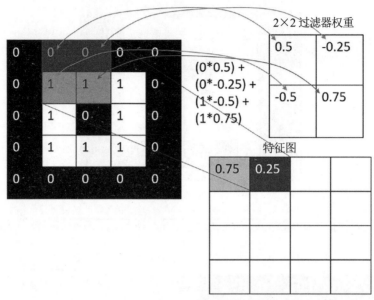

图 3-36　完成图 3-35 中的操作后，过滤器移动到下一组数据进行逐元素相乘，
生成特征图中的第二个值

过滤器继续执行此操作，直到到达图像右侧。此后，过滤器下移一个像素，从图像的左侧重新开始上述操作，如图 3-37 所示。

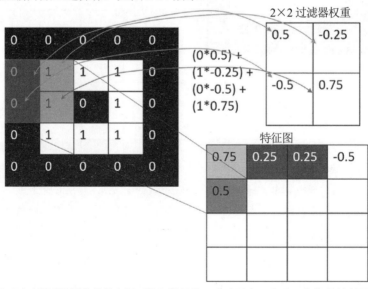

图 3-37　显示过滤器到达图像的最右侧后执行的操作。过滤器向下移动一个像素(这是最少的情况，
你可在调用此层时将希望的过滤器移动量指定为一个参数)，然后像之前一样继续执行操作

从这里开始，过滤器继续按像素向右移动(见图 3-38)。

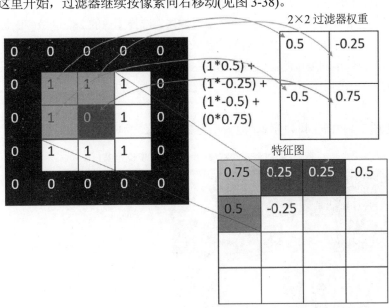

图 3-38 过滤器像之前一样继续移动，将更多的值添加到特征图

过滤器到达图像末端后，会返回到第一列并下移一行，然后继续执行上述操作，直到到达图像右下角的区域(见图 3-39)。

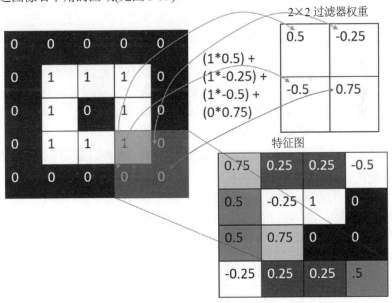

图 3-39 过滤器到达这个值后，卷积运算停止，将特征图输出到下一层

由于权重是随机指定的，因此此处的特征图并没有太大的实际意义。

　　在两个卷积层之后，进入 MaxPooling2D 层。通过一个过滤器在**最大池化**中扫描输入数据，这个示例中使用的是一个 2×2 过滤器，选择图像的 2×2 区域中的最大值作为新的 n 维图像中的值。如果没有给定**步长(stride length)**，默认情况下，Keras 会选择池大小。步长指的是过滤器应该移动的距离，它对于确定特征图大小具有很重要的作用。在这个示例中，由于步长为 2，池化过滤器大小也是 2×2，因此，输入数据的维度减少一半。

　　假定图 3-40 中的 4×4 图像是池大小为 2×2 的最大池化层的输入。

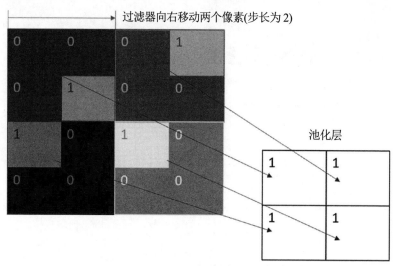

图 3-40　4×4 图像上的最大池化运算

　　在此示例中，由于池大小为 2×2，步长也是 2 (没有为步长提供任何参数)，因此，池化层刚好将整个图像拆分为 2×2 池化过滤器的区域。

　　如果步长为 1，则会遇到与前面看到的卷积示例类似的情况，而特征图的维度将是 4-2+1，即 3×3。这种池化过程也可以称为**下采样**。

　　池化层有助于减小数据的大小，从而更易于计算。此外，它还可以帮助进行模式识别，因为会选出每个区域中的最大值，这样可更好地突显出模式。

　　接下来是**丢弃层(dropout)**。丢弃是一种正则化方法，在训练过程中"丢弃"或忽略一定比例(通过传入的参数指定)的随机选择的节点。

　　压平层(flattern)用于将整个输入挤压为一维。假定你想要压平一个 3×3 图像，如图 3-41 所示。

　　稠密层(dense layer)就是由规则节点构成的一个层，这些节点与人工神经网络示例中的节点类似。它们以相同的方式执行操作，但在此示例中，节点数从第一个稠密层中的 128 变为第二个稠密层中的 10。激活函数也发生了更改，从第一个稠密层中的 relu(也称为**修正线性单元(Rectified Linear Unit，ReLU)**)变为第二个稠密层中的 **softmax**。

压平层输入

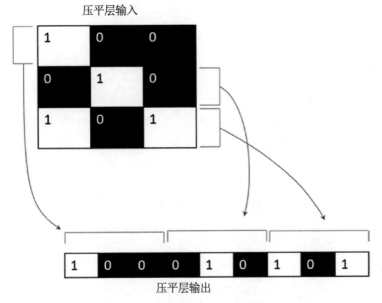

压平层输出

图 3-41 显示压平层对输入的 3×3 图像执行的操作

从数学角度看，**ReLU** 函数定义为 $y = \max(0, x)$，因此，当节点计算输入和权重的点积并加上偏差时，它将输出 0 和计算结果中较大的一个。

ReLU 的函数图与图 3-42 类似。

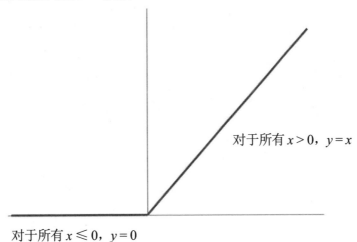

对于所有 $x > 0$，$y = x$

对于所有 $x \leqslant 0$，$y = 0$

图 3-42 表示 ReLU 函数的图

softmax 的通用公式如图 3-43 所示。

$$\sigma(x)_i = \frac{e^{x_i}}{\sum_j^K e^{x_j}} \quad 对于 \ i = 1,\ldots,K \ 和 \ x = (x_1,\ldots,x_K) \in R^K$$

图 3-43　softmax 激活函数对应的公式

至于**优化器**，设置为 **Adam 优化器**，这是一种基于梯度的优化器。默认情况下，称为**学习率**的参数设置为 0.001。回顾一下前面的介绍可知，学习率有助于确定优化算法采用的步大小以了解对权重进行多大程度的调整。

执行图 3-33 中的代码后，将获得图 3-44 的输出结果。

```
In [128]:  1  model = Sequential()
           2  model.add(Conv2D(32, kernel_size=(3, 3),
           3                   activation='relu',
           4                   input_shape=input_shape))
           5  model.add(Conv2D(64, (3, 3), activation='relu'))
           6  model.add(MaxPooling2D(pool_size=(2, 2)))
           7  model.add(Dropout(0.25))
           8  model.add(Flatten())
           9  model.add(Dense(128, activation='relu'))
          10  model.add(Dropout(0.5))
          11  model.add(Dense(n_classes, activation='softmax'))
          12
          13  model.compile(loss=keras.losses.categorical_crossentropy,
          14                optimizer=keras.optimizers.Adam(),
          15                metrics=['accuracy'])
          16
          17  model.summary()
```

```
Layer (type)                 Output Shape              Param #
=================================================================
conv2d_17 (Conv2D)           (None, 26, 26, 32)        320

conv2d_18 (Conv2D)           (None, 24, 24, 64)        18496

max_pooling2d_6 (MaxPooling2 (None, 12, 12, 64)        0

dropout_11 (Dropout)         (None, 12, 12, 64)        0

flatten_6 (Flatten)          (None, 9216)              0

dense_10 (Dense)             (None, 128)               1179776

dropout_12 (Dropout)         (None, 128)               0

dense_11 (Dense)             (None, 10)                1290
=================================================================
Total params: 1,199,882
Trainable params: 1,199,882
Non-trainable params: 0
```

图 3-44　运行图 3-33 中的代码得到的输出结果。请注意它是如何告诉你每个层的输出形状以及参数
　　数量的，在创建自定义模型并发现层的预计维度与实际接收的维度不一致时，这非常有用

接下来，开始对数据进行训练。所需的时间可能在几秒钟到几分钟不等，具体取决于你的设置情况。不使用 cuda，除非需要的时间过长。

运行图 3-45 中的代码。

```
checkpoint = ModelCheckpoint(filepath="keras_MNIST_CNN.h5",
                             verbose=0,
                             save_best_only=True)


model.fit(x_train, y_train,
        batch_size=batch_size,
        epochs=n_epochs,
        verbose=1,
        validation_data=(x_test, y_test),
        callbacks=[checkpoint])


score = model.evaluate(x_test, y_test, verbose=0)
print('Test loss:', score[0])
print('Test accuracy:', score[1])
```

图 3-45　用于训练模型并输出测试集的准确率和损失值的代码

变量 checkpoint 会将模型存储在与此代码相同的文件夹中，名为 keras_MNIST_CNN.h5。如果你不希望保存模型，可改为运行图 3-46 中的代码。

```
model.fit(x_train, y_train,
        batch_size=batch_size,
        epochs=n_epochs,
        verbose=1,
        validation_data=(x_test, y_test))


score = model.evaluate(x_test, y_test, verbose=0)
print('Test loss:', score[0])
print('Test accuracy:', score[1])
```

图 3-46　如果不希望保存模型，可运行此代码

如果成功，则看到的结果应该与图 3-47 类似。

```
In [265]:
checkpoint = ModelCheckpoint(filepath="keras_MNIST_CNN.h5",
                             verbose=0,
                             save_best_only=True)

model.fit(x_train, y_train,
          batch_size=batch_size,
          epochs=n_epochs,
          verbose=1,
          validation_data=(x_test, y_test),
          callbacks=[checkpoint])

score = model.evaluate(x_test, y_test, verbose=0)
print('Test loss:', score[0])
print('Test accuracy:', score[1])
```

```
Train on 60000 samples, validate on 10000 samples
Epoch 1/15
60000/60000 [==============================] - 9s - loss: 0.2444 - acc: 0.9258 - val_loss: 0.0485 - val_acc: 0.9844
Epoch 2/15
60000/60000 [==============================] - 7s - loss: 0.0878 - acc: 0.9743 - val_loss: 0.0391 - val_acc: 0.9869
Epoch 3/15
60000/60000 [==============================] - 7s - loss: 0.0625 - acc: 0.9815 - val_loss: 0.0330 - val_acc: 0.9893
Epoch 4/15
60000/60000 [==============================] - 7s - loss: 0.0531 - acc: 0.9844 - val_loss: 0.0322 - val_acc: 0.9898
Epoch 5/15
60000/60000 [==============================] - 7s - loss: 0.0449 - acc: 0.9865 - val_loss: 0.0329 - val_acc: 0.9889
Epoch 6/15
60000/60000 [==============================] - 7s - loss: 0.0410 - acc: 0.9875 - val_loss: 0.0281 - val_acc: 0.9914
Epoch 7/15
60000/60000 [==============================] - 7s - loss: 0.0345 - acc: 0.9889 - val_loss: 0.0283 - val_acc: 0.9910
Epoch 8/15
60000/60000 [==============================] - 7s - loss: 0.0314 - acc: 0.9902 - val_loss: 0.0265 - val_acc: 0.9926
Epoch 9/15
60000/60000 [==============================] - 7s - loss: 0.0293 - acc: 0.9907 - val_loss: 0.0280 - val_acc: 0.9920
Epoch 10/15
60000/60000 [==============================] - 7s - loss: 0.0256 - acc: 0.9917 - val_loss: 0.0290 - val_acc: 0.9917
Epoch 11/15
60000/60000 [==============================] - 7s - loss: 0.0234 - acc: 0.9927 - val_loss: 0.0269 - val_acc: 0.99260.9
Epoch 12/15
60000/60000 [==============================] - 7s - loss: 0.0230 - acc: 0.9925 - val_loss: 0.0267 - val_acc: 0.9923
Epoch 13/15
60000/60000 [==============================] - 7s - loss: 0.0197 - acc: 0.9933 - val_loss: 0.0299 - val_acc: 0.9916
Epoch 14/15
60000/60000 [==============================] - 7s - loss: 0.0202 - acc: 0.9931 - val_loss: 0.0288 - val_acc: 0.9932
Epoch 15/15
60000/60000 [==============================] - 7s - loss: 0.0179 - acc: 0.9938 - val_loss: 0.0261 - val_acc: 0.9934
Test loss: 0.026139157172246224
Test accuracy: 0.9934
```

图 3-47　运行训练函数得到的输出结果，同时得出测试集的损失值和准确率值

我们来检查这种情况下的 AUC 分数。运行图 3-48 中的代码。

```
from sklearn.metrics import roc_auc_score


preds = model.predict(x_test)
auc = roc_auc_score(np.round(preds), y_test)
print("AUC: {:.2%}".format (auc))
```

图 3-48　用于根据测试集生成此模型的 AUC 分数的代码

变量 preds 基本上是包含 10 个元素的数组的列表，其中的每一个都包含每个 x_test 数据样本的类预测的概率值。

要在执行 np.round()之前检查变量 preds 的值，请运行图 3-49 中的代码并在图 3-50 中查看得到的结果。

```
preds = model.predict(x_test)
print("Predictions for x_test[0]: {}\n\nActual label for x_test[0]:
{}\n".format(preds[0], y_test[0]))
print("Predictions for x_test[0] after rounding:
{}\n".format(np.round(preds)[0]))
```

图 3-49 用于查看在进行舍入之前预测实际情况的代码

```
In [267]:  1
           2  preds = model.predict(x_test)
           3  print("Predictions for x_test[0]: {}\n\nActual label for x_test[0]: {}\n".format(preds[0], y_test[0]))
           4  print("Predictions for x_test[0] after rounding: {}\n".format(np.round(preds)[0]))
           5

Predictions for x_test[0]: [4.1195924e-19 4.8884741e-14 1.1587565e-13 1.5126733e-13 1.3377293e-15
 7.9817291e-17 2.9398691e-23 1.0000000e+00 5.9718682e-15 1.5278325e-13]

Actual label for x_test[0]: [0. 0. 0. 0. 0. 0. 0. 1. 0. 0.]

Predictions for x_test[0] after rounding: [0. 0. 0. 0. 0. 0. 0. 1. 0. 0.]
```

图 3-50 运行图 3-49 中的代码输出的结果

除了正确预测的类以外，其他每个类的预测的数据值非常小，对其进行舍入后几乎可忽略不计。AUC 分数如图 3-51 所示。

```
In [266]:  1  from sklearn.metrics import roc_auc_score
           2
           3  preds = model.predict(x_test)
           4  auc = roc_auc_score(np.round(preds), y_test)
           5  print("AUC: {:.2%}".format (auc))

AUC: 99.64%
```

图 3-51 生成的模型的 AUC 分数。这是运行图 3-48 中的代码得到的输出结果

这个 AUC 分数真的非常棒！这个分数表示此模型在识别手写数字方面的表现非常好，当然，前提是它们采用的格式与训练过程中使用的 MNIST 数据集类似。

回头来看卷积层，我们来运行一些代码，看一看与原始图像相比，在前两个卷积层之后特征图是什么样子。

运行图 3-52 中的代码，然后在图 3-53 中查看输出的结果。

随着图像通过卷积层，它的维度将减少，模式将变得更清晰明确。对我们来说，这可能并不是特别像数字 3，但模型会从原始图像识别这些模式并据此做出预测。

现在，你应该对 CNN 的概念以及如何使用 Keras 轻松创建和训练自己的深度学习神经网络有了更深入的了解。如果你想要进一步探索这一框架，可阅读附录 A 中的内容。如果还有其他任何问题，或想在附录 A 所介绍的内容以外更深入地探索 Keras，请阅读官方的 Keras 文档资料。

```
from keras import models

layers = [layer.output for layer in model.layers[:4]]
model_layers = models.Model(inputs=model.input, outputs=layers)
activations = model_layers.predict(x_train)

fig = plt.figure(figsize=(15,10))

plt.subplot(1, 3, 1)
plt.title("Original")
plt.imshow(x_train[7].reshape(28, 28), cmap='gray')
plt.xticks([])
plt.yticks([])

for f in range(1, 3):
    plt.subplot(1, 3, f+1)
    plt.title("Convolutional layer %d" % f)
    layer_activation = activations[f]
    plt.imshow(layer_activation[7, :, :, 0], cmap='gray')
    plt.xticks([])
    plt.yticks([])

plt.show()
```

图 3-52　用于生成图像在模型的各个阶段的结果图的代码

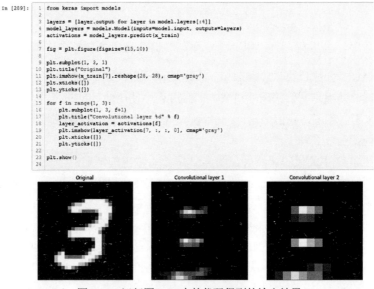

图 3-53　运行图 3-52 中的代码得到的输出结果

3.3 PyTorch 简介：一种简单的分类器模型

现在，你已经对 CNN 的概念以及 Keras 中的分类器模型是什么样子有了更好的了解，接下来，我们直接探索如何在 PyTorch 中实现 CNN。

PyTorch 并不会像 Keras 那样对各种内容进行高度抽象化，因此，涉及的语法更多一些。如果你想进一步探索这一框架，请阅读附录 B，在那里，我们将介绍 PyTorch 的基本知识、它提供的功能，并将其应用到将在第 7 章中介绍的模型。

但与 Keras 一样，首先需要导入必要的模块并定义超参数(见图 3-54)。

```python
import torch
import torch.nn as nn
import torchvision
import torchvision.transforms as transforms
import torch.optim as optim
import torch.nn.functional as F
import numpy as np



#If cuda device exists, use that. If not, default to CPU.
device = torch.device('cuda:0' if torch.cuda.is_available() else 'cpu')
```

图 3-54　用于导入所需的模块并定义运行 PyTorch 的设备(CPU 或 GPU)的代码

在 PyTorch 中，你必须向 torch 指出想要使用 GPU (如果存在)。在 Keras 中，由于使用 tensorflow-gpu 作为后端(Keras 基于此运行)，因此，你应该安装 GPU、CUDA 和 cuDNN。

接下来配置超参数(见图 3-55)。

```python
#Hyperparameters
num_epochs = 15
num_classes = 10
batch_size = 128
learning_rate = 0.001
```

图 3-55　用于定义要使用的超参数的代码

在这个示例中，你将在 PyTorch 允许的情况下尽可能多地匹配 Keras 示例中使用的模型体系结构。并不是 TensorFlow 中的每个函数在 PyTorch 中都有对应的函数，不过绝大部分是有的。

接下来创建测试数据集和训练数据集(见图 3-56)。

```python
#Load MNIST data set
train_dataset = torchvision.datasets.MNIST(root='../../data/',
                                           train=True,
                                           transform=transforms.ToTensor(),
                                           download=True)

test_dataset = torchvision.datasets.MNIST(root='../../data/',
                                          train=False,
                                          transform=transforms.ToTensor())

#Data loader
train_loader = torch.utils.data.DataLoader(dataset=train_dataset,
                                           batch_size=batch_size,
                                           shuffle=True)

test_loader = torch.utils.data.DataLoader(dataset=test_dataset,
                                          batch_size=batch_size,
                                          shuffle=False)
```

图 3-56 使用 PyTorch 的数据加载器(DataLoader)功能获取训练数据和测试数据

在 PyTorch 中，加载 MNIST 数据的过程可能略有不同，它使用数据加载器，而不是 DataFrame，不过你仍可在 PyTorch 中使用 DataFrame、数组等，前提是先将它们转换为张量(tensor)。此过程通常是先将 DataFrame 转换为 Numpy 数组，然后转换为 PyTorch 张量。

接下来，我们开始创建模型(见图 3-57)。

此过程与 Keras 中略有不同。在此示例中，主要的层在__init__之下定义，即两个卷积层和两个稠密层。其他层在 forward() 之下定义。在 forward() 中，将 x 设置为等于第一个卷积层的激活函数的输出。现在，得到的新 x 将作为下一个卷积层的输入，并将 x 设置为等于第二个卷积层的激活函数的输出。对其他层重复同样的过程，但确切的数据流可能有点混乱，图 3-58 显示了此代码实际执行的操作的一个示例。

```
class CNN(nn.Module):
    def __init__(self):
        super(CNN, self).__init__()
        self.conv1 = nn.Conv2d(1, 32, 3, 1)
        self.conv2 = nn.Conv2d(32, 64, 3, 1)
        self.dense1 = nn.Linear(12*12*64, 128)
        self.dense2 = nn.Linear(128, num_classes)

    def forward(self, x):
        x = F.relu(self.conv1(x))
        x = F.relu(self.conv2(x))
        x = F.max_pool2d(x, 2, 2)
        x = F.dropout(x, 0.25)
        x = x.view(-1, 12*12*64)
        x = F.relu(self.dense1(x))
        x = F.dropout(x, 0.5)
        x = self.dense2(x)
        return F.log_softmax(x, dim=1)
```

图 3-57　在 PyTorch 中创建卷积神经网络

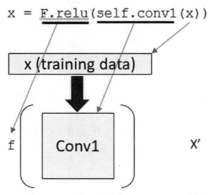

图 3-58　F.relu 是 f(x)，x 是训练数据，self.conv1 是第一个卷积层

x、self.conv1 和 F.relu 的原始输入可以如此显示。x 传入卷积层，该层的输出通过 relu 函数。然后，就可以得到最终的输出 X' (见图 3-59)。

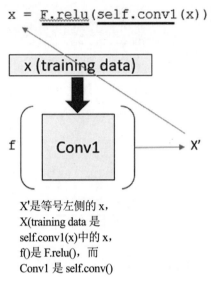

图 3-59　现在，f(x) 的输出成为新的 x。基本上来说，x = f(x)。在这个示例中，x' 的输出是新的 x

现在，x 是 X'，这个新的 x 将继续传递到下一层(见图 3-60)。

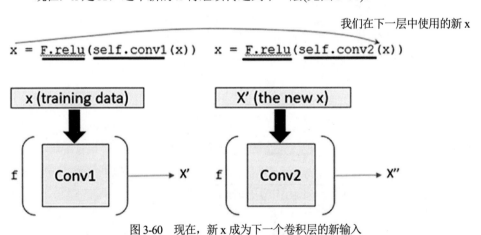

图 3-60　现在，新 x 成为下一个卷积层的新输入

再次重复同样的过程，只不过要使用 x 的新值(见图 3-61)。

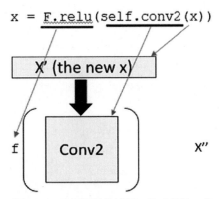

图 3-61　重复同样的过程，生成新的 x 值

现在，你将获得新的输出 X'' (见图 3-62)。

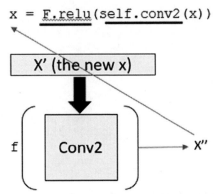

图 3-62　同样，将 x 重新定义为 X''。然后针对网络中剩余的层继续重复此过程

此后，这个新的输出 X'' 又成为新的 x 值，继续重复此过程。

代码的其余部分都是同样的逻辑，旧的激活层的输出将成为 x 的新定义。随后，新的 x 将传入下一层，通过一层后会应用一个函数，然后该数据成为 x 的新定义，以此类推。

因此，x = x.view(-1, 12*12*64)执行与 Keras 示例中的压平层相同的函数。

接下来，可继续对数据进行训练(见图 3-63)。

此过程可能需要一些时间，不过你应该看到如图 3-64 所示的结果。

```
model = CNN().to(device)

criterion = nn.CrossEntropyLoss()

optimizer = torch.optim.Adam(model.parameters(), lr=learning_rate)

total_step = len(train_loader)

for epoch in range(num_epochs):
    for i, (images, labels) in enumerate(train_loader):
        images = images.to(device)
        labels = labels.to(device)

        # Forward pass
        outputs = model(images)
        loss = criterion(outputs, labels)

        # Backward and optimize
        optimizer.zero_grad()
        loss.backward()
        optimizer.step()

        if (i+1) % 100 == 0:
            print ('Epoch [{}/{}], Step [{}/{}], Loss: {:.4f}'
                   .format(epoch+1, num_epochs, i+1, total_step,
                   loss.item()))
```

图 3-63　初始化模型、损失函数和优化器，然后开始训练过程

```
In [85]:   1  model = CNN().to(device)
           2  criterion = nn.CrossEntropyLoss()
           3  optimizer = torch.optim.Adam(model.parameters(), lr=learning_rate)
           4
           5  total_step = len(train_loader)
           6  for epoch in range(num_epochs):
           7      for i, (images, labels) in enumerate(train_loader):
           8          images = images.to(device)
           9          labels = labels.to(device)
          10
          11          # Forward pass
          12          outputs = model(images)
          13          loss = criterion(outputs, labels)
          14
          15          # Backward and optimize
          16          optimizer.zero_grad()
          17          loss.backward()
          18          optimizer.step()
          19
          20          if (i+1) % 100 == 0:
          21              print ('Epoch [{}/{}], Step [{}/{}], Loss: {:.4f}'
          22                     .format(epoch+1, num_epochs, i+1, total_step, loss.item()))
          23
```

```
Epoch [1/15], Step [100/469], Loss: 0.1666
Epoch [1/15], Step [200/469], Loss: 0.2753
Epoch [1/15], Step [300/469], Loss: 0.2462
Epoch [1/15], Step [400/469], Loss: 0.1169
Epoch [2/15], Step [100/469], Loss: 0.0327
Epoch [2/15], Step [200/469], Loss: 0.0238
Epoch [2/15], Step [300/469], Loss: 0.0293
Epoch [2/15], Step [400/469], Loss: 0.0598
Epoch [3/15], Step [100/469], Loss: 0.0179
Epoch [3/15], Step [200/469], Loss: 0.0577
Epoch [3/15], Step [300/469], Loss: 0.0275
Epoch [3/15], Step [400/469], Loss: 0.0228
Epoch [4/15], Step [100/469], Loss: 0.0051
Epoch [4/15], Step [200/469], Loss: 0.0139
Epoch [4/15], Step [300/469], Loss: 0.0048
Epoch [4/15], Step [400/469], Loss: 0.0033
Epoch [5/15], Step [100/469], Loss: 0.0081
Epoch [5/15], Step [200/469], Loss: 0.0044
Epoch [5/15], Step [300/469], Loss: 0.0084
Epoch [5/15], Step [400/469], Loss: 0.0011
Epoch [6/15], Step [100/469], Loss: 0.0077
```

图 3-64　训练过程的输出结果

训练完成以后，可对模型进行测试并得出 AUC 分数(见图 3-65)。

```python
from sklearn.metrics import roc_auc_score
preds = []
y_true = []
# Test the model
model.eval()  # Set model to evaluation mode.
with torch.no_grad():
    correct = 0
    total = 0
    for images, labels in test_loader:
        images = images.to(device)
        labels = labels.to(device)
        outputs = model(images)
        _, predicted = torch.max(outputs.data, 1)
        total += labels.size(0)
        correct += (predicted == labels).sum().item()
        detached_pred = predicted.detach().cpu().numpy()
        detached_label = labels.detach().cpu().numpy()
        for f in range(0, len(detached_pred)):
            preds.append(detached_pred[f])
            y_true.append(detached_label[f])

    print('Test Accuracy of the model on the 10000 test images:
    {:.2%}'.format(correct / total))

    preds = np.eye(num_classes)[preds]
    y_true = np.eye(num_classes)[y_true]
    auc = roc_auc_score(preds, y_true)
    print("AUC: {:.2%}".format (auc))
# Save the model checkpoint
torch.save(model.state_dict(), 'pytorch_mnist_cnn.ckpt')
```

图 3-65　用于评估模型并生成 AUC 分数的代码

图 3-66 显示了输出结果。

```
Epoch [15/15], Step [300/469], Loss: 0.0131
Epoch [15/15], Step [400/469], Loss: 0.0002
```

```
In [97]:    1   from sklearn.metrics import roc_auc_score
            2
            3   preds = []
            4   y_true = []
            5   # Test the model
            6   model.eval()   # Set model to evaluation mode.
            7   with torch.no_grad():
            8       correct = 0
            9       total = 0
           10       for images, labels in test_loader:
           11           images = images.to(device)
           12           labels = labels.to(device)
           13           outputs = model(images)
           14           _, predicted = torch.max(outputs.data, 1)
           15           total += labels.size(0)
           16           correct += (predicted == labels).sum().item()
           17           detached_pred = predicted.detach().cpu().numpy()
           18           detached_label = labels.detach().cpu().numpy()
           19           for f in range(0, len(detached_pred)):
           20               preds.append(detached_pred[f])
           21               y_true.append(detached_label[f])
           22
           23       print('Test Accuracy of the model on the 10000 test images: {:.2%}'.format(correct / total))
           24
           25   preds = np.eye(num_classes)[preds]
           26   y_true = np.eye(num_classes)[y_true]
           27   auc = roc_auc_score(preds, y_true)
           28   print("AUC: {:.2%}".format (auc))
           29   # Save the model checkpoint
           30   torch.save(model.state_dict(), 'pytorch_mnist_cnn.ckpt')
```

```
Test Accuracy of the model on the 10000 test images: 99.07%
AUC: 99.48%
```

图 3-66　针对测试集生成的准确率分数以及模型的 AUC 分数

现在，你已对如何在 PyTorch 中创建和训练自己的 CNN 有了进一步了解。相对于 Keras，PyTorch 的学习难度更大一些，前者力求让所有内容都通俗易懂、简单明了，因此，对所有较复杂代码进行了抽象化处理。TensorFlow 和 PyTorch 都是低级别的 API，由于缺少抽象化，因此需要编写更多代码，同时也提供了更大的灵活性，更便于准确控制所有内容。如果你使用 PyCharm 中的调试工具，那么在这二者当中，PyTorch 更易于调试。最后需要说明的是，TensorFlow 和 PyTorch 都可以快速处理大型数据集，具体选用哪个完全取决于你的个人喜好。

如果想要进一步探索 PyTorch，请阅读附录 B，该附录将介绍一种更精炼的模型创建、训练和测试方式，还包括 PyTorch 提供的常规功能。附录 B 还将 PyTorch 应用于第 7 章中介绍的模型，这些模型原本是在 Keras 中完成的。

如果在访问附录 B 后，你还想更深入地了解 PyTorch，请阅读官方的 PyTorch 文档资料。

3.4　本章小结

近年来，深度学习使很多领域都发生了翻天覆地的变化。得益于深度学习的支持，我们现在能制造出无人驾驶汽车，创建出能比专业人员更准确地检测某些癌症的模型，在不同语种之间实现即时翻译转换，等等。当然，深度学习在异常检测领域同样发挥着举足轻重的作用。

在这一章中，我们讨论了深度学习的概念以及什么是人工神经网络。此外，你还探索了两种常用的框架，即 Keras 和 PyTorch，并将它们应用于 MNIST 数据集中的图像分类任务。

在接下来的几章中，我们将带大家了解一下以下类型的深度学习模型在异常检测方面的应用：**自动编码器、受限玻尔兹曼机、RNN/LSTM** 网络和时域卷积网络。

在下一章中，我们将介绍如何使用**自动编码器**进行**无监督异常检测**。

第 4 章

■ ■ ■

自动编码器

在本章中，你将了解到自动编码器神经网络以及各种不同类型的自动编码器。此外，还将介绍如何使用自动编码器来检测异常。

概括来说，本章主要介绍以下主题：

- 什么是自动编码器？
- 简单自动编码器
- 稀疏自动编码器
- 深度自动编码器
- 卷积自动编码器
- 降噪自动编码器
- 变分自动编码器

4.1 什么是自动编码器？

在第 3 章中，你了解了神经网络的基本功能。基本概念就是，神经网络对输入进行加权计算以生成输出结果。输入在输入层，输出在输出层，输入层和输出层之间具有一个或多个隐藏层。反向传播技术用于对网络进行训练，同时尝试调整权重，直到误差降到最小。自动编码器以一种特殊方式使用神经网络的这一属性实现一些非常高效的网络训练方法，以学习正常的行为，从而帮助检测出现的异常。图 4-1 中显示了一个典型的神经网络。

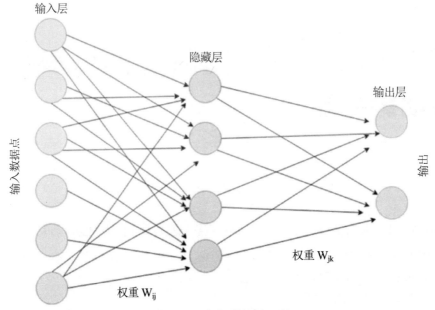

图 4-1　一个典型的神经网络

　　自动编码器是神经网络，能发现高维度数据的低维度表示，并能从输出重新构造输入。自动编码器由神经网络的两部分组成，一个编码器和一个解码器。编码器用于将高维度数据集的维度降为低维度数据集，而解码器的重要功能是将低维度数据扩展到高维度数据。此类过程的目标是尝试重新构造原始输入。如果神经网络很好，那么很可能能够从编码数据重新构造原始输入。这种内在原则在构建异常检测模块时起着非常关键的作用。

　　请注意，如果你的训练样本在每个输入点只包含少量维度/特征，那么自动编码器的表现并不是非常好。在包含五个或更多维度的情况下，自动编码器的性能表现会更好。如果只有一个维度/特征，那么正如你可以想象到的，你只是执行线性变换，这并没有太大作用。

　　自动编码器在很多情况下可发挥令人难以置信的作用。自动编码器的一些常见应用包括：

(1) 训练深度学习网络

(2) 压缩

(3) 分类

(4) 异常检测

(5) 生成模型

4.2 简单自动编码器

尽管自动编码器的应用范围很广，但在这一章中，我们将重点关注异常检测方面的应用。现在，自动编码器神经网络实际上是一对相互连接的子网络，一个编码器和一个解码器。编码器网络接收输入并将其转换为更小的密集表示，也称为输入的潜在表示，然后解码器网络可使用这种潜在表示，尽可能完整地将其转换回原始输入。图 4-2 显示了一个包含编码器和解码器子网络的自动编码器的示例。

图 4-2　自动编码器的一种表示形式

自动编码器使用数据压缩逻辑，其中，神经网络实现的压缩和解压功能都是有损的，并且多半是无监督的，不需要太多干预。图 4-3 显示了自动编码器的展开形式。

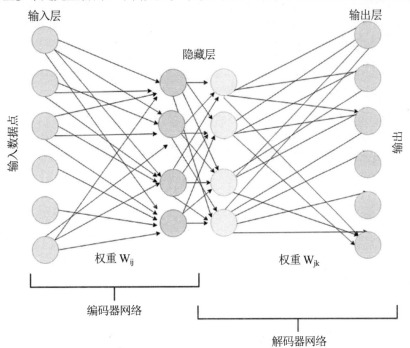

图 4-3　自动编码器的展开形式

通常将整个网络作为一个整体进行训练。损失函数通常是输出与输入之间的均方误差或交叉熵，称为**重构损失**，它会对网络进行惩罚以创建不同于输入的输出。由于编码(仅仅是中间的隐藏层的输出)的单元比输入少很多，因此编码器必须选择丢弃信息。编码器学习在有限的编码中保留尽可能多的相关信息，同时智能地丢弃不相关的部分。解码器学习接收编码并以适当方式将其重构回输入。如果你处理的是图像，那么输出也是图像。如果输入是音频文件，那么输出也是音频文件。如果输入是某些经过特定工程处理的数据集，那么输出也是数据集。在这一章中，我们将使用信用卡交易示例来阐释自动编码器的相关内容。

为什么我们要费尽心思学习原始输入的表示而仅是为了尽可能好地重构输出？答案就是，当输入具有很多特征时，通过神经网络的隐藏层生成压缩表示有助于压缩训练样本的输入。因此，当神经网络通过所有训练数据并调整所有隐藏层节点的权重时，权重将真正表示我们通常看到的输入的种类。这样做的结果就是，如果我们尝试输入某些其他类型的数据，例如具有一些噪点的数据，自动编码器网络将能检测出噪点，在生成输出时，至少会消除一部分噪点。这真的非常神奇，因为现在我们有可能能够从猫、狗之类的图像中去除噪点。另一个示例就是，安全监控摄像头捕捉到模糊的图片，可能是因为周围环境较暗或天气状况恶劣，这种情况下就会产生有噪图像。

降噪自动编码器背后的逻辑就是，如果我们针对正常的完好图像和噪点训练编码器，那么当输入的一部分真的不是某种显著特征时，可以检测并消除此类噪点。

图 4-4 显示了在 Jupyter Notebook 中导入所有必需的程序包的基本代码。请注意各个程序包的版本。

```
import keras
from keras import optimizers
from keras import losses
from keras.models import Sequential, Model
from keras.layers import Dense, Input, Dropout, Embedding, LSTM
from keras.optimizers import RMSprop, Adam, Nadam
from keras.preprocessing import sequence
from keras.callbacks import TensorBoard

import sklearn
from sklearn.preprocessing import StandardScaler
from sklearn.model_selection import train_test_split
from sklearn.metrics import confusion_matrix, roc_auc_score
from sklearn.preprocessing import MinMaxScaler

import seaborn as sns
import pandas as pd
import numpy as np
import matplotlib

import matplotlib.pyplot as plt
import matplotlib.gridspec as gridspec
%matplotlib inline

import tensorflow
import sys
print("Python: ", sys.version)

print("pandas: ", pd.__version__)
print("numpy: ", np.__version__)
print("seaborn: ", sns.__version__)
print("matplotlib: ", matplotlib.__version__)
print("sklearn: ", sklearn.__version__)
print("Keras: ", keras.__version__)
print("Tensorflow: ", tensorflow.__version__)
```

Using TensorFlow backend

```
Python:  3.7.1 (default, Dec 10 2018, 22:54:23) [MSC v.1915 64 bit (AMD64)]
pandas:  0.24.2
numpy:  1.16.3
seaborn:  0.9.0
matplotlib:  3.0.3
sklearn:  0.20.3
Keras:  2.2.4
Tensorflow:  1.13.1
```

图 4-4　在 Jupyter Notebook 中导入必需的程序包

　　图 4-5 中显示了在训练时通过混淆矩阵、异常图表和误差图表(预测值和真值之间的差异)可视化结果的代码。其中显示了 Visualization 辅助程序类。

　　你将使用信用卡数据的示例来检测某一交易是正常/预料中的，还是反常行为/异常。图 4-6 显示了加载到 Pandas DataFrame 的数据。

```python
class Visualization:
    labels = ["Normal", "Anomaly"]

    def draw_confusion_matrix(self, y, ypred):
        matrix = confusion_matrix(y, ypred)

        plt.figure(figsize=(10, 8))
        colors=[ "orange","green"]
        sns.heatmap(matrix, xticklabels=self.labels, yticklabels=self.labels, cmap=colors, annot=True, fmt="d")
        plt.title("Confusion Matrix")
        plt.ylabel('Actual')
        plt.xlabel('Predicted')
        plt.show()


    def draw_anomaly(self, y, error, threshold):
        groupsDF = pd.DataFrame({'error': error,
                                 'true': y}).groupby('true')

        figure, axes = plt.subplots(figsize=(12, 8))

        for name, group in groupsDF:
            axes.plot(group.index, group.error, marker='x' if name == 1 else 'o', linestyle='',
                      color='r' if name == 1 else 'g', label="Anomaly" if name == 1 else "Normal")

        axes.hlines(threshold, axes.get_xlim()[0], axes.get_xlim()[1], colors="b", zorder=100, label='Threshold')
        axes.legend()

        plt.title("Anomalies")
        plt.ylabel("Error")
        plt.xlabel("Data")
        plt.show()

    def draw_error(self, error, threshold):
        plt.plot(error, marker='o', ms=3.5, linestyle='',
                 label='Point')

        plt.hlines(threshold, xmin=0, xmax=len(error)-1, colors="b", zorder=100, label='Threshold')
        plt.legend()
        plt.title("Reconstruction error")
        plt.ylabel("Error")
        plt.xlabel("Data")
        plt.show()
```

图 4-5　Visualization 辅助程序

```python
filePath = './creditcardanomalydetection.csv'
df = pd.read_csv(filepath_or_buffer=filePath, header=0, sep=',')
print(df.shape[0])
df.head()
```

284807

	Time	V1	V2	V3	V4	V5	V6	V7	V8	V9	...	V21	V22	V23	V24	V2
0	0.0	-1.359807	-0.072781	2.536347	1.378155	-0.338321	0.462388	0.239599	0.098698	0.363787	...	-0.018307	0.277838	-0.110474	0.066928	0.12853
1	0.0	1.191857	0.266151	0.166480	0.448154	0.060018	-0.082361	-0.078803	0.085102	-0.255425	...	-0.225775	-0.638672	0.101288	-0.339846	0.16717
2	1.0	-1.358354	-1.340163	1.773209	0.379780	-0.503198	1.800499	0.791461	0.247676	-1.514654	...	0.247998	0.771679	0.909412	-0.689281	-0.32764
3	1.0	-0.966272	-0.185226	1.792993	-0.863291	-0.010309	1.247203	0.237609	0.377436	-1.387024	...	-0.108300	0.005274	-0.190321	-1.175575	0.64737
4	2.0	-1.158233	0.877737	1.548718	0.403034	-0.407193	0.095921	0.592941	-0.270533	0.817739	...	-0.009431	0.798278	-0.137458	0.141267	-0.20601

5 rows × 31 columns

图 4-6　检查 Pandas DataFrame

你将收集 2 万条正常记录和 400 条反常记录。当然，你也可以选取其他不同的比率进行尝试，但一般情况下，正常数据示例越多越好，因为你希望教会自动编码器正常数据是什么样子。如果训练中存在过多的反常数据，那么在训练自动编码器时，会让它认为异常实际上是正常的，而这与你的目标是相悖的。图 4-7 显示了对 DataFrame

进行抽样并选择大部分正常数据的代码。

```
df['Amount'] = StandardScaler().fit_transform(df['Amount'].values.reshape(-1, 1))
df0 = df.query('Class == 0').sample(20000)
df1 = df.query('Class == 1').sample(400)
df = pd.concat([df0, df1])
```

图 4-7　对 DataFrame 进行抽样并选择大部分正常数据

将 DataFrame 拆分为训练数据集和测试数据集(80-20 拆分法则)。图 4-8 显示了用于将数据拆分为训练子集和测试子集的代码。

```
x_train, x_test, y_train, y_test = train_test_split(df.drop(labels=['Time', 'Class'], axis = 1) ,
                                        df['Class'], test_size=0.2, random_state=42)
print(x_train.shape, 'train samples')
print(x_test.shape, 'test samples')

(16320, 29) train samples
(4080, 29) test samples
```

图 4-8　使用 20%作为留出测试数据，将数据拆分为测试集和训练集

接下来，我们创建一个简单的神经网络模型，其中只包含一个编码器和解码器层。你将使用编码器将输入信用卡数据集的 29 列编码为 12 个特征。解码器再将这 12 个特征重新展开为 29 个特征。图 4-9 显示了用于创建此神经网络的代码。

```
encoding_dim = 12
input_dim = x_train.shape[1]

inputArray = Input(shape=(input_dim,))
encoded = Dense(encoding_dim, activation='relu')(inputArray)

decoded = Dense(input_dim, activation='softmax')(encoded)

autoencoder = Model(inputArray, decoded)
autoencoder.summary()
```
WARNING:tensorflow:From C:\ProgramData\Anaconda3\lib\site-packages\tensorflow\python\framework\op_def_library.py:263: colocate_
with (from tensorflow.python.framework.ops) is deprecated and will be removed in a future version.
Instructions for updating:
Colocations handled automatically by placer.

Layer (type)	Output Shape	Param #
input_1 (InputLayer)	(None, 29)	0
dense_1 (Dense)	(None, 12)	360
dense_2 (Dense)	(None, 29)	377

Total params: 737
Trainable params: 737
Non-trainable params: 0

图 4-9　创建简单自动编码器神经网络

如果查看图 4-9 中的代码，你将看到两个不同的激活函数，分别名为 relu 和 softmax。它们到底是什么呢？

relu 的全称是 Rectified Linear Unit，是深度学习模型中最常用的激活函数。如果收到任何负输入，则该函数返回 0，但对于任何正值 x，该函数将直接返回该值。因此，可将该函数书写成以下形式：

```
f(x)=max(0,x)
```

softmax 函数会输出一个表示潜在结果列表的概率分布的向量。概率加起来应该始终为 1。

实际上，有很多激活函数可供使用，可通过 https://keras.io/activations/参考 Keras 文档以了解可用选项。

现在，使用 RMSprop 作为优化器并在损失计算中使用均方误差来编译模型。RMSprop 优化器类似于 Momentum 梯度下降算法。度量函数类似于损失函数，只是在训练模型时不使用评估度量指标所得的结果。你可以使用 https://keras.io/losses/中列出的任何损失函数作为度量函数。图 4-10 显示了使用平均绝对误差和准确率作为度量指标来编译模型的代码。

```
autoencoder.compile(optimizer=RMSprop(),
                    loss='mean_squared_error',
                    metrics=['mae', 'accuracy'])
```

图 4-10　编译模型

现在，你可以开始使用训练数据集对模型进行训练，以在每一步验证模型。选择 32 作为批大小，以及 20 次训练迭代。图 4-11 显示了训练模型的代码，这是整个过程中最耗时的部分。

```
batch_size = 32
epochs = 20

history = autoencoder.fit(x_train, x_train,
                    batch_size=batch_size,
                    epochs=epochs,
                    verbose=1,
                    shuffle=True,
                    validation_data=(x_test, x_test),
                    callbacks=[TensorBoard(log_dir='../logs/autoencoder1')])
```

图 4-11　训练模型

正如你所看到的，训练过程会在每次训练迭代中输出损失和准确率以及验证损失和验证准确率。图 4-12 显示了训练步骤的输出结果。

图 4-13 中是 TensorBoard 显示的模型图。

```
Epoch 3/20
16320/16320 [==============================] - 2s 106us/step - loss: 1.4586 - mean_absolute_error: 0.6595 - acc: 0.6291 - val_l
oss: 1.6319 - val_mean_absolute_error: 0.6643 - val_acc: 0.6525
Epoch 4/20
16320/16320 [==============================] - 2s 106us/step - loss: 1.4536 - mean_absolute_error: 0.6582 - acc: 0.6710 - val_l
oss: 1.6290 - val_mean_absolute_error: 0.6636 - val_acc: 0.6848
Epoch 5/20
16320/16320 [==============================] - 2s 107us/step - loss: 1.4514 - mean_absolute_error: 0.6578 - acc: 0.6953 - val_l
oss: 1.6275 - val_mean_absolute_error: 0.6633 - val_acc: 0.7071
Epoch 6/20
16320/16320 [==============================] - 2s 108us/step - loss: 1.4502 - mean_absolute_error: 0.6575 - acc: 0.7140 - val_l
oss: 1.6266 - val_mean_absolute_error: 0.6631 - val_acc: 0.7206
Epoch 7/20
16320/16320 [==============================] - 2s 106us/step - loss: 1.4493 - mean_absolute_error: 0.6574 - acc: 0.7300 - val_l
oss: 1.6258 - val_mean_absolute_error: 0.6630 - val_acc: 0.7373
Epoch 8/20
16320/16320 [==============================] - 2s 110us/step - loss: 1.4486 - mean_absolute_error: 0.6573 - acc: 0.7474 - val_l
oss: 1.6253 - val_mean_absolute_error: 0.6630 - val_acc: 0.7488
Epoch 9/20
16320/16320 [==============================] - 2s 112us/step - loss: 1.4482 - mean_absolute_error: 0.6572 - acc: 0.7580 - val_l
oss: 1.6249 - val_mean_absolute_error: 0.6629 - val_acc: 0.7593
Epoch 10/20
16320/16320 [==============================] - 2s 115us/step - loss: 1.4478 - mean_absolute_error: 0.6572 - acc: 0.7670 - val_l
oss: 1.6246 - val_mean_absolute_error: 0.6629 - val_acc: 0.7689
Epoch 11/20
16320/16320 [==============================] - 2s 113us/step - loss: 1.4476 - mean_absolute_error: 0.6572 - acc: 0.7722 - val_l
oss: 1.6244 - val_mean_absolute_error: 0.6628 - val_acc: 0.7691
Epoch 12/20
16320/16320 [==============================] - 2s 114us/step - loss: 1.4473 - mean_absolute_error: 0.6571 - acc: 0.7769 - val_l
oss: 1.6242 - val_mean_absolute_error: 0.6628 - val_acc: 0.7723
Epoch 13/20
16320/16320 [==============================] - 2s 109us/step - loss: 1.4472 - mean_absolute_error: 0.6571 - acc: 0.7820 - val_l
oss: 1.6241 - val_mean_absolute_error: 0.6628 - val_acc: 0.7748
Epoch 14/20
16320/16320 [==============================] - 2s 110us/step - loss: 1.4470 - mean_absolute_error: 0.6571 - acc: 0.7847 - val_l
oss: 1.6239 - val_mean_absolute_error: 0.6628 - val_acc: 0.7775
Epoch 15/20
16320/16320 [==============================] - 2s 117us/step - loss: 1.4469 - mean_absolute_error: 0.6571 - acc: 0.7871 - val_l
oss: 1.6238 - val_mean_absolute_error: 0.6628 - val_acc: 0.7789
Epoch 16/20
16320/16320 [==============================] - 2s 103us/step - loss: 1.4468 - mean_absolute_error: 0.6571 - acc: 0.7881 - val_l
oss: 1.6237 - val_mean_absolute_error: 0.6628 - val_acc: 0.7792
Epoch 17/20
16320/16320 [==============================] - 2s 101us/step - loss: 1.4468 - mean_absolute_error: 0.6571 - acc: 0.7897 - val_l
oss: 1.6237 - val_mean_absolute_error: 0.6628 - val_acc: 0.7850
Epoch 18/20
16320/16320 [==============================] - 2s 100us/step - loss: 1.4467 - mean_absolute_error: 0.6570 - acc: 0.7908 - val_l
oss: 1.6236 - val_mean_absolute_error: 0.6627 - val_acc: 0.7828
Epoch 19/20
16320/16320 [==============================] - 2s 103us/step - loss: 1.4467 - mean_absolute_error: 0.6570 - acc: 0.7950 - val_l
oss: 1.6235 - val_mean_absolute_error: 0.6627 - val_acc: 0.7826
Epoch 20/20
16320/16320 [==============================] - 2s 107us/step - loss: 1.4466 - mean_absolute_error: 0.6570 - acc: 0.7955 - val_l
oss: 1.6235 - val_mean_absolute_error: 0.6627 - val_acc: 0.7853
```

图 4-12　显示训练阶段的进度

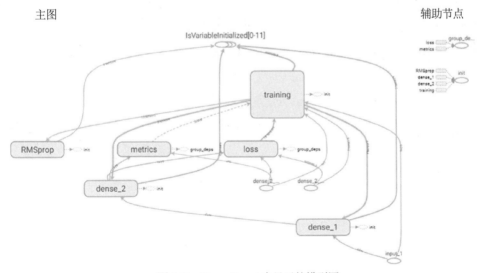

图 4-13　TensorBoard 中显示的模型图

图 4-14 显示了训练过程中各次训练迭代的准确率图表。

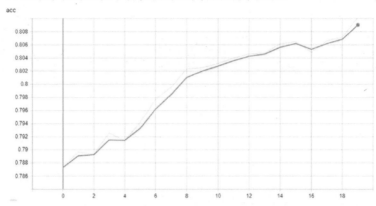

图 4-14　　TensorBoard 中显示的准确率图表

图 4-15 显示了训练过程中各次训练迭代的 mae (平均绝对误差)图表。

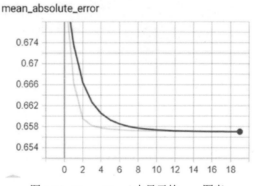

图 4-15　TensorBoard 中显示的 mae 图表

图 4-16 显示了训练过程中各次训练迭代的损失图表。

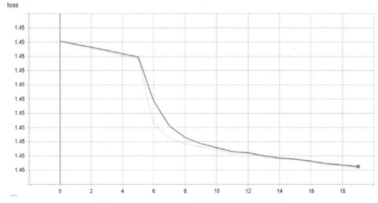

图 4-16　TensorBoard 中显示的损失图表

图 4-17 显示了训练过程中各次训练迭代的验证准确率图表。

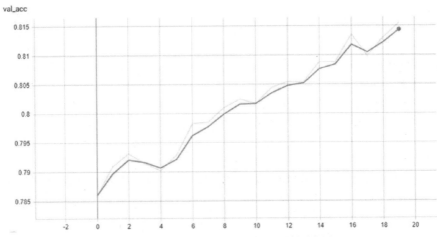

图 4-17 TensorBoard 中显示的验证准确率图表

图 4-18 显示了训练过程中各次训练迭代的验证损失图表。

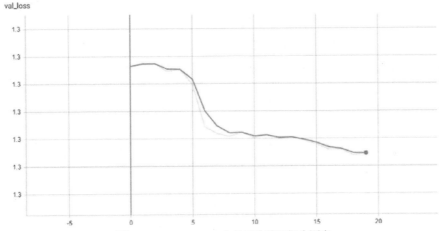

图 4-18 TensorBoard 中显示的验证损失图表

现在，训练过程已经完成，我们来评估一下模型的损失和准确率。图 4-19 显示准确率为 0.81，这是一个非常棒的结果。此外，图中还显示了用于评估模型的代码。

```
score = autoencoder.evaluate(x_test, x_test, verbose=1)
print('Test loss:', score[0])
print('Test accuracy:', score[1])
```

```
4080/4080 [==============================] - 0s 56us/step
Test loss: 1.3027283556321088
Test accuracy: 0.8154411764705882
```

图 4-19 用于评估模型的代码

下一步是计算误差，检测并绘制出异常和误差。选择 10 作为阈值。图 4-20 显示了根据该阈值测量异常的代码。

```
threshold=10.00
y_pred = autoencoder.predict(x_test)
y_dist = np.linalg.norm(x_test - y_pred, axis=-1)
z = zip(y_dist >= threshold, y_dist)
y_label=[]
error = []
for idx, (is_anomaly, y_dist) in enumerate(z):
    if is_anomaly:
        y_label.append(1)
    else:
        y_label.append(0)
        error.append(y_dist)
```

图 4-20　用于根据阈值测量异常的代码

　　我们对上面显示的代码进行更深入的探索,因为在这一章中会经常用到这些代码,用于将数据点分类为异常或正常。正如你可看到的,此代码基于一个称为阈值(threshold)的特殊参数。你只需要找出误差(实际值与预测值之间的差异)并将其与阈值进行比较。首先计算阈值(threshold)为 10 情况下的精确率和召回率。图 4-21a 展示了用于显示精确率和召回率的代码。

　　接下来,我们再来计算阈值 =1、5、15 时的精确率和召回率。有关对应的代码,请分别参见图 4-21(b)、4-21(c)和 4-21(d)。

```
print(classification_report(y_test,y_label))

              precision    recall  f1-score   support

           0       1.00      0.97      0.98      3987
           1       0.41      0.86      0.56        93

    accuracy                           0.97      4080
   macro avg       0.71      0.92      0.77      4080
weighted avg       0.98      0.97      0.97      4080
```

图 4-21(a)　用于显示精确率和召回率的代码

阈值 = 1.0

```
print(classification_report(y_test,y_label))

              precision    recall  f1-score   support

           0       0.00      0.00      0.00      3987
           1       0.02      1.00      0.04        93

    accuracy                           0.02      4080
   macro avg       0.01      0.50      0.02      4080
weighted avg       0.00      0.02      0.00      4080
```

图 4-21(b)　用于显示阈值为 1.0 情况下的精确率和召回率的代码

阈值 = 5.0

```
print(classification_report(y_test,y_label))
              precision    recall  f1-score   support

           0       1.00      0.75      0.86      3987
           1       0.08      0.97      0.15        93

    accuracy                           0.76      4080
   macro avg       0.54      0.86      0.51      4080
weighted avg       0.98      0.76      0.84      4080
```

图 4-21(c)　用于显示阈值为 5.0 情况下的精确率和召回率的代码

阈值 = 15.0

```
print(classification_report(y_test,y_label))
              precision    recall  f1-score   support

           0       0.99      0.99      0.99      3987
           1       0.57      0.66      0.61        93

    accuracy                           0.98      4080
   macro avg       0.78      0.82      0.80      4080
weighted avg       0.98      0.98      0.98      4080
```

图 4-21(d)　用于显示阈值为 15.0 情况下的精确率和召回率的代码

```
roc_auc_score(y_test, y_label)
0.8650574043059298
```

图 4-21(e)　用于显示 AUC 的代码

如果你观测四个分类报告，可以看到，对于阈值为 1 或 5 的情况，precision (精确率)和 recall (召回率)列并不是很好。当阈值为 10 或 15 时，这两列的值总体而言好了很多。实际上，阈值为 10 时的结果非常棒，召回率很好，精确率也比阈值为 1 或 5 时要高。

在此模型以及其他模型中，选取阈值就是一个试验的过程，会根据训练的数据而发生变化。

计算 AUC (全称是 Area Under the Curve，即曲线下面积，介于 0.0 到 1.0 之间)，此示例中的计算结果为 0.86。图 4-21(e)展示了用于显示 AUC 的代码。

你现在可以可视化混淆矩阵，以了解模型的性能表现。图 4-22 显示了混淆矩阵。

现在，你可以使用标签的预测(正常或异常)，绘制异常与正常数据点的比较图。图 4-23 显示了根据阈值得出的异常。

```
viz = Visualization()
viz.draw_confusion_matrix(y_test, y_label)
```

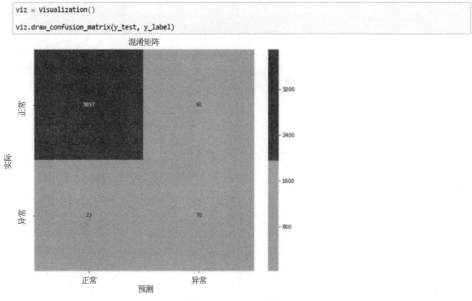

图 4-22　混淆矩阵

```
viz.draw_anomaly(y_test, error, threshold)
```

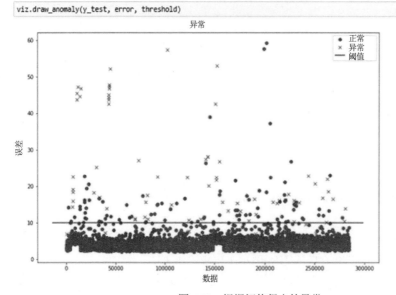

图 4-23　根据阈值得出的异常

4.3　稀疏自动编码器

在上面的简单自动编码器示例中，表示形式仅受隐藏层(12)大小的约束。在这种情况下，通常隐藏层会学习 PCA (Principal Component Analysis，主成分分析)的近似值。不过，还有一种将表示形式约束为紧凑形式的方法，那就是对隐藏表示形式的活动添加稀疏约束，以便在某个给定的时间激发更少的单元。在 Keras 中，这可以通过向稠密层中添加 activity_regularizer 来完成。

简单自动编码器和稀疏自动编码器之间的差别主要在于，在训练过程中向损失添加正则化项。

```
from keras import regularizers
```

你将使用与上面的简单自动编码器示例中相同的信用卡数据集。将使用信用卡数据来检测某一交易是正常/预料中的还是反常行为/异常。下面显示的是要加载到Pandas DataFrame 中的数据。

然后，你将收集 2 万条正常记录和 400 条反常记录。当然，你也可以选取其他不同的比率进行尝试，但一般情况下，正常数据示例越多越好，因为你希望教会自动编码器正常数据是什么样子。如果训练中存在过多的反常数据，那么在训练自动编码器时，会让它认为异常实际上是正常的，而这与你的目标是相悖的。将 DataFrame 拆分为训练数据集和测试数据集(80-20 拆分法则)。

接下来，我们创建一个简单的神经网络模型，其中只包含一个编码器和解码器层。你将使用编码器将输入信用卡数据集的 29 列编码为 12 个特征。解码器再将这 12 个特征重新展开为 29 个特征。与简单自动编码器相比的主要差别是用于容纳稀疏自动编码器的活动正则化项。图 4-24 显示了用于创建此神经网络的代码。

```
encoding_dim = 12
input_dim = x_train.shape[1]

inputArray = Input(shape=(input_dim,))
encoded = Dense(encoding_dim, activation='relu',
                activity_regularizer=regularizers.l1(10e-5))(inputArray)

decoded = Dense(input_dim, activation='softmax')(encoded)

autoencoder = Model(inputArray, decoded)
autoencoder.summary()
```

```
WARNING:tensorflow:From C:\ProgramData\Anaconda3\lib\site-packages\tensorflow\python\framework\op_def_library.py:263: colocate_
with (from tensorflow.python.framework.ops) is deprecated and will be removed in a future version.
Instructions for updating:
Colocations handled automatically by placer.
```

```
Layer (type)                  Output Shape            Param #
=================================================================
input_1 (InputLayer)          (None, 29)              0
_____
dense_1 (Dense)               (None, 12)              360
_____
dense_2 (Dense)               (None, 29)              377
=================================================================
Total params: 737
Trainable params: 737
Non-trainable params: 0
_____
```

图 4-24　用于创建神经网络的代码

图 4-25 显示了通过 TensorBoard 可视化的模型图。

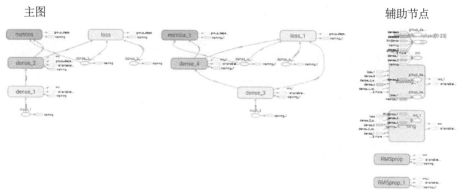

图 4-25　TensorBoard 创建的模型图

4.4　深度自动编码器

你不必限制自己只使用一个层作为编码器或解码器,而是可以使用多个层的堆叠。使用过多的隐藏层并不是好的做法,使用多少层合适取决于具体的情况,因此,你需要试着找出最佳的层数和压缩。

唯一会实际发生变化的是层数。下面显示的是包含多个层的简单自动编码器。

你将使用信用卡数据示例来检测某一交易是正常/预料中的还是反常行为/异常。下面显示的是要加载到 Pandas DataFrame 中的数据。

你将收集 2 万条正常记录和 400 条反常记录。当然,你也可以选取其他不同的比率进行尝试,但一般情况下,正常数据示例越多越好,因为你希望教会自动编码器正常数据是什么样子。如果训练中存在过多的反常数据,那么在训练自动编码器时,会让它认为异常实际上是正常的,而这与你的目标是相悖的。将 DataFrame 拆分为训练数据集和测试数据集(80-20 拆分法则)。

接下来,我们将创建一个深度神经网络模型,其中包含三个编码器层以及三个解码器层。你将使用编码器将输入信用卡数据集的 29 列依次编码为 16、8 个特征,再编码为 4 个特征。解码器将这 4 个特征重新展开为 8 个特征,然后重新展开为 16 个特征,最后重新展开为 29 个特征。图 4-26 显示了用于创建此神经网络的代码。

图 4-27 显示了通过 TensorBoard 可视化的模型图。

```
#deep autoencoder
logfilename = "deepautoencoder"

encoding_dim = 16
input_dim = x_train.shape[1]

inputArray = Input(shape=(input_dim,))
encoded = Dense(encoding_dim, activation='relu')(inputArray)
encoded = Dense(8, activation='relu')(encoded)
encoded = Dense(4, activation='relu')(encoded)

decoded = Dense(8, activation='relu')(encoded)
decoded = Dense(encoding_dim, activation='relu')(decoded)
decoded = Dense(input_dim, activation='softmax')(decoded)

autoencoder = Model(inputArray, decoded)
autoencoder.summary()
```

Layer (type)	Output Shape	Param #
input_7 (InputLayer)	(None, 29)	0
dense_15 (Dense)	(None, 16)	480
dense_16 (Dense)	(None, 8)	136
dense_17 (Dense)	(None, 4)	36
dense_18 (Dense)	(None, 8)	40
dense_19 (Dense)	(None, 16)	144
dense_20 (Dense)	(None, 29)	493

```
Total params: 1,329
Trainable params: 1,329
Non-trainable params: 0
```

图 4-26　用于创建神经网络的代码

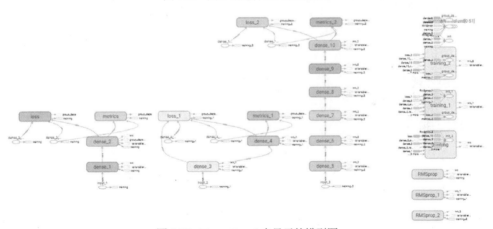

图 4-27　TensorBoard 中显示的模型图

4.5　卷积自动编码器

只要输入为图像，就可以使用卷积神经网络(简称 ConvNet 或 CNN)作为编码器和解码器。在实用的设置中，应用于图像的自动编码器始终是卷积自动编码器，因为它们的性能表现更好。

我们来实现一个此类自动编码器。编码器将包含一堆 Conv2D 和 MaxPooling2D 层(最大池化用于空间下采样)，而解码器包含一堆 Conv2D 和 UpSampling2D 层。

图 4-28 显示了在 Jupyter Notebook 中导入所有必需的程序包的基本代码。另外，请注意各个程序包的版本。

```
import keras
from keras import optimizers
from keras import losses
from keras.models import Sequential, Model
from keras.layers import Dense, Input, Dropout, Embedding, LSTM
from keras.optimizers import RMSprop, Adam, Nadam
from keras.preprocessing import sequence
from keras.callbacks import TensorBoard
from keras import regularizers

import sklearn
from sklearn.preprocessing import StandardScaler
from sklearn.model_selection import train_test_split
from sklearn.metrics import confusion_matrix, roc_auc_score
from sklearn.preprocessing import MinMaxScaler

import seaborn as sns
import pandas as pd
import numpy as np
import matplotlib

import matplotlib.pyplot as plt
import matplotlib.gridspec as gridspec
%matplotlib inline

import tensorflow
import sys
print("Python: ", sys.version)

print("pandas: ", pd.__version__)
print("numpy: ", np.__version__)
print("seaborn: ", sns.__version__)
print("matplotlib: ", matplotlib.__version__)
print("sklearn: ", sklearn.__version__)
print("Keras: ", keras.__version__)
print("Tensorflow: ", tensorflow.__version__)
```

Using TensorFlow Backend.

```
Python:  3.7.1 (default, Dec 10 2018, 22:54:23) [MSC v.1915 64 bit (AMD64)]
pandas:  0.24.2
numpy:  1.16.3
seaborn:  0.9.0
matplotlib:  3.0.3
sklearn:  0.20.3
Keras:  2.2.4
Tensorflow:  1.13.1
```

图 4-28　在 Juypter Notebook 中导入必需的程序包

你将使用 MNIST 图像数据集来实现此目的。MNIST 包含数字 0~9 的图像，用于许多不同的场合。图 4-29 中显示了用于加载 MNIST 数据的代码。

```
from keras.datasets import MNIST
import numpy as np
(x_train, _), (x_test, _) = mnist.load_data()
```

图 4-29　用于加载 MNIST 数据的代码

将数据集拆分为训练子集和测试子集。你还必须将数据重塑为 28×28 的图像。图 4-30 显示了用于变换 MNIST 中的图像的代码。

```
from keras.datasets import MNIST
import numpy as np

(x_train, _), (x_test, _) = mnist.load_data()

x_train = x_train.astype('float32') / 255.
x_test = x_test.astype('float32') / 255.
x_train = np.reshape(x_train, (len(x_train), 28, 28, 1))  # adapt this if using `channels_first` image data format
x_test = np.reshape(x_test, (len(x_test), 28, 28, 1))  # adapt this if using `channels_first` image data format
```

图 4-30　用于变换 MNIST 中的图像的代码

创建一个包含卷积层和最大池化层的 CNN 模型。图 4-31 显示了用于创建此神经网络的代码。

```
from keras.layers import Input, Dense, Conv2D, MaxPooling2D, UpSampling2D
from keras.models import Model
from keras import backend as K

#cnn autoencoder
logfilename = "cnnautoencoder2"

input_img = Input(shape=(28, 28, 1))  # adapt this if using `channels_first` image data format

x = Conv2D(16, (3, 3), activation='relu', padding='same')(input_img)
x = MaxPooling2D((2, 2), padding='same')(x)
x = Conv2D(8, (3, 3), activation='relu', padding='same')(x)
x = MaxPooling2D((2, 2), padding='same')(x)
x = Conv2D(8, (3, 3), activation='relu', padding='same')(x)
encoded = MaxPooling2D((2, 2), padding='same')(x)

# at this point the representation is (4, 4, 8) i.e. 128-dimensional

x = Conv2D(8, (3, 3), activation='relu', padding='same')(encoded)
x = UpSampling2D((2, 2))(x)
x = Conv2D(8, (3, 3), activation='relu', padding='same')(x)
x = UpSampling2D((2, 2))(x)
x = Conv2D(16, (3, 3), activation='relu')(x)
x = UpSampling2D((2, 2))(x)
decoded = Conv2D(1, (3, 3), activation='sigmoid', padding='same')(x)

autoencoder = Model(input_img, decoded)


autoencoder.summary()
```

```
WARNING:tensorflow:From C:\ProgramData\Anaconda3\lib\site-packages\tensorflow\python\framework\op_def_library.py:263: colocate_
with (from tensorflow.python.framework.ops) is deprecated and will be removed in a future version.
Instructions for updating:
Colocations handled automatically by placer.

Layer (type)                   Output Shape          Param #
=================================================================
input_1 (InputLayer)           (None, 28, 28, 1)     0

conv2d_1 (Conv2D)              (None, 28, 28, 16)    160

max_pooling2d_1 (MaxPooling2   (None, 14, 14, 16)    0

conv2d_2 (Conv2D)              (None, 14, 14, 8)     1160

max_pooling2d_2 (MaxPooling2   (None, 7, 7, 8)       0

conv2d_3 (Conv2D)              (None, 7, 7, 8)       584

max_pooling2d_3 (MaxPooling2   (None, 4, 4, 8)       0

conv2d_4 (Conv2D)              (None, 4, 4, 8)       584

up_sampling2d_1 (UpSampling2   (None, 8, 8, 8)       0

conv2d_5 (Conv2D)              (None, 8, 8, 8)       584

up_sampling2d_2 (UpSampling2   (None, 16, 16, 8)     0

conv2d_6 (Conv2D)              (None, 14, 14, 16)    1168

up_sampling2d_3 (UpSampling2   (None, 28, 28, 16)    0

conv2d_7 (Conv2D)              (None, 28, 28, 1)     145
=================================================================
Total params: 4,385
Trainable params: 4,385
Non-trainable params: 0
```

图 4-31　用于创建神经网络的代码

使用 RMSprop 作为优化器并在损失计算中使用均方误差来编译模型。RMSprop 优化器类似于动量梯度下降算法。图 4-32 显示了用于编译模型的代码。

```
autoencoder.compile(optimizer=RMSprop(),
                    loss='mean_squared_error',
                    metrics=['mae', 'accuracy'])
```

图 4-32　用于编译模型的代码

现在，你可以开始使用训练数据集对模型进行训练，同时使用验证数据集在每一步验证模型。选择 32 作为批大小，以及 20 次训练迭代。训练过程会在每次训练迭代中输出损失和准确率以及验证损失和验证准确率。图 4-33 显示了接受训练的模型。

```
batch_size = 32
epochs = 20

history = autoencoder.fit(x_train, x_train,
                          batch_size=batch_size,
                          epochs=epochs,
                          verbose=1,
                          shuffle=True,
                          validation_data=(x_test, x_test),
                          callbacks=[TensorBoard(log_dir='../logs/{0}'.format(logfilename))])
```

```
20
Epoch 15/20
60000/60000 [==============================] - 12s 194us/step - loss: 0.0116 - acc: 0.8129 - val_loss: 0.0105 - val_acc: 0.81
24
Epoch 16/20
60000/60000 [==============================] - 12s 196us/step - loss: 0.0114 - acc: 0.8130 - val_loss: 0.0117 - val_acc: 0.81
09
Epoch 17/20
60000/60000 [==============================] - 11s 183us/step - loss: 0.0113 - acc: 0.8131 - val_loss: 0.0108 - val_acc: 0.81
30
Epoch 18/20
60000/60000 [==============================] - 11s 188us/step - loss: 0.0112 - acc: 0.8131 - val_loss: 0.0103 - val_acc: 0.81
27
Epoch 19/20
60000/60000 [==============================] - 11s 190us/step - loss: 0.0110 - acc: 0.8132 - val_loss: 0.0107 - val_acc: 0.81
28
Epoch 20/20
60000/60000 [==============================] - 12s 192us/step - loss: 0.0109 - acc: 0.8132 - val_loss: 0.0103 - val_acc: 0.81
26
```

图 4-33　接受训练的模型

现在，训练过程已完成，我们来评估一下模型的损失和准确率。图 4-34 显示准确率为 0.81，这是一个非常棒的结果。此外，图中还显示了用于评估模型的代码。

```
score = autoencoder.evaluate(x_test, x_test, verbose=1)
print('Test loss:', score[0])
print('Test accuracy:', score[1])

10000/10000 [==============================] - 1s 68us/step
Test loss: 0.010284392775595189
Test accuracy: 0.8126302285194397
```

图 4-34　用于评估模型的代码

下一步是使用模型为测试子集生成输出图像。这将显示重构阶段的情况。图 4-35 显示了用于根据模型进行预测的代码。

```
decoded_imgs = autoencoder.predict(x_test)

n = 10
plt.figure(figsize=(20, 4))
for i in range(1, n):
    # display original
    ax = plt.subplot(2, n, i)
    plt.imshow(x_test[i].reshape(28, 28))
    plt.gray()
    ax.get_xaxis().set_visible(False)
    ax.get_yaxis().set_visible(False)

    # display reconstruction
    ax = plt.subplot(2, n, i + n)
    plt.imshow(decoded_imgs[i].reshape(28, 28))
    plt.gray()
    ax.get_xaxis().set_visible(False)
    ax.get_yaxis().set_visible(False)
plt.show()
```

图 4-35　用于根据模型进行预测的代码

通过在编码器阶段显示测试子集图像，你也可看到此阶段的工作情况。图 4-36 显示了用于呈现编码图像的代码。

```
encoder = Model(input_img, encoded)
encoded_imgs = encoder.predict(x_test)
n = 10
plt.figure(figsize=(20, 8))
for i in range(1, n):
    ax = plt.subplot(1, n, i)
    plt.imshow(encoded_imgs[i].reshape(4, 4 * 8).T)
    plt.gray()
    ax.get_xaxis().set_visible(False)
    ax.get_yaxis().set_visible(False)
plt.show()
```

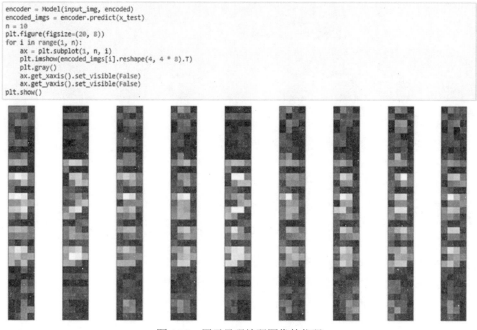

图 4-36　用于呈现编码图像的代码

图 4-37 显示了通过 TensorBoard 可视化的模型图。

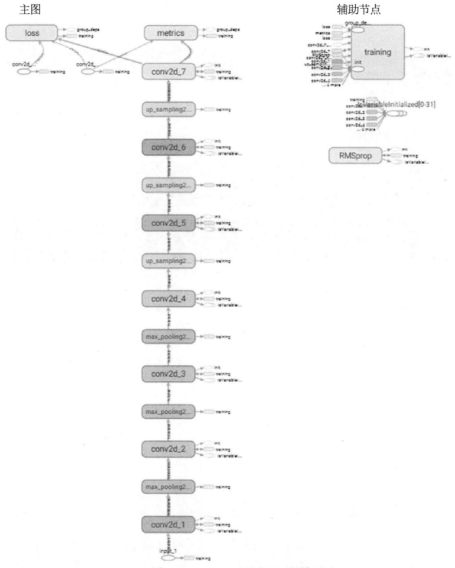

图 4-37　TensorBoard 中显示的模型图

图 4-38 显示了训练过程中各次训练迭代的准确率图表。

图 4-39 显示了训练过程中各次训练迭代的损失图表。

图 4-40 显示了训练过程中各次训练迭代的验证准确率图表。

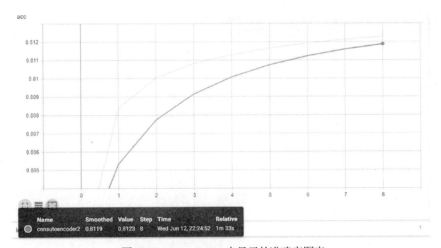

图 4-38　TensorBoard 中显示的准确率图表

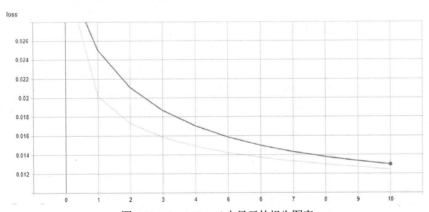

图 4-39　TensorBoard 中显示的损失图表

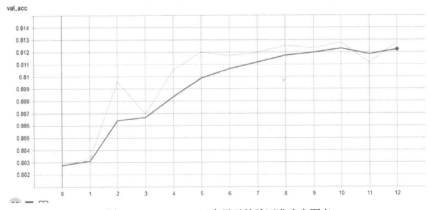

图 4-40　TensorBoard 中显示的验证准确率图表

图 4-41 显示了训练过程中各次训练迭代的验证损失图表。

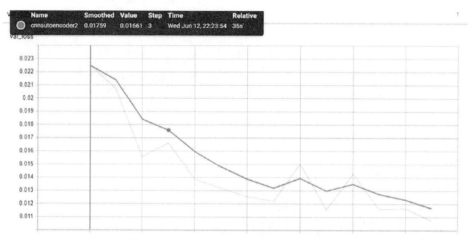

图 4-41　TensorBoard 中显示的验证损失图表

4.6　降噪自动编码器

你可强制自动编码器学习有用的特征，方法是向其输入中添加一些随机噪点，然后让其恢复没有噪点的原始数据。在这种方式中，自动编码器不能简单地将输入复制到其输出，因为输入也包含随机噪点。自动编码器将去除噪点并生成有意义的基本数据。这就是所谓的降噪自动编码器。图 4-42 显示了降噪自动编码器的一种表示形式。

降噪自动编码器

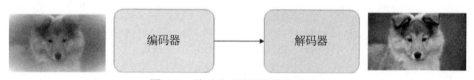

图 4-42　降噪自动编码器的表示形式

另一个示例就是，安全监控摄像头捕捉到模糊的图片，可能是因为周围环境较暗或者天气恶劣，这种情况下就会产生有噪图像。

降噪自动编码器背后的逻辑是，如果你针对正常的完好图像和噪点训练编码器，那么当输入的一部分真的不是某种显著特征时，可检测并消除此类噪点。

图 4-43 显示了导入所有必需的程序包的基本代码。另外注意各个程序包的版本。

你将使用 MNIST 图像数据集来达到此目的。MNIST 包含数字 0 到 9 的图像，用于许多不同场合。图 4-44 显示了用于加载 MNIST 图像的代码。

将数据集拆分为训练子集和测试子集。你还必须将数据重塑为 28×28 的图像。图 4-45 显示了用于加载和重塑图像的代码。

```
import keras
from keras import optimizers
from keras import losses
from keras.models import Sequential, Model
from keras.layers import Dense, Input, Dropout, Embedding, LSTM
from keras.optimizers import RMSprop, Adam, Nadam
from keras.preprocessing import sequence
from keras.callbacks import TensorBoard
from keras import regularizers

import sklearn
from sklearn.preprocessing import StandardScaler
from sklearn.model_selection import train_test_split
from sklearn.metrics import confusion_matrix, roc_auc_score
from sklearn.preprocessing import MinMaxScaler

import seaborn as sns
import pandas as pd
import numpy as np
import matplotlib

import matplotlib.pyplot as plt
import matplotlib.gridspec as gridspec
%matplotlib inline

import tensorflow
import sys
print("Python: ", sys.version)

print("pandas: ", pd.__version__)
print("numpy: ", np.__version__)
print("seaborn: ", sns.__version__)
print("matplotlib: ", matplotlib.__version__)
print("sklearn: ", sklearn.__version__)
print("Keras: ", keras.__version__)
print("Tensorflow: ", tensorflow.__version__)
```

Using TensorFlow Backend

```
Python:  3.7.1 (default, Dec 10 2018, 22:54:23) [MSC v.1915 64 bit (AMD64)]
pandas:  0.24.2
numpy:  1.16.3
seaborn:  0.9.0
matplotlib:  3.0.3
sklearn:  0.20.3
Keras:  2.2.4
Tensorflow:  1.13.1
```

图 4-43　用于导入程序包的代码

```
from keras.datasets import mnist
import numpy as np
(x_train, _), (x_test, _) = mnist.load_data()
```

图 4-44　用于加载 MNIST 图像的代码

```
from keras.datasets import mnist
import numpy as np

(x_train, _), (x_test, y_test) = mnist.load_data()

x_train = x_train.astype('float32') / 255.
x_test = x_test.astype('float32') / 255.
x_train = np.reshape(x_train, (len(x_train), 28, 28, 1))  # adapt this if using `channels_first` image data format
x_test = np.reshape(x_test, (len(x_test), 28, 28, 1))  # adapt this if using `channels_first` image data format

noise_factor = 0.3
x_train_noisy = x_train + noise_factor * np.random.normal(loc=0.0, scale=1.0, size=x_train.shape)
x_test_noisy = x_test + noise_factor * np.random.normal(loc=0.0, scale=1.0, size=x_test.shape)

x_train_noisy = np.clip(x_train_noisy, 0., 1.)
x_test_noisy = np.clip(x_test_noisy, 0., 1.)

print(x_train_noisy.shape)
print(x_test_noisy.shape)
print(y_test.shape)
```

```
(60000, 28, 28, 1)
(10000, 28, 28, 1)
(10000,)
```

图 4-45　用于加载和重塑图像的代码

图 4-46 显示了用于呈现图像的代码。

```
n = 11
plt.figure(figsize=(20, 2))
for i in range(1, n):
    ax = plt.subplot(1, n, i)
    plt.imshow(x_test_noisy[i].reshape(28, 28))
    plt.gray()
    ax.get_xaxis().set_visible(False)
    ax.get_yaxis().set_visible(False)
plt.show()
```

图 4-46　用于呈现图像的代码

创建一个包含卷积层和最大池化层的 CNN 模型。图 4-47 显示了用于创建此神经网络的代码。

```
from keras.layers import Input, Dense, Conv2D, MaxPooling2D, UpSampling2D
from keras.models import Model
from keras import backend as K

#cnn autoencoder
logfilename = "DenoisingAutoencoder2"

input_img = Input(shape=(28, 28, 1))  # adapt this if using `channels_first` image data format

x = Conv2D(16, (3, 3), activation='relu', padding='same')(input_img)
x = MaxPooling2D((2, 2), padding='same')(x)
x = Conv2D(8, (3, 3), activation='relu', padding='same')(x)
x = MaxPooling2D((2, 2), padding='same')(x)
x = Conv2D(8, (3, 3), activation='relu', padding='same')(x)
encoded = MaxPooling2D((2, 2), padding='same')(x)

# at this point the representation is (4, 4, 8) i.e. 128-dimensional

x = Conv2D(8, (3, 3), activation='relu', padding='same')(encoded)
x = UpSampling2D((2, 2))(x)
x = Conv2D(8, (3, 3), activation='relu', padding='same')(x)
x = UpSampling2D((2, 2))(x)
x = Conv2D(16, (3, 3), activation='relu')(x)
x = UpSampling2D((2, 2))(x)
decoded = Conv2D(1, (3, 3), activation='sigmoid', padding='same')(x)

autoencoder = Model(input_img, decoded)


autoencoder.summary()
```

Layer (type)	Output Shape	Param #
input_2 (InputLayer)	(None, 28, 28, 1)	0
conv2d_8 (Conv2D)	(None, 28, 28, 16)	160
max_pooling2d_4 (MaxPooling2	(None, 14, 14, 16)	0
conv2d_9 (Conv2D)	(None, 14, 14, 8)	1160
max_pooling2d_5 (MaxPooling2	(None, 7, 7, 8)	0
conv2d_10 (Conv2D)	(None, 7, 7, 8)	584
max_pooling2d_6 (MaxPooling2	(None, 4, 4, 8)	0
conv2d_11 (Conv2D)	(None, 4, 4, 8)	584
up_sampling2d_4 (UpSampling2	(None, 8, 8, 8)	0
conv2d_12 (Conv2D)	(None, 8, 8, 8)	584
up_sampling2d_5 (UpSampling2	(None, 16, 16, 8)	0
conv2d_13 (Conv2D)	(None, 14, 14, 16)	1168
up_sampling2d_6 (UpSampling2	(None, 28, 28, 16)	0
conv2d_14 (Conv2D)	(None, 28, 28, 1)	145

```
Total params: 4,385
Trainable params: 4,385
Non-trainable params: 0
```

图 4-47　用于创建神经网络的代码

使用 RMSprop 作为优化器并在损失计算中使用均方误差来编译模型。RMSprop
优化器类似于动量梯度下降算法。图 4-48 显示了用于编译模型的代码。

```
autoencoder.compile(optimizer=RMSprop(),
                    loss='mean_squared_error',
                    metrics=['mae', 'accuracy'])
```

图 4-48　用于编译模型的代码

现在，可开始使用训练数据集对模型进行训练，以在每一步验证模型。选择 32
作为批大小，以及 20 次训练迭代。训练过程会在每次训练迭代中输出损失和准确率以
及验证损失和验证准确率。图 4-49 显示了开始训练模型的代码。

```
batch_size = 32
epochs = 20

history = autoencoder.fit(x_train_noisy, x_train,
                    batch_size=batch_size,
                    epochs=epochs,
                    verbose=1,
                    shuffle=True,
                    validation_data=(x_test_noisy, x_test),
                    callbacks=[TensorBoard(log_dir='../logs/{0}'.format(logfilename))])
```

```
Train on 60000 samples, validate on 10000 samples
Epoch 1/20
60000/60000 [==============================] - 13s 212us/step - loss: 0.0370 - acc: 0.8005 - val_loss: 0.0257 - val_acc: 0.8007
Epoch 2/20
60000/60000 [==============================] - 12s 200us/step - loss: 0.0229 - acc: 0.8072 - val_loss: 0.0197 - val_acc: 0.8089
Epoch 3/20
60000/60000 [==============================] - 12s 198us/step - loss: 0.0200 - acc: 0.8091 - val_loss: 0.0190 - val_acc: 0.8107
Epoch 4/20
60000/60000 [==============================] - 12s 193us/step - loss: 0.0185 - acc: 0.8100 - val_loss: 0.0170 - val_acc: 0.8092
Epoch 5/20
60000/60000 [==============================] - 12s 193us/step - loss: 0.0176 - acc: 0.8105 - val_loss: 0.0168 - val_acc: 0.8111
Epoch 6/20
60000/60000 [==============================] - 12s 192us/step - loss: 0.0170 - acc: 0.8108 - val_loss: 0.0163 - val_acc: 0.8114
Epoch 7/20
60000/60000 [==============================] - 11s 191us/step - loss: 0.0164 - acc: 0.8111 - val_loss: 0.0159 - val_acc: 0.8110
Epoch 8/20
60000/60000 [==============================] - 12s 193us/step - loss: 0.0160 - acc: 0.8113 - val_loss: 0.0156 - val_acc: 0.8094
Epoch 9/20
60000/60000 [==============================] - 11s 189us/step - loss: 0.0157 - acc: 0.8115 - val_loss: 0.0155 - val_acc: 0.8109
Epoch 10/20
60000/60000 [==============================] - 11s 190us/step - loss: 0.0153 - acc: 0.8117 - val_loss: 0.0147 - val_acc: 0.8099
Epoch 11/20
60000/60000 [==============================] - 12s 203us/step - loss: 0.0151 - acc: 0.8118 - val_loss: 0.0142 - val_acc: 0.8108
Epoch 12/20
60000/60000 [==============================] - 12s 192us/step - loss: 0.0149 - acc: 0.8119 - val_loss: 0.0144 - val_acc: 0.8099
Epoch 13/20
60000/60000 [==============================] - 12s 192us/step - loss: 0.0147 - acc: 0.8120 - val_loss: 0.0166 - val_acc: 0.8124
Epoch 14/20
60000/60000 [==============================] - 12s 192us/step - loss: 0.0145 - acc: 0.8121 - val_loss: 0.0149 - val_acc: 0.8123
Epoch 15/20
60000/60000 [==============================] - 11s 190us/step - loss: 0.0144 - acc: 0.8121 - val_loss: 0.0134 - val_acc: 0.8109
Epoch 16/20
60000/60000 [==============================] - 11s 191us/step - loss: 0.0143 - acc: 0.8122 - val_loss: 0.0133 - val_acc: 0.8110
Epoch 17/20
60000/60000 [==============================] - 11s 190us/step - loss: 0.0141 - acc: 0.8122 - val_loss: 0.0140 - val_acc: 0.8101
Epoch 18/20
60000/60000 [==============================] - 11s 191us/step - loss: 0.0140 - acc: 0.8123 - val_loss: 0.0153 - val_acc: 0.8088
Epoch 19/20
60000/60000 [==============================] - 12s 192us/step - loss: 0.0139 - acc: 0.8123 - val_loss: 0.0135 - val_acc: 0.8107
Epoch 20/20
60000/60000 [==============================] - 11s 190us/step - loss: 0.0138 - acc: 0.8124 - val_loss: 0.0127 - val_acc: 0.8117
```

图 4-49　开始训练模型的代码

现在，训练过程已经完成，我们来评估一下模型的损失和准确率。图 4-50 显示准
确率约为 0.81，这是一个非常棒的结果。此外，图中还显示了用于评估模型的代码。

```
score = autoencoder.evaluate(x_test, x_test, verbose=1)
print('Test loss:', score[0])
print('Test accuracy:', score[1])

10000/10000 [==============================] - 1s 68us/step
Test loss: 0.010875144922733306
Test accuracy: 0.8120423462867736
```

图 4-50　用于评估模型的代码

下一步是使用模型为测试子集生成输出图像。这将显示重构阶段的情况。图 4-51 显示了用于呈现降噪图像的代码。

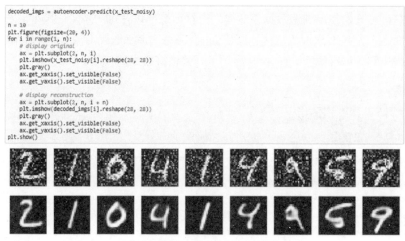

```
decoded_imgs = autoencoder.predict(x_test_noisy)

n = 10
plt.figure(figsize=(20, 4))
for i in range(1, n):
    # display original
    ax = plt.subplot(2, n, i)
    plt.imshow(x_test_noisy[i].reshape(28, 28))
    plt.gray()
    ax.get_xaxis().set_visible(False)
    ax.get_yaxis().set_visible(False)

    # display reconstruction
    ax = plt.subplot(2, n, i + n)
    plt.imshow(decoded_imgs[i].reshape(28, 28))
    plt.gray()
    ax.get_xaxis().set_visible(False)
    ax.get_yaxis().set_visible(False)
plt.show()
```

图 4-51　用于呈现降噪图像的代码

通过在编码器阶段显示测试子集图像，你也可看到此阶段的工作情况。图 4-52 显示了用于呈现编码图像的代码。

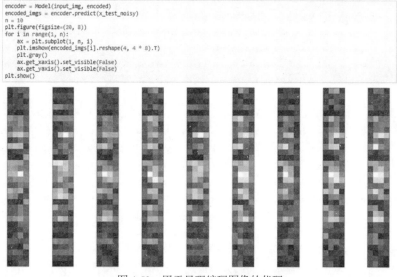

```
encoder = Model(input_img, encoded)
encoded_imgs = encoder.predict(x_test_noisy)
n = 10
plt.figure(figsize=(20, 8))
for i in range(1, n):
    ax = plt.subplot(1, n, i)
    plt.imshow(encoded_imgs[i].reshape(4, 4 * 8).T)
    plt.gray()
    ax.get_xaxis().set_visible(False)
    ax.get_yaxis().set_visible(False)
plt.show()
```

图 4-52　用于呈现编码图像的代码

图 4-53 显示了通过 TensorBoard 可视化的模型图。

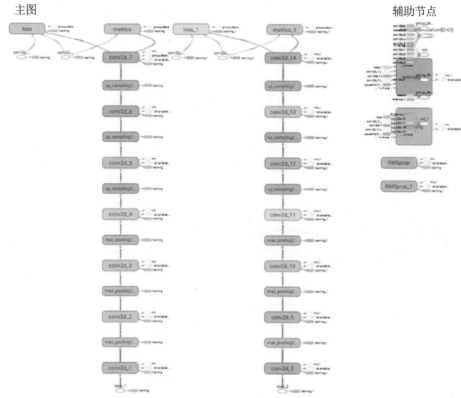

图 4-53　TensorBoard 中显示的模型图

图 4-54 显示了训练过程中各次训练迭代的准确率图表。

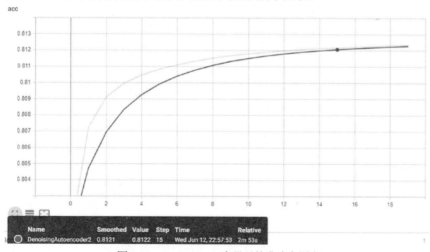

图 4-54　TensorBoard 中显示的准确率图表

图 4-55 显示了训练过程中各次训练迭代的损失图表。

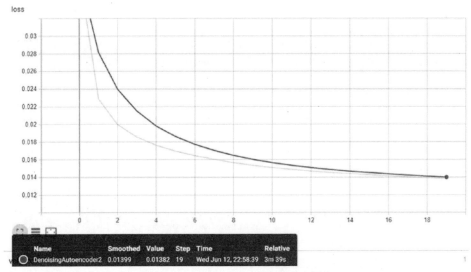

图 4-55　TensorBoard 中显示的损失图表

图 4-56 显示了训练过程中各次训练迭代的验证准确率图表。

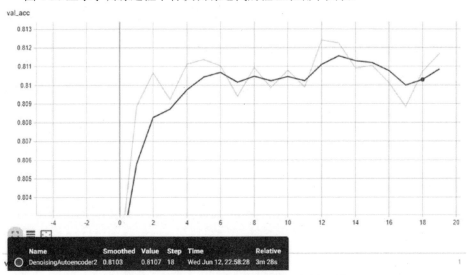

图 4-56　TensorBoard 中显示的验证准确率图表

图 4-57 显示了训练过程中各次训练迭代的验证损失图表。

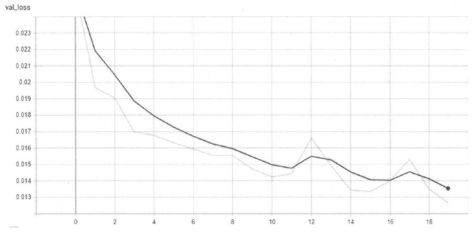

图 4-57　TensorBoard 中显示的验证损失图表

4.7　变分自动编码器

变分自动编码器是自动编码器的一种，它对要学习的编码表示添加了约束。更精确地说，这种自动编码器学习隐变量模型(latent variable model)作为其输入数据。因此，并不是让你的神经网络学习任意函数，而是学习用于对数据进行建模的概率分布参数。如果从此分布中抽样数据点，可生成新的输入数据样本。这就是变分自动编码器被认为是生成模型的原因。

基本上来说，变分自动编码器(VAE)会尝试确保可对来自某些已知概率分布的编码进行解码，以生成合理的输出，即使它们并不是实际图像的编码。

在很多实际的应用场景中，我们查看的是一大堆数据(可能是图像、音频或文字，或者可以说是任何内容)，但需要处理的基本数据的维度可能比实际数据低，因此，很多机器学习模型都需要执行某种类型的降维操作。一种非常流行的技术就是奇异值分解(singular value decomposition)或主成分分析。类似地，在深度学习领域，变分自动编码器所完成的任务就是降低维度。

在深入研究变分自动编码器的机制和原理前，我们先来回顾一下在本章中看到的正常自动编码器。基本上，自动编码器至少使用一个编码器层和一个解码器层，通过编码器层将输入数据特征减少为一个潜在表示。解码器将潜在表示展开以生成输出，以便对模型进行良好的训练，从而将输入重新生成为输出。输入与输出之间的任何差异都表示某种反常行为或对正常行为的背离，这种操作也称为异常检测。通过某种方式，将输出压缩为更小的表示，但具有的维度要低于输入，这就是所谓的瓶颈。通过瓶颈，我们尝试对输入进行重构。

现在，你已对正常自动编码器有了基本了解，接下来，我们来看看变分自动编码器。在变分自动编码器中，我们并不是将输入映射到一个固定向量，而是将输入映射到一个分布，因此，一个非常大的不同是，通过查看分布然后采用抽样的潜在向量作为实际瓶颈，将象限中正常次序的瓶颈向量替换为均值向量和标准差向量。很明显，这与正常自动编码器大不相同；在正常自动编码器中，输入会直接生成潜在向量。

首先，编码器网络将输入样本 x 转换为潜在空间中的两个参数，分别称为 z_mean 和 z_log_sigma。然后，通过以下公式从假定用于生成数据的潜在正态分布随机抽样类似点 z：z = z_mean + exp(z_log_sigma) * epsilon，其中 epsilon 是一个任意正态张量。最后，解码器网络将这些潜在空间点映射回原始输入数据。图 4-58 提供了变分编码器神经网络的表示形式。

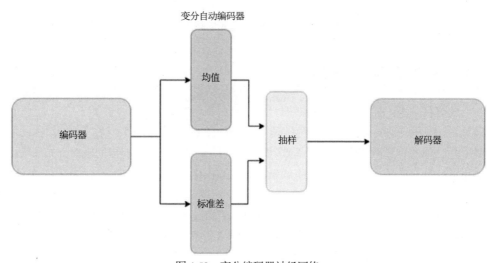

图 4-58　变分编码器神经网络

通过两个损失函数对模型的参数进行训练：重构损失促使解码样本与初始输入相匹配(就像之前的自动编码器中那样)，还有就是学习的潜在分布与先验分布之间的 KL 散度(作为一个正则化项)。实际上，你可完全丢弃后一项，不过它确实有助于学习结构良好的潜在空间并减少训练数据的过拟合。

你从中进行学习的分布与正态分布并没有太大差距，因此，你要尝试促使潜在分布相对接近于零均值和标准差一，这样，在对变分自动编码器进行训练之前，必须认为可能发生抽样问题。由于你只从均值向量和标准差中提取分布的一个样本，因此很难在其中实现反向传播。你对其进行抽样，那么如何在反向传播步骤中返回呢？

在第一篇关于变分自动编码器的论文中，尝试创建一个图形模型，然后将图形模型转换为神经网络，因此，变分自动编码器是神经网络和图形模型的一种混合。变分自动编码器基于变分推断。

假定有两个不同的分布，分别是 p 和 q，并可使用 KL 散度来显示这两个分布 p 和 q 之间的相异度。因此，KL 散度可用于测量两个分布 p 和 q 之间的相似度。

了解变分自动编码器的需要的最佳方式在于，在常规自动编码器中，瓶颈过度依赖于输入，对数据的性质没有了解。由于改用分布的抽样，因此能让模型更好地适应新的数据类型。

图 4-59 显示了在 Jupyter 中导入所有必需的程序包的基本代码。另外，请注意各个必需的程序包的版本。

```
import keras
from keras import optimizers
from keras import losses
from keras import backend as K
from keras.models import Sequential, Model
from keras.layers import Lambda, Dense, Input, Dropout, Embedding, LSTM
from keras.optimizers import RMSprop, Adam, Nadam
from keras.preprocessing import sequence
from keras.callbacks import TensorBoard
from keras.losses import mse, binary_crossentropy

import sklearn
from sklearn.preprocessing import StandardScaler
from sklearn.model_selection import train_test_split
from sklearn.metrics import confusion_matrix, roc_auc_score
from sklearn.preprocessing import MinMaxScaler

import seaborn as sns
import pandas as pd
import numpy as np
import matplotlib

import matplotlib.pyplot as plt
import matplotlib.gridspec as gridspec
%matplotlib inline

import tensorflow
import sys
print("Python: ", sys.version)

print("pandas: ", pd.__version__)
print("numpy: ", np.__version__)
print("seaborn: ", sns.__version__)
print("matplotlib: ", matplotlib.__version__)
print("sklearn: ", sklearn.__version__)
print("Keras: ", keras.__version__)
print("Tensorflow: ", tensorflow.__version__)
```

```
Python:  3.7.1 (default, Dec 10 2018, 22:54:23) [MSC v.1915 64 bit (AMD64)]
pandas:  0.24.2
numpy:  1.16.3
seaborn:  0.9.0
matplotlib:  3.0.3
sklearn:  0.20.3
Keras:  2.2.4
Tensorflow:  1.13.1
```

图 4-59　用于在 Jupyter 中导入必需的程序包的代码

图 4-60 显示了在训练时通过混淆矩阵、异常图表和误差图表(预测值和真值之间的差异)可视化结果的代码。

```
class Visualization:
    labels = ["Normal", "Anomaly"]

    def draw_confusion_matrix(self, y, ypred):
        matrix = confusion_matrix(y, ypred)

        plt.figure(figsize=(10, 8))
        colors=[ "orange","green"]
        sns.heatmap(matrix, xticklabels=self.labels, yticklabels=self.labels, cmap=colors, annot=True, fmt="d")
        plt.title("Confusion Matrix")
        plt.ylabel('Actual')
        plt.xlabel('Predicted')
        plt.show()

    def draw_anomaly(self, y, error, threshold):
        groupsDF = pd.DataFrame({'error': error,
                                 'true': y}).groupby('true')

        figure, axes = plt.subplots(figsize=(12, 8))

        for name, group in groupsDF:
            axes.plot(group.index, group.error, marker='x' if name == 1 else 'o', linestyle='',
                    color='r' if name == 1 else 'g', label="Anomaly" if name == 1 else "Normal")

        axes.hlines(threshold, axes.get_xlim()[0], axes.get_xlim()[1], colors="b", zorder=100, label='Threshold')
        axes.legend()

        plt.title("Anomalies")
        plt.ylabel("Error")
        plt.xlabel("Data")
        plt.show()

    def draw_error(self, error, threshold):
        plt.plot(error, marker='o', ms=3.5, linestyle='',
                label='Point')

        plt.hlines(threshold, xmin=0, xmax=len(error)-1, colors="b", zorder=100, label='Threshold')
        plt.legend()
        plt.title("Reconstruction error")
        plt.ylabel("Error")
        plt.xlabel("Data")
        plt.show()
```

图 4-60　用于可视化结果的代码

你将使用信用卡数据的示例来检测某一交易是正常/预料中的还是反常行为/异常。图 4-61 显示了加载到 Pandas DataFrame 的数据。

```
filePath = './creditcardanomalydetection.csv'
df = pd.read_csv(filepath_or_buffer=filePath, header=0, sep=',')
print(df.shape[0])
df.head()
```

284807

	Time	V1	V2	V3	V4	V5	V6	V7	V8	V9	...	V21	V22	V23	V24	V2:
0	0.0	-1.359807	-0.072781	2.536347	1.378155	-0.338321	0.462388	0.239599	0.098698	0.363787	...	-0.018307	0.277838	-0.110474	0.066928	0.12853
1	0.0	1.191857	0.266151	0.166480	0.448154	0.060018	-0.082361	-0.078803	0.085102	-0.255425	...	-0.225775	-0.638672	0.101288	-0.339846	0.16717
2	1.0	-1.358354	-1.340163	1.773209	0.379780	-0.503198	1.800499	0.791461	0.247676	-1.514654	...	0.247998	0.771679	0.909412	-0.689281	-0.32764
3	1.0	-0.966272	-0.185226	1.792993	-0.863291	-0.010309	1.247203	0.237609	0.377436	-1.387024	...	-0.108300	0.005274	-0.190321	-1.175575	0.64737
4	2.0	-1.158233	0.877737	1.548718	0.403034	-0.407193	0.095921	0.592941	-0.270533	0.817739	...	-0.009431	0.798278	-0.137458	0.141267	-0.20601

5 rows × 31 columns

图 4-61　用于使用 Pandas 加载数据集的代码

你将收集 2 万条正常记录和 400 条反常记录。当然，也可选取其他不同的比率进行尝试，但一般情况下，正常数据示例越多越好，因为你希望教会自动编码器正常数据是什么样子。如果训练中存在过多反常数据，那么在训练自动编码器时，会让它认为异常实际上是正常的，而这与你的目标是相悖的。图 4-62 显示了提取大部分正常数据记录以及少部分反常记录的代码。

```
df['Amount'] = StandardScaler().fit_transform(df['Amount'].values.reshape(-1, 1))
df0 = df.query('Class == 0').sample(20000)
df1 = df.query('Class == 1').sample(400)
df = pd.concat([df0, df1])
```

图 4-62　提取大部分正常数据记录以及少部分反常记录的代码

将 DataFrame 拆分为训练数据集和测试数据集(80-20 拆分法则)。图 4-63 显示了用于将数据拆分为训练子集和测试子集的代码。

```
x_train, x_test, y_train, y_test = train_test_split(df.drop(labels=['Time', 'Class'], axis = 1) ,
                                                    df['Class'], test_size=0.2, random_state=42)
print(x_train.shape, 'train samples')
print(x_test.shape, 'test samples')

(16320, 29) train samples
(4080, 29) test samples
```

图 4-63　用于将数据拆分为训练子集和测试子集的代码

到目前为止，你看到的标准自动编码器与变分自动编码器之间的最大差异在于，对于后者，你并非按原样提取输入，而是提取输入数据的分布，然后对分布进行抽样。图 4-64 显示了用于实现这种抽样策略的代码。

```
# reparameterization trick
# instead of sampling from Q(z|X), sample epsilon = N(0,I)
# z = z_mean + sqrt(var) * epsilon
def sampling(args):
    """Reparameterization trick by sampling from an isotropic unit Gaussian.
    # Arguments
        args (tensor): mean and log of variance of Q(z|X)
    # Returns
        z (tensor): sampled latent vector
    """

    z_mean, z_log_var = args
    batch = K.shape(z_mean)[0]
    dim = K.int_shape(z_mean)[1]
    # by default, random_normal has mean = 0 and std = 1.0
    epsilon = K.random_normal(shape=(batch, dim))
    return z_mean + K.exp(0.5 * z_log_var) * epsilon
```

图 4-64　用于抽样分布的代码

接下来创建一个简单的神经网络模型，其中只包含一个编码器和解码器阶段。你将使用编码器将输入信用卡数据集的 29 列编码为 12 个特征。编码器使用特殊分布抽样逻辑生成两个并行的层，然后将抽样输出包装为一个层对象。

解码器阶段使用这个潜在向量并重构输入。在执行此操作的同时，它还会测量重构的误差，以便最大限度地减小其值。图 4-65 显示了用于创建此神经网络的代码。

图 4-66 展示了用于显示神经网络的代码。

使用 Adam 作为优化器并在损失计算中使用均方误差来编译模型。可使用 Adam 优化算法代替传统的随机梯度下降过程，根据训练数据以迭代方式更新网络权重。图 4-67 显示了用于编译模型的代码。

```
original_dim = x_train.shape[1]

print(original_dim)

input_shape = (original_dim,)
intermediate_dim = 12
batch_size = 32
latent_dim = 2
epochs = 20

# VAE model = encoder + decoder
# build encoder model
inputs = Input(shape=input_shape, name='encoder_input')
x = Dense(intermediate_dim, activation='relu')(inputs)
z_mean = Dense(latent_dim, name='z_mean')(x)
z_log_var = Dense(latent_dim, name='z_log_var')(x)

# use reparameterization trick to push the sampling out as input
# note that "output_shape" isn't necessary with the TensorFlow backend
z = Lambda(sampling, output_shape=(latent_dim,), name='z')([z_mean, z_log_var])

# instantiate encoder model
encoder = Model(inputs, [z_mean, z_log_var, z], name='encoder')
encoder.summary()

# build decoder model
latent_inputs = Input(shape=(latent_dim,), name='z_sampling')
x = Dense(intermediate_dim, activation='relu')(latent_inputs)
outputs = Dense(original_dim, activation='sigmoid')(x)

# instantiate decoder model
decoder = Model(latent_inputs, outputs, name='decoder')
decoder.summary()

# instantiate VAE model
outputs = decoder(encoder(inputs)[2])
vae = Model(inputs, outputs, name='vae_mlp')

# VAE loss = mse_loss or xent_loss + kl_loss
reconstruction_loss = mse(inputs, outputs)

reconstruction_loss *= original_dim
kl_loss = 1 + z_log_var - K.square(z_mean) - K.exp(z_log_var)
kl_loss = K.sum(kl_loss, axis=-1)
kl_loss *= -0.5
vae_loss = K.mean(reconstruction_loss + kl_loss)
vae.add_loss(vae_loss)
```

图 4-65　用于创建神经网络的代码

```
29
```

Layer (type)	Output Shape	Param #	Connected to
encoder_input (InputLayer)	(None, 29)	0	
dense_15 (Dense)	(None, 12)	360	encoder_input[0][0]
z_mean (Dense)	(None, 2)	26	dense_15[0][0]
z_log_var (Dense)	(None, 2)	26	dense_15[0][0]
z (Lambda)	(None, 2)	0	z_mean[0][0] z_log_var[0][0]

```
Total params: 412
Trainable params: 412
Non-trainable params: 0
```

Layer (type)	Output Shape	Param #
z_sampling (InputLayer)	(None, 2)	0
dense_16 (Dense)	(None, 12)	36
dense_17 (Dense)	(None, 29)	377

```
Total params: 413
Trainable params: 413
Non-trainable params: 0
```

图 4-66　用于显示神经网络的代码

```
vae.compile(optimizer='adam',
            loss='mean_squared_error',
            metrics=['accuracy'])
vae.summary()
```

```
Layer (type)                Output Shape          Param #
=================================================================
encoder_input (InputLayer)  (None, 29)            0

encoder (Model)             [(None, 2), (None, 2), (N 412

decoder (Model)             (None, 29)            413
=================================================================
Total params: 825
Trainable params: 825
Non-trainable params: 0
```

图 4-67　用于编译模型的代码

现在，可开始使用训练数据集对模型进行训练，以在每一步验证模型。选择 32 作为批大小，以及 20 次训练迭代。训练过程会在每次训练迭代中输出损失和准确率以及验证损失和验证准确率。图 4-68 显示了用于训练模型的代码。

```
history = vae.fit(x_train, x_train,
                  batch_size=batch_size,
                  epochs=epochs,
                  verbose=1,
                  shuffle=True,
                  validation_data=(x_test, x_test),
                  callbacks=[TensorBoard(log_dir='../logs/variationalautoencoder1')])

WARNING:tensorflow:From C:\ProgramData\Anaconda3\lib\site-packages\tensorflow\python\ops\math_ops.py:3066: to_int32 (from tenso
rflow.python.ops.math_ops) is deprecated and will be removed in a future version.
Instructions for updating:
Use tf.cast instead.
Train on 16320 samples, validate on 4080 samples
Epoch 1/20
16320/16320 [==============================] - 3s 199us/step - loss: 50.2655 - acc: 0.1897 - val_loss: 49.6724 - val_acc: 0.229
7
Epoch 2/20
16320/16320 [==============================] - 3s 164us/step - loss: 46.3044 - acc: 0.2365 - val_loss: 48.8029 - val_acc: 0.247
3
Epoch 3/20
16320/16320 [==============================] - 3s 164us/step - loss: 45.8263 - acc: 0.2431 - val_loss: 48.5003 - val_acc: 0.242
6
Epoch 4/20
16320/16320 [==============================] - 3s 163us/step - loss: 45.6072 - acc: 0.2461 - val_loss: 48.3459 - val_acc: 0.243
9
Epoch 5/20
16320/16320 [==============================] - 3s 160us/step - loss: 45.4739 - acc: 0.2563 - val_loss: 48.2021 - val_acc: 0.255
1
Epoch 6/20
16320/16320 [==============================] - 3s 159us/step - loss: 45.3394 - acc: 0.2622 - val_loss: 48.0794 - val_acc: 0.254
9
Epoch 7/20
16320/16320 [==============================] - 3s 161us/step - loss: 45.2370 - acc: 0.2640 - val_loss: 47.9675 - val_acc: 0.263
2
Epoch 8/20
16320/16320 [==============================] - 3s 157us/step - loss: 45.1393 - acc: 0.2729 - val_loss: 47.9229 - val_acc: 0.271
1
Epoch 9/20
16320/16320 [==============================] - 3s 169us/step - loss: 45.0666 - acc: 0.2786 - val_loss: 47.8419 - val_acc: 0.280
1
Epoch 10/20
16320/16320 [==============================] - 3s 200us/step - loss: 44.9606 - acc: 0.2880 - val_loss: 47.6565 - val_acc: 0.287
0
Epoch 11/20
16320/16320 [==============================] - 3s 172us/step - loss: 44.8787 - acc: 0.2947 - val_loss: 47.5955 - val_acc: 0.294
4
Epoch 12/20
16320/16320 [==============================] - 3s 175us/step - loss: 44.8350 - acc: 0.3053 - val_loss: 47.5993 - val_acc: 0.289
7
Epoch 13/20
16320/16320 [==============================] - 3s 203us/step - loss: 44.7879 - acc: 0.3100 - val_loss: 47.5176 - val_acc: 0.301
5
Epoch 14/20
16320/16320 [==============================] - 3s 174us/step - loss: 44.7441 - acc: 0.3119 - val_loss: 47.4447 - val_acc: 0.326
0
Epoch 15/20
16320/16320 [==============================] - 3s 175us/step - loss: 44.7091 - acc: 0.3257 - val_loss: 47.4417 - val_acc: 0.323
8
Epoch 16/20
16320/16320 [==============================] - 3s 177us/step - loss: 44.6967 - acc: 0.3345 - val_loss: 47.3702 - val_acc: 0.329
4
```

图 4-68　用于训练模型的代码

现在，训练过程已经完成，我们来评估一下模型的损失和准确率。图 4-69 显示准确率约为 0.23。此外，图中还显示了用于评估模型的代码。

```
score = vae.evaluate(x_test, x_test, verbose=1)
print('Test loss:', score[0])
print('Test accuracy:', score[1])
```

```
4080/4080 [==============================] - 0s 60us/step
Test loss: 48.38297452739641
Test accuracy: 0.23529411764705882
```

图 4-69　用于评估模型的代码

下一步是计算误差，检测并绘制出异常和误差。选择 10 作为阈值。图 4-70 显示了根据该阈值预测异常的代码。

```
threshold=10.00
y_pred = vae.predict(x_test)
y_dist = np.linalg.norm(x_test - y_pred, axis=-1)
z = zip(y_dist >= threshold, y_dist)
y_label=[]
error = []
for idx, (is_anomaly, y_dist) in enumerate(z):
    if is_anomaly:
        y_label.append(1)
    else:
        y_label.append(0)
    error.append(y_dist)
```

图 4-70　用于根据阈值预测异常的代码

计算 AUC (全称是 Area Under the Curve，即曲线下面积，介于 0.0 到 1.0 之间)，计算结果约为 0.93，这是一个非常高的值。图 4-71 显示了用于计算 AUC 的代码。

```
roc_auc_score(y_test, y_label)
```

```
0.9345736547003569
```

图 4-71　用于计算 AUC 的代码

现在可以可视化混淆矩阵，以了解模型的性能表现。图 4-72 展示了用于显示混淆矩阵的代码。

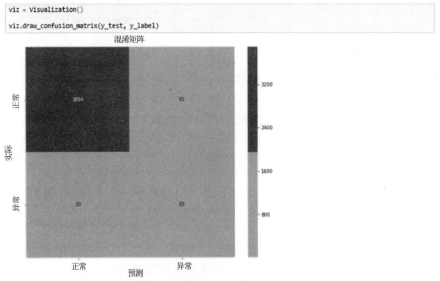

图 4-72　用于显示混淆矩阵的代码

使用标签的预测(正常或异常)，可绘制异常与正常数据点的比较图。图 4-73 显示了相对于阈值得出的异常。

```
viz.draw_anomaly(y_test, error, threshold)
```

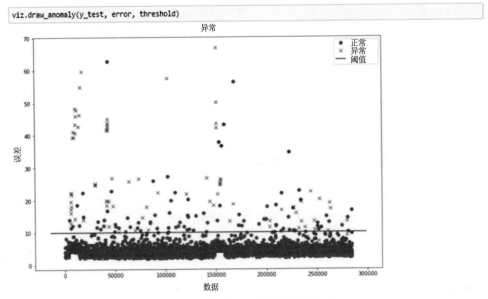

图 4-73 显示相对于阈值得出的异常

图 4-74 显示了通过 TensorBoard 可视化的模型图。

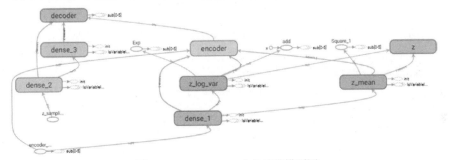

图 4-74 TensorBoard 中显示的模型图

图 4-75 显示了通过 TensorBoard 可视化的模型图。

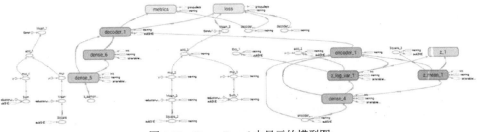

图 4-75 TensorBoard 中显示的模型图

图 4-76 显示了训练过程中各次训练迭代的准确率图表。

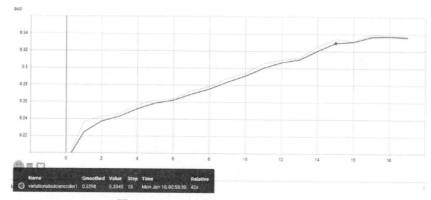

图 4-76　TensorBoard 中显示的准确率图表

图 4-77 显示了训练过程中各次训练迭代的损失图表。

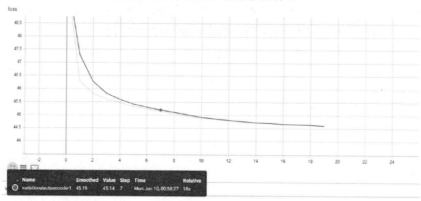

图 4-77　TensorBoard 中显示的损失图表

图 4-78 显示了训练过程中各次训练迭代的验证准确率图表。

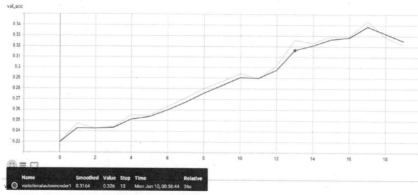

图 4-78　TensorBoard 中显示的验证准确率图表

图 4-79 显示了训练过程中各次训练迭代的验证损失图表。

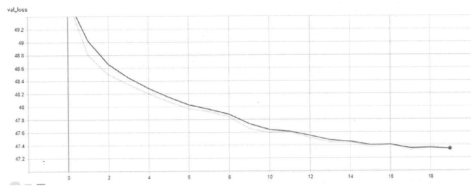

图 4-79　TensorBoard 中显示的验证损失图表

4.8　本章小结

在本章中，讨论了自动编码器、自动编码器的类型以及如何使用它们来构建异常检测引擎。介绍了如何实现简单自动编码器、稀疏自动编码器、深度自动编码器、卷积自动编码器和降噪自动编码器。此外，还探索了如何使用变分自动编码器来检测异常。

在第 5 章中，将介绍另一种异常检测方法，即玻尔兹曼机。

第 5 章

玻尔兹曼机

在本章中，你将了解到玻尔兹曼机的相关内容，以及如何使用受限玻尔兹曼机来执行异常检测。

概括来说，本章主要介绍以下主题：

- 什么是玻尔兹曼机？
- 受限玻尔兹曼机(RBM)

5.1 什么是玻尔兹曼机？

玻尔兹曼机是一种特殊的双向神经网络，仅由隐藏节点和输入节点构成，设计用于学习数据集的概率分布。玻尔兹曼机的特殊之处在于，每个节点都相互连接，这意味着隐藏层中的神经元也彼此相连。此外，玻尔兹曼机具有固定的权重，而节点针对是否激发做出随机性(概率性)决策。

为了更好地了解相关模型，我们来看图 5-1 中的示例。

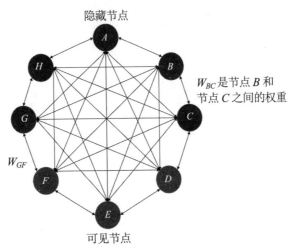

图 5-1　显示玻尔兹曼机构造方式的图。注意，所有节点都相互连接，即使处于同一层也是如此

尽管可见节点与隐藏节点之间存在差异，但在玻尔兹曼机中并没有影响。在此模型中，每个节点都与其他每个节点进行通信，整个模型就像一个系统，用于创建**生成网络**(意味着它可以根据拟合数据集学到的内容生成自己的数据)。在玻尔兹曼机中，可见节点指的是我们可以与之进行交互的节点，我们不能与隐藏节点进行交互。此外，还有一点不同，那就是不存在训练过程，节点学习尽最大努力自行对数据集进行建模，这说明玻尔兹曼机是一种**无监督深度学习模型**。

但是，玻尔兹曼机并不一定那么实用，网络大小扩展时，它们会遇到问题。玻尔兹曼机有一些具体的派生模型，例如**受限玻尔兹曼机(RBM)、深度玻尔兹曼机(DBM)**以及**深度信念网络(DBN)**，它们更实用，不过有点过时了，Keras、TensorFlow 和 PyTorch 等主要框架都不提供相关支持。尽管如此，它们现在仍有一些新用途，只是被各种更新的深度学习模型抢了风头。我们将介绍如何将 RBM 应用于异常检测。之所以选择这种模型，是因为它是三种玻尔兹曼机派生模型中最容易实现的一种，并且从数学方面来说，它更简单，便于使用。

5.2　受限玻尔兹曼机(RBM)

RBM与玻尔兹曼机的相似之处在于，它也是一种无监督、随机性(概率性)生成深度学习模型。不过，二者之间有一点非常重要的差别，那就是RBM只包含两层，即输入层和隐藏层。它的体系结构类似于第 3 章中探索的人工神经网络模型，其中RBM层就像是ANN的前两层。由于我们对层设定了限制，即节点所在层中的任何节点都不相互连接，因此，此模型被称为**受限**玻尔兹曼机。更确切地说，由于每个节点都输出二进制值，因此我们要处理的是一个**布尔/伯努利RBM**。图 5-2 显示了一种RBM。

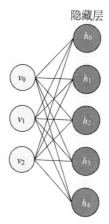

图 5-2　基本受限玻尔兹曼机的一种可视化表示

可将此模型进一步展开，使其包含偏差(见图 5-3)。

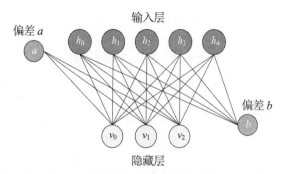

图 5-3 为两个层中的每一个加入不同偏差的受限玻尔兹曼机的可视化表示

偏差 a 添加到输入层的所有输出，而偏差 b 添加到隐藏层的输出。这里，可定义所谓的**能量函数**，RBM 的目标是使其实现最小化。**能量函数**如图 5-4 所示。

$$E(v, h) = -\sum_i a_i v_i - \sum_j b_j h_j - \sum_{i,j} v_i h_j w_{ij}$$

图 5-4 定义受限玻尔兹曼机的能量函数的公式

第一个求和项是偏差 a 和可见层 v 之间的逐元素相乘，其中每一项 a_i 都与每一项 v_i 相乘。第二个求和项遵循相同的逻辑，只是使用偏差 b 和隐藏层 h 之间的逐元素相乘。最后一个求和项是将每个可见节点 v_i 与每个隐藏节点 h_j 和该连接的权重值 w_{ij} 相乘。

求和基本上就是两个向量之间的逐元素相乘，一个向量进行**转置**，即为 $1×n$ (1 列 n 行)，另一个为 $n×1$ (n 列 1 行)。一个向量或矩阵进行**转置**时，我们逆转向量/矩阵的维度并重新排列值。在向量中，某一行/列中相同的值现在将位于一列/行中。对于矩阵，情况有一点复杂。为了更好地理解**转置**向量或矩阵的概念，请参见图 5-5、图 5-6 和图 5-7。

向量与转置向量见图 5-5。

$$A = \begin{bmatrix} 1 \\ 5 \\ 4 \\ 2 \end{bmatrix} \qquad A^{\mathrm{T}} = \begin{bmatrix} 1 & 5 & 4 & 2 \end{bmatrix}$$

图 5-5 原始向量与其转置版本

方阵与转置方阵见图 5-6。

$$B = \begin{bmatrix} 1 & 2 & 3 \\ 4 & 5 & 6 \\ 7 & 8 & 9 \end{bmatrix} \quad B^{\mathrm{T}} = \begin{bmatrix} 1 & 4 & 7 \\ 2 & 5 & 8 \\ 3 & 6 & 9 \end{bmatrix}$$

图 5-6　原始矩阵与其转置矩阵。请注意各个条目是如何沿对角线翻转的

矩阵($n×m$)与转置矩阵($m×n$)见图 5-7。

$$C = \begin{bmatrix} 1 & 2 \\ 3 & 4 \\ 5 & 6 \end{bmatrix} \quad C^{\mathrm{T}} = \begin{bmatrix} 1 & 3 & 5 \\ 2 & 4 & 6 \end{bmatrix}$$

图 5-7　原始 $n×m$ 矩阵与其转置 $m×n$ 矩阵。原始矩阵 C 的列称为转置矩阵 C^{T} 的行

重写求和项以反映各自向量、转置向量的乘积，能量函数等效于图 5-8 中的公式。

$$E(v, h) = -a^{\mathrm{T}}v - b^{\mathrm{T}}h - v^{\mathrm{T}}Wh$$

图 5-8　能量函数的等效公式(没有求和项)

使用能量函数，我们可定义**概率函数**，用于输出网络具有特定(v,h)的概率。下面对 v 和 h 进行详细的阐述，v 是表示输入层中每个节点状态的向量，h 是表示隐藏层中每个节点状态的向量。

给定特定(v,h)的情况下，**概率函数**如图 5-9 所示。

$$p(v, h) = \frac{1}{Z}\mathrm{e}^{-E(v,h)}$$

图 5-9　与可见层 v 和隐藏层 h 相关联的概率函数

Z 的定义如图 5-10 所示。

$$Z = \sum_{v,h} \mathrm{e}^{-E(v,h)}$$

图 5-10　Z 对数据集中每个可能的 v 和 h 执行运算，因此，你可以看到它是如何构成概率函数的(假定你想要获得一副扑克牌中所有红心牌的概率。对应的概率是 13/52，所有红心牌的张数是 13，总牌数是 52)

Z 是针对每一对输入层和隐藏层状态向量(一个表示层状态的向量)对函数 $e^{-E(v,h)}$ 求和所得到的结果。假定传入 $p(v,h)$ 的参数是表示激活的神经元的特定两层配置的向量。

可看到这是如何构成概率函数的,因为我们希望得出特定 v、h 对应的 $e^{-E(v,h)}$ 与所有可能的 v 和 h 值对的 $e^{-E(v,h)}$ 合计的比率。

可进一步定义给定 h 或 v 的情况下,v 或 h 的概率的公式(见图 5-11 和图 5-12)。

$$p(h|v) = \frac{p(h,v)}{p(v)} = \prod_{j}^{m} p(h_j, v)$$

图 5-11 给定可见层状态 v 的情况下,处于状态 h 的隐藏层的概率的公式

$$p(v|h) = \frac{p(v,h)}{p(h)} = \prod_{i}^{n} p(v_i, h)$$

图 5-12 给定可见层状态 h 的情况下,处于状态 v 的隐藏层的概率的公式

Π 的运算方式与 Σ 类似,只不过执行的是乘法而不是加法。基本上来说,$p(h|v)$ 是存在的每个 $p(h_i, v)$ 的乘积。在这些情况下,m 是隐藏节点的数量,n 是可见节点的数量。

这可能有点复杂,因此,你只需要了解,图 5-11 和图 5-12 中的公式基本上就是在给定对应 h 或 v 层状态的情况下,得出 v 或 h 处于其状态的概率。

在此基础上,可定义另外两个公式,分别用于求解给定 h 或 v 的情况下特定节点 v_i 或 h_j 激活的概率(见图 5-13 和图 5-14)。

$$p(v_i = 1 | h) = \sigma(ai + \sum_{j=1}^{m} w_{i,j} h_j)$$

图 5-13 给定 v_i 与每个隐藏节点的权重乘积加上偏差,特定节点 v_i 激活的概率

$$p(h_j = 1 | v) = \sigma(b_j + \sum_{i=1}^{n} w_{i,j} v_i)$$

图 5-14 给定 h_j 与每个可见节点的权重乘积加上偏差,特定节点 h_j 激活的概率

σ 表示 S 型函数，通过图 5-15 中的公式来定义。

$$\sigma(x) = \frac{1}{1 + e^{-x}} = \frac{e^x}{e^x + 1}$$

图 5-15　S 型函数的公式

最后，给定训练输入，我们希望最大化输入的联合概率，通过图 5-16 中的公式给出。

$$\arg\max_W \prod_{v \in V} p(v)$$

图 5-16　我们想要在权重方面最大化每个可能的可见节点(输入)的联合概率

基本上来说，我们最终将得到给定 V(所有可能的训练输入的集合)中每个可能的 v 的 $p(v)$ 乘积的巨大运算链。在此基础上，我们希望在权重 W 方面最大化该乘积，因此，我们希望权重提高联合概率(所有可能的 v 层的乘积)。

也可针对最大化对数概率的期望值方面重写此公式，如图 5-17 所示。

$$\arg\max_W E\left[\sum_{v \in V} \log p(v)\right]$$

图 5-17　我们针对整个训练集 V 中的特定 v 获取 $p(v)$ 的对数。然后对这些项求和(回顾一下对数法则)并得出所有项的平均值。这就是我们要在权重 W 方面实现最大化的值

数学符号 $E[\,]$ 表示**期望值**。在概率中，$E(X)$ 是特定随机变量 X 的期望值，可以被认为是**均值**。在我们的示例中，我们希望最大化对数概率的均值。再次强调一下，V 是所有训练输入的集合。

为解释公式表示的意思，我们使用对数法则将联合概率重写为求和，然后在权重 W 方面最大化该和值的平均值。我们想要调整权重，以便针对整个训练集中的每个输入继续最大化此期望值。

关于 RBM 的公式还可更复杂和详细，不过，到目前为止列出的公式应该足以帮助你很好地理解 RBM 的概念及其工作方式。从核心方面来说，RBM 是一种概率性模型，根据一组公式进行运算。此外，这些公式的目标是帮助 RBM 学习一种概率分布来表示 V，解释为什么 RBM 是一种**无监督学习**算法。

至于训练算法，有两个选项：**对比散度(CD)**和**持续对比散度(PCD)**。这两种算法都使用马尔科夫链来帮助训练算法确定执行梯度计算的方向，但二者有所不同，并且各有优缺点。PCD 可获得更好的数据样本，并更好地探索输入空间域，而 CD 在提取特征方面更胜一筹。

某些 RBM 还可能加入一个称为**动量**的特征，其基本作用就是实现学习速度的提升，在优化目标函数方面可以被认为是模仿球滚下山(回顾一下梯度下降法，以及如何实现达到局部最小值的目标。在"球"向最小值滚动的过程中，它可获取"动量"，从而使得下降的速度越来越快。一旦出现过冲，将在相反的方向获得新的动量，促使其更快地达到最小值)。

RBM 还有很多错综复杂的内容，不过最后你只需要知道，RBM 可以用于创建输入数据的概率分布。我们将利用 RBM 的这一属性，通过检查特定样本出现的概率来挑出异常。

5.2.1 使用 RBM 进行异常检测——信用卡数据集

现在，你已经对 RBM 的复杂工作原理有了更深入的了解，接下来，我们将 RBM 应用于一个数据集，来看看它的性能表现。在这个应用中，我们使用信用卡数据集，可以在以下位置找到此数据集：www.kaggle.com/mlg-ulb/creditcardfraud/version/3。

首先，导入所有必需的程序包。对于这个应用，我们只是探索如何将 RBM 应用于代码，因为源代码非常大。但你可通过 GitHub 链接访问源代码，对应的网址如下：https://github.com/aaxwaz/Fraud-detection-using-deep-learning。

只需要下载标题为 rbm 的文件夹并将其置于你的工作目录(存储记事本文件或 Python 文件的位置)。在此示例中，我们放置在一个名为 boltzmann_machines 的文件夹中。

接下来，导入你的模块(见图 5-18)，再导入数据集。

运行下面的代码(可在图 5-19 中看到对应的输出结果)：

```
df = pd.read_csv("datasets/creditcardfraud/creditcard.csv", sep=",",
index_col=None, encoding="utf-8-sig")
```

```
import pandas as pd

import tensorflow as tf

from sklearn.metrics import roc_auc_score as auc

import matplotlib.pyplot as plt

from sklearn.model_selection import train_test_split

from sklearn.preprocessing import StandardScaler

from boltzmann_machines.rbm import *


%matplotlib inline
```

图 5-18　导入需要的所有模块。%matplotlib inline 用于将图保存在 Jupyter 记事本中

In [62]:
```
1  df = pd.read_csv("datasets/creditcardfraud/creditcard.csv", sep=",", index_col=None, encoding="utf-8-sig")
2  df.head(5)
```
Out[62]:

V5	V6	V7	V8	V9	...	V21	V22	V23	V24	V25	V26	V27	V28	Amount	Class
-0.338321	0.462388	0.239599	0.098698	0.363787	...	-0.018307	0.277838	-0.119474	0.066928	0.128539	-0.189115	0.133558	-0.021053	149.62	0
0.060018	-0.082361	-0.078803	0.085102	-0.255425	...	-0.225775	-0.638672	0.101288	-0.339846	0.167170	0.125895	-0.008983	0.014724	2.69	0
0.503198	1.800499	0.791461	0.247676	-1.514654	...	0.247998	0.771679	0.909412	-0.689281	-0.327642	-0.139097	-0.055353	-0.059752	378.66	0
-0.010309	1.247203	0.237609	0.377436	-1.387024	...	-0.108300	0.005274	-0.190321	-1.175575	0.647376	-0.221929	0.062723	0.061458	123.50	0
-0.407193	0.095921	0.592941	-0.270533	0.817739	...	-0.009431	0.798278	-0.137458	0.141267	-0.206010	0.502292	0.219422	0.215153	69.99	0

图 5-19　可视化刚加载的数据集。将此图向右滚动可显示类

观察显示的数据，似乎 Amount 列和 Time 列的值需要标准化，尤其是 Time 列。可以看到，时间值非常大(见图 5-20)。

In [3]:
```
1  df.tail()
```
Out[3]:

	Time	V1	V2	V3	V4
284802	172786.0	-11.881118	10.071785	-9.834783	-2.066656
284803	172787.0	-0.732789	-0.055080	2.035030	-0.738589
284804	172788.0	1.919565	-0.301254	-3.249640	-0.557828
284805	172788.0	-0.240440	0.530483	0.702510	0.689799
284806	172792.0	-0.533413	-0.189733	0.703337	-0.506271

5 rows × 31 columns

图 5-20　看看 DataFrame 的结尾部分(底部五个条目)，很明显时间值变得非常大。必须解决这个问题，以便对 RBM 进行训练，并确保训练过程顺利完成、正确有效。像这样非常大的值可能破坏整个过程，甚至导致无法收敛

为避免此类数字破坏训练过程，你应该对这两列值进行标准化。其他所有列中的

值似乎已经过标准化处理，因此，只需要考虑这两列。运行图 5-21 中的代码。

```
df['Amount'] =
StandardScaler().fit_transform(df['Amount'].values.reshape(-1, 1))

df['Time'] =
StandardScaler().fit_transform(df['Time'].values.reshape(-1, 1))
```

图 5-21　对 Amount 列和 Time 列中的值进行标准化

现在，我们来看看这两列的值发生了怎样的变化(见图 5-22 和图 5-23)。

	V5	V6	V7	V8	V9	...	V21	V22	V23	V24	V25	V26	V27	V28	Amount	Class
338321	0.462388	0.239599	0.098699	0.363787	...	-0.018307	0.277838	-0.110474	0.066028	0.128539	-0.180115	0.133558	-0.021053	0.244964	0
060018	-0.082361	-0.078803	0.085102	-0.255425	...	-0.225775	-0.638672	0.101288	-0.339846	0.167170	0.125895	-0.008983	0.014724	-0.342475	0
503198	1.900499	0.791461	0.247675	-1.514654	...	0.247998	0.771679	0.909412	-0.689281	-0.327642	-0.139097	-0.055353	-0.059752	1.160686	0
010309	1.247203	0.237609	0.377436	-1.387024	...	-0.108300	0.005274	-0.190321	-1.175575	0.647376	-0.221929	0.062723	0.061458	0.140534	0
407193	0.095921	0.592941	-0.270533	0.817739	...	-0.009431	0.798278	-0.137458	0.141267	-0.206010	0.502292	0.219422	0.215153	-0.073483	0

图 5-22　观察 Amount 列的值，看看它们的标准化情况

	Time	V1	V2	V3	V4	V5
284802	1.641931	-11.881118	10.071785	-9.834783	-2.066656	-5.364473
284803	1.641952	-0.732789	-0.055080	2.035030	-0.738589	0.868229
284804	1.641974	1.919565	-0.301254	-3.249640	-0.557828	2.630515
284805	1.641974	-0.240440	0.530483	0.702510	0.689799	-0.377961
284806	1.642058	-0.533413	-0.189733	0.703337	-0.506271	-0.012546

5 rows × 31 columns

图 5-23　观察 Time 列的值，看看它们的标准化情况

很棒，看起来好多了。接下来，你可以定义训练数据集和测试数据集(见图 5-24)。

```
x_train = df.iloc[:200000, 1:-2].values

y_train = df.iloc[:200000, -1].values


x_test = df.iloc[200000:, 1:-2].values

y_test = df.iloc[200000:,-1].values


print("Shapes:\nx_train:%s\ny_train:%s\n" %
(x_train.shape, y_train.shape))

print("x_test:%s\ny_test:%s\n" %
(x_test.shape, y_test.shape))
```

图 5-24　此过程与平常有所不同，不同之处在于 RBM 模型预期输入的方式

你应该看到类似于图 5-25 的输出结果。

```
In [71]:  1
          2  x_train = df.iloc[:200000, 1:-2].values
          3  y_train = df.iloc[:200000, -1].values
          4
          5  x_test = df.iloc[200000:, 1:-2].values
          6  y_test = df.iloc[200000:,-1].values
          7
          8  print("Shapes:\nx_train:%s\ny_train:%s\n" % (x_train.shape, y_train.shape))
          9  print("x_test:%s\ny_test:%s\n" % (x_test.shape, y_test.shape))

Shapes:
x_train:(200000, 28)
y_train:(200000,)

x_test:(84807, 28)
y_test:(84807,)
```

图 5-25　训练集和测试集的输出形状

对于模型本身，使用图 5-26 中的代码。

```
model = RBM(x_train.shape[1], 10, visible_unit_type='gauss',
main_dir='./', model_name='rbm_model.ckpt',
gibbs_sampling_steps=4, learning_rate=0.001, momentum = 0.95,
batch_size=512, num_epochs=20, verbose=1)
```

图 5-26　使用一组参数初始化模型

使用的参数如下。

- **num_visible**：可将层中的节点数。
- **num_hidden**：隐藏层中的节点数。
- **visible_unit_type**：可见单元的类型为 binary 还是 gauss。
- **main_dir**：用于放置模型以及数据和摘要目录的主目录。
- **model_name**：保存模型时使用的模型名称。
- **gibbs_sampling_steps**：(可选)默认值为 1。
- **learning_rate**：(可选)设置为默认值 0.01。指定学习率。
- **momentum**：在梯度下降中使用的动量值。默认值为 0.9。
- **l2**：l2 权重衰减。默认值为 0.001。
- **batch_size**：(可选)默认值为 10。
- **num_epochs**：(可选)默认值为 10。
- **stddev**：(可选)默认值为 0.1。如果 visible_unit_type 不是 gauss，则忽略此参数。
- **verbose**：(可选)默认值为 0。值为 1 将显示输出，值为 0 则不显示任何内容。
- **plot_training_loss**：是否绘制训练损失。默认值为 True。

现在，可将数据与模型进行拟合。运行下面的代码(可在图 5-27 中看到对应的输出结果)。

```
model.fit(x_train, validation_set=x_test)
```

```
In [9]:  model.fit(x_train, validation_set=x_test)

Validation cost at step 0: 0.9633683
Validation cost at step 1: 0.88812894
Validation cost at step 2: 0.8710143
Validation cost at step 3: 0.8581612
Validation cost at step 4: 0.8551915
Validation cost at step 5: 0.84902173
Validation cost at step 6: 0.85834426
Validation cost at step 7: 0.85502
Validation cost at step 8: 0.8582019
Validation cost at step 9: 0.85367733
Validation cost at step 10: 0.8532354
Validation cost at step 11: 0.8550585
Validation cost at step 12: 0.85659426
Validation cost at step 13: 0.8475488
Validation cost at step 14: 0.8495585
Validation cost at step 15: 0.8487246
Validation cost at step 16: 0.85202855
Validation cost at step 17: 0.8558134
Validation cost at step 18: 0.8530945
Validation cost at step 19: 0.8489576
```

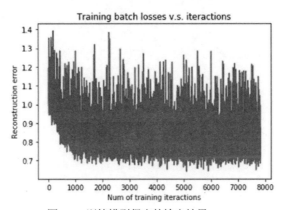

图 5-27 训练模型得出的输出结果

现在已经完成训练，可以开始对模型进行评估。为了获取测试集中每个条目的概率值，你需要计算每个数据点的 FreeEnergy(这是此版本 RBM 特有的一个函数)。这里，你可在给定 FreeEnergy(自由能)的情况下获得每个数据点出现的概率。运行图 5-28 中的代码。

```
costs = model.getFreeEnergy(x_test).reshape(-1)

score = auc(y_test, costs)

print("AUC Score: {:.2%}".format(score))
```

图 5-28 用于从测试集获得代价并在此基础上获得 AUC 分数的代码

运行上述代码得到的输出结果应该如图 5-29 所示。

```
In [10]:    1  costs = model.getFreeEnergy(x_test).reshape(-1)
            2  score = auc(y_test, costs)
            3  print("AUC Score: {:.2%}".format(score))
```

```
INFO:tensorflow:Restoring parameters from ./rbm_model.ckpt
AUC Score: 95.84%
```

图 5-29　最终得到的 AUC 分数为 95.84%

考虑到 RBM 看似比较简单的体系结构(与神经网络相比，模型中的节点数要少得多)，能得到这样的 AUC 分数已经是非常棒的结果了！

你也可以绘制每个数据点的 FreeEnergy(自由能)与概率的图表，以便了解与正常数据点相比，异常是什么样子的。在执行此操作之前，我们先来运用五数概括法对每个数据集进行检查，以了解它们的分布情况。

图 5-30 显示了对正常数据运用五数概括法的代码。

```
normal = pd.DataFrame(costs[y_test==0])
normal.describe()
```

图 5-30　运用五数概括法对正常数据进行检查的代码

运行上述代码得到的输出结果应该如图 5-31 所示。

```
In [25]:    1  normal = pd.DataFrame(costs[y_test==0])
            2  normal.describe()
```

Out[25]:

	0
count	84700.000000
mean	0.760787
std	87.097176
min	-7.088358
25%	-5.302821
50%	-4.028915
75%	-1.369422
max	21804.019531

图 5-31　五数概括法显示正常数据呈右偏态分布，因为每个四分位值都是负数，而尾部的离群值使均值变为正数

接下来，运用五数概括法对异常进行检查(见图 5-32)。

```
anomaly = pd.DataFrame(costs[y_test==1])
anomaly.describe()
```

图 5-32　运用五数概括法对异常进行检查的代码

运行上述代码得到的输出结果应该如图 5-33 所示。

```
In [26]:    1  anomaly = pd.DataFrame(costs[y_test==1])
            2  anomaly.describe()

Out[26]:
                    0
        count  107.000000
        mean    88.472694
        std     64.513130
        min     -5.289360
        25%     36.866241
        50%     98.163078
        75%    128.187202
        max    231.617798
```

图 5-33　观察数据，似乎所有异常都位于 250 以下。了解这一点后，你现在可以选取一个阈值，使得只有相关数据显示在图上

了解数据的一般分布后，你可选取一个阈值，使得只有相关数据显示在图上。你知道，绝大部分正常数据都位于零值附近，因此，离群值对你来说是不相关的，因为它们无论如何不会显示在图上(与数以万计的零附近的值相比，20 000 对应的一小部分值不会显示)。

我们来选择分界点 250，因为异常的最大自由能在 232 左右。图 5-34 中显示了测试集的自由能与概率的图表。

```
plt.title('Free Energy vs Probabilities for Test Set')

plt.figure(figsize=(15, 10))

plt.xlabel('Free Energy')

plt.ylabel('Probabilty')

plt.hist(costs[(y_test == 0) & (costs < 250)], bins = 100,
color='green', normed=1.0, label='Normal')

plt.hist(costs[(y_test == 1) & (costs < 250)], bins = 100,
color='red', normed=1.0, label ='Anomaly')


plt.legend(loc="upper right")

plt.show()
```

图 5-34　用于绘制与 x_test 关联的自由能及对应概率的图表的代码

图 5-35 显示了对应的代码。

```
In [29]:   1  plt.title('Free Energy vs Probabilities for Test Set')
           2  plt.figure(figsize=(15, 10))
           3  plt.xlabel('Free Energy')
           4  plt.ylabel('Probabilty')
           5  plt.hist(costs[(y_test == 0) & (costs < 250)], bins = 100, color='green', normed=1.0, label='Normal')
           6  plt.hist(costs[(y_test == 1) & (costs < 250)], bins = 100, color='red', normed=1.0, label ='Anomaly')
           7
           8  plt.legend(loc="upper right")
           9  plt.show()
```

图 5-35　用于绘制数据点的自由能及其概率的图表的代码

输出图如图 5-36 所示。

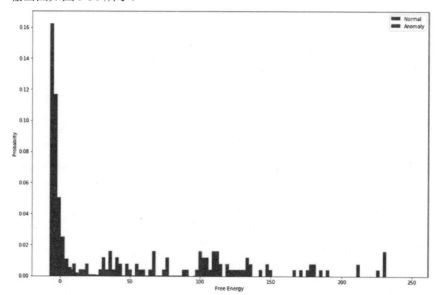

图 5-36　在代价小于 500 的情况下，测试集中正常数据点和异常数据点的自由能与概率图表

图中根据自由能自动绘制出数据点概率的图表，但这看起来并不是非常清晰明了。这种情况下，概率是根据以下代码行来计算的：

```
probs = costs / np.sum(costs)
```

上述代码的基本计算方法就是，使用各个自由能除以与整个集关联的总自由能。

RBM 似乎已经很好地学习了分布，因为你可以看到正常值与异常之间有清晰明确的区分，不过还是有一点重叠。如果 AUC 为 95.84%，在任何情况下，RBM 在处理信用卡数据集时都有非常好的性能表现。

5.2.2　使用 RBM 进行异常检测——KDDCUP 数据集

还记得在第 2 章中看到的 KDDCUP 数据集吗？下面我们尝试对其应用 RBM。此应用过程与上一个示例类似，不过并不是处理数据集中非常大的数据值，而是学习如何处理由大量零条目构成的数据。

同样，首先需要导入所有必需的模块(见图 5-37)。

```python
import pandas as pd

import tensorflow as tf

from sklearn.metrics import roc_auc_score as auc

import matplotlib.pyplot as plt

from sklearn.model_selection import train_test_split

from sklearn.preprocessing import StandardScaler

from boltzmann_machines.rbm import *

from sklearn.preprocessing import LabelEncoder


%matplotlib inline
```

图 5-37 导入必需的模块

接下来，你需要导入数据集。由于之前使用过它，因此不需要执行 df.head()或输出形状，但这样做有助于了解数据集是什么样子(见图 5-38)。

```python
columns = ["duration", "protocol_type", "service", "flag", "src_bytes",
"dst_bytes", "land", "wrong_fragment", "urgent",

        "hot", "num_failed_logins", "logged_in", "num_compromised",
"root_shell", "su_attempted", "num_root",

        "num_file_creations", "num_shells", "num_access_files",
"num_outbound_cmds", "is_host_login",

        "is_guest_login", "count", "srv_count", "serror_rate",
"srv_serror_rate", "rerror_rate", "srv_rerror_rate",

        "same_srv_rate", "diff_srv_rate", "srv_diff_host_rate",
"dst_host_count", "dst_host_srv_count",

        "dst_host_same_srv_rate", "dst_host_diff_srv_rate",
"dst_host_same_src_port_rate", "dst_host_srv_diff_host_rate",

        "dst_host_serror_rate", "dst_host_srv_serror_rate",
"dst_host_rerror_rate", "dst_host_srv_rerror_rate", "label"]


df =
pd.read_csv("datasets/kdd_cup_1999/kddcup.data/kddcup.data.corrected",
sep=",", names=columns, index_col=None)

print(df.shape)

df.head()
```

图 5-38 定义列并加载数据集

运行上述代码得到的输出结果如图 5-39 所示。

图 5-39　请注意，需要处理分类标签，并且每个数据条目具有大量的列

与第 2 章一样，你只是希望重点关注 HTTP 攻击，因此，我们对 DataFrame 进行过滤，使其仅包含 HTTP 攻击对应的条目(见图 5-40)。

```
df = df[df["service"] == "http"]

df = df.drop("service", axis=1)

columns.remove("service")


print(df.shape)

df.tail()
```

图 5-40　对所有条目进行过滤，使其仅包含 HTTP 攻击相关条目，并从 DataFrame 中删除 service 列

新的输出结果如图 5-41 所示。

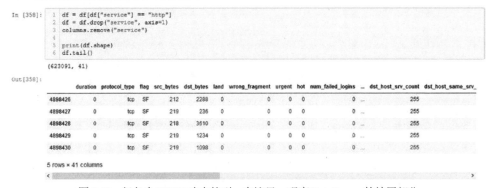

图 5-41　仅包含 HTTP 攻击的列。在这里，观察 DataFrame 的结尾部分

提醒一下，df.tail()与 df.head()执行相同的功能，只不过是从下到上显示条目，而不是从上到下，也可以在括号中传递一个参数，用来指示想要查看的行数。

你不希望数据中包含字符串值，因此需要像第 2 章中一样，使用标签编码器(见图5-42)。

```
for col in df.columns:

    if df[col].dtype == "object":

        encoded = LabelEncoder()

        encoded.fit(df[col])

        df[col] = encoded.transform(df[col])


df.head()
```

图 5-42　对 DataFrame 中的分类值使用标签编码器

新的输出结果如图 5-43 所示。

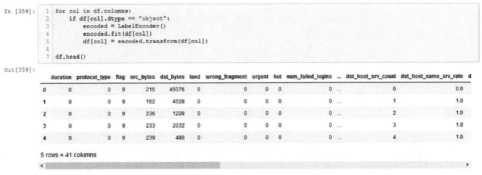

图 5-43　显示分类值转换为相应整数标签的新 DataFrame 的输出结果

在此数据集中，正常数据条目在所有数据条目中占据非常大的比例，完全压过异常数据。不仅如此，你也不希望将所有数据值都传入 RBM，因此，你将创建一个新的 DataFrame，其中包含一定比例的正常数据条目以及所有异常数据条目。运行图 5-44 中的代码。

与第 2 章中一样，正常标签编码为 4，因此，可以此为基础将正常条目与异常区分开来。

由于数据集非常大，因此在从中选择 50 000 个样本之前，先对条目进行十次随机调整。这么做是为确保从整个数据集中随机选择值，而不是刚好选择前 50 000 个条目。对应的输出结果如图 5-45 所示。

```
anomalies = df[df["label"] != 4]

normal = df[df["label"] == 4]




for f in range(0, 10):

    normal = normal.iloc[np.random.permutation(len(normal))]




novelties = pd.concat([normal[:50000], anomalies])

novelties.shape
```

图 5-44　用于定义异常数据集和正常数据集的代码。然后，对正常数据集进行调整以确保随机选择数据条目，构成一个名为 novelties 的新数据集

```
In [360]:   1  anomalies = df[df["label"] != 4]
            2  normal = df[df["label"] == 4]
            3
            4
            5  for f in range(0, 10):
            6      normal = normal.iloc[np.random.permutation(len(normal))]
            7
            8
            9  novelties = pd.concat([normal[:50000], anomalies])
           10  novelties.shape

Out[360]:  (54045, 41)
```

图 5-45　运行图 5-44 中的代码得到的输出结果

对于 KDDCUP 数据集，有一点需要注意，那就是其中包含大量数据值非常小或为 0 的条目。你已经在信用卡数据集中处理过大量的值，知道这些值可能使训练过程完全脱离正轨。类似地，大量零值或非常小的数据值可能对训练过程产生不利影响。

由于 novelties.head() 仅显示部分列，因此你需要使用其他内容来检查每一列，请查看图 5-46 中的代码。

```
with pd.option_context('display.max_rows', 5,
'display.max_columns', 41):

    print(novelties)
```

图 5-46　用于输出 DataFrame 中的所有列和五行的代码

参数的意义一目了然。在此示例中，将针对前 5 行显示全部 41 列(见图 5-47 和图 5-48)。

```
In [367]:  1  with pd.option_context('display.max_rows', 5, 'display.max_columns', 41):
           2      print(novelties)
```

	duration	protocol_type	flag	src_bytes	dst_bytes	land \
1040102	0	0	9	196	27266	0
793833	0	0	9	227	345	0
...	...	...	...	...	...	...
4764841	0	0	9	54540	8314	0
4764842	0	0	9	54540	8314	0

	wrong_fragment	urgent	hot	num_failed_logins	logged_in \
1040102	0	0	0	0	1
793833	0	0	0	0	1
...	...	...	...	...	...
4764841	0	0	2	0	1
4764842	0	0	2	0	1

	num_compromised	root_shell	su_attempted	num_root \
1040102	0	0	0	0
793833	0	0	0	0
...	...	...	...	...
4764841	1	0	0	0
4764842	1	0	0	0

	num_file_creations	num_shells	num_access_files	num_outbound_cmds \
1040102	0	0	0	0
793833	0	0	0	0
...	...	...	...	...
4764841	0	0	0	0
4764842	0	0	0	0

	is_host_login	is_guest_login	count	srv_count	serror_rate \
1040102	0	0	3	5	0.0
793833	0	0	12	24	0.0
...	...	...	...	...	...
4764841	0	0	3	3	0.0
4764842	0	0	3	3	0.0

	srv_serror_rate	rerror_rate	srv_rerror_rate	same_srv_rate \
1040102	0.0	0.0	0.0	1.0
793833	0.0	0.0	0.0	1.0
...	...	...	...	...
4764841	0.0	0.0	0.0	1.0
4764842	0.0	0.0	0.0	1.0

图 5-47　运行图 5-46 中的代码得出的输出结果。请注意数据条目列中大量的零值

	diff_srv_rate	srv_diff_host_rate	dst_host_count \
1040102	0.0	0.60	84
793833	0.0	0.12	255
...	...	...	...
4764841	0.0	0.00	99
4764842	0.0	0.00	100

	dst_host_srv_count	dst_host_same_srv_rate	dst_host_diff_srv_rate \
1040102	255	1.0	0.0
793833	255	1.0	0.0
...	...	...	...
4764841	99	1.0	0.0
4764842	100	1.0	0.0

	dst_host_same_src_port_rate	dst_host_srv_diff_host_rate \
1040102	0.01	0.03
793833	0.00	0.00
...	...	...
4764841	0.01	0.00
4764842	0.01	0.00

	dst_host_serror_rate	dst_host_srv_serror_rate	dst_host_rerror_rate \
1040102	0.01	0.00	0.01
793833	0.00	0.00	0.00
...	...	...	...
4764841	0.01	0.01	0.01
4764842	0.01	0.01	0.01

	dst_host_srv_rerror_rate	label
1040102	0.01	4
793833	0.00	4
...	...	...
4764841	0.01	0
4764842	0.01	0

```
[54045 rows x 41 columns]
```

图 5-48　运行图 5-46 中的代码得出的输出结果的其余部分。

每个条目中仍然具有很多零值或非常小的值

具有大量零值条目可能不会对孤立森林产生影响，但毫无疑问会干扰 RBM 的训练过程，导致生成糟糕的 AUC 分数。因此，对所有值进行标准化可在训练过程中为 RBM 提供帮助，帮助它获得合适的 AUC 分数。

你不希望对 protocol_type、flag 或 label 列的数据值进行标准化，因此明确地将它们排除在外(见图 5-49)。

```
for c in columns:
    if(c != "protocol_type" and c != "flag" and c != "label"):
        novelties[c] =
StandardScaler().fit_transform(novelties[c].values.reshape(-1,
1))


novelties.head()
```

图 5-49　标准化除标签编码器变换的列以外的每个值

显示标准化数据的输出结果如图 5-50、图 5-51 和图 5-52 所示。

```
In [346]: for c in columns:
              if(c != "protocol_type" and c != "flag" and c != "label"):
                  novelties[c] = StandardScaler().fit_transform(novelties[c].values.reshape(-1, 1))

          novelties.head()
```

图 5-50　Jupyter 单元中的代码

Out[346]:

	duration	protocol_type	flag	src_bytes	dst_bytes	land	wrong_fragment	urgent	hot	num_failed_logins	...	dst_host_srv_count	dst_host_sa...
197882	-0.007301	0	9	-0.199908	-0.179237	0.0	0.0	0.0	-0.209332	0.0	...	0.329176	
369876	-0.007301	0	9	-0.205336	-0.184283	0.0	0.0	0.0	-0.209332	0.0	...	0.329176	
336092	-0.007301	0	9	-0.205336	-0.146532	0.0	0.0	0.0	-0.209332	0.0	...	0.329176	
4789776	-0.007301	0	9	-0.205336	-0.159467	0.0	0.0	0.0	-0.209332	0.0	...	0.329176	
758885	-0.007301	0	9	-0.204213	-0.179466	0.0	0.0	0.0	-0.209332	0.0	...	0.329176	

5 rows × 41 columns

图 5-51　显示绝大多数值都已变换的输出的第一部分

Out[346]:

dst_host_diff_srv_rate	dst_host_same_src_port_rate	dst_host_srv_diff_host_rate	dst_host_serror_rate	dst_host_srv_serror_rate	dst_host_rerror_rate	dst_host_...
-0.124983	0.986873	0.003223	-0.181091	-0.179287	-0.322855	
-0.124983	-0.391602	-0.589299	-0.181091	-0.179287	-0.322855	
-0.124983	-0.391602	-0.391791	-0.181091	-0.179287	-0.322855	
-0.124983	-0.336463	0.200731	-0.181091	-0.179287	-0.286223	
-0.124983	-0.115907	-0.194284	-0.181091	-0.179287	-0.322855	

图 5-52　同一个输出，但向右滚动以显示更多的值已进行变换

正如所见，绝大多数零值条目都已按其各自列中的所有值进行标准化。这些列中

为数不多的非零条目将帮助定标器对该列中的其余值进行标准化。

就像希望避免训练集中包含大量值一样,你也希望避免数据中存在大量零值条目。在这两种情况下,梯度的计算都将脱离正轨,导致出现"梯度爆炸"(梯度太大,导致模型无法收敛到局部最小值)或"梯度消失"(梯度太小,小到几乎不存在,模型无法收敛到局部最小值)等情况。存在大量过大或过小的值会对训练过程产生负面影响,因此,建议在针对数据集训练模型之前,先对数据集进行预处理。

现在,你可继续定义训练集和测试集(见图 5-53)。

```
x_train = novelties.iloc[:43000, 1:-2].values

y_train = novelties.iloc[:43000, -1].values


x_test = novelties.iloc[43000:, 1:-2].values

y_test = novelties.iloc[43000:,-1].values




print("Shapes:\nx_train:%s\ny_train:%s\n" % (x_train.shape,
y_train.shape))

print("x_test:%s\ny_test:%s\n" % (x_test.shape, y_test.shape))


y_test
```

图 5-53 定义训练集和测试集并输入每个集的形状

运行上述代码得到的输出结果如图 5-54 所示。

```
In [14]:   1  x_train = novelties.iloc[:43000, 1:-2].values
           2  y_train = novelties.iloc[:43000, -1].values
           3
           4  x_test = novelties.iloc[43000:, 1:-2].values
           5  y_test = novelties.iloc[43000:,-1].values
           6
           7
           8  print("Shapes:\nx_train:%s\ny_train:%s\n" % (x_train.shape, y_train.shape))
           9  print("x_test:%s\ny_test:%s\n" % (x_test.shape, y_test.shape))
          10
          11  y_test

           Shapes:
           x_train:(43000, 38)
           y_train:(43000,)

           x_test:(11045, 38)
           y_test:(11045,)

Out[14]:   array([4, 4, 4, ..., 0, 0, 0], dtype=int64)
```

图 5-54 显示输出形状和 y_test 的部分条目

43 000 个条目表示训练数据集和测试数据集之间适用粗略的 80-20 拆分法则。

同样，你删除了最后一列，因为这属于**无监督**训练(尽管异常和正常条目都添加了标签，但模型在训练和预测过程中只会看到未添加标签的数据)。

创建数据集后，可定义和训练模型，见图 5-55、图 5-56 和图 5-57 所示。

```
model = RBM(x_train.shape[1], 20, visible_unit_type='gauss',
main_dir='./', model_name='rbm_model2.ckpt',

                 gibbs_sampling_steps=4, learning_rate=0.001,
momentum = 0.95, batch_size=512, num_epochs=20, verbose=1)
```

图 5-55　初始化模型

用于训练模型的代码如图 5-56 所示。

```
model.fit(x_train, validation_set=x_test)
```

图 5-56　使用 x_test 作为验证数据，针对 x_train 训练模型

看到的输出结果如图 5-57 所示。

```
In [17]:  model.fit(x_train, validation_set=x_test)

Validation cost at step 0: 1.4761298
Validation cost at step 1: 1.4645535
Validation cost at step 2: 1.4219579
Validation cost at step 3: 1.4172356
Validation cost at step 4: 1.42167
Validation cost at step 5: 1.4136512
Validation cost at step 6: 1.418542
Validation cost at step 7: 1.3989593
Validation cost at step 8: 1.4185325
Validation cost at step 9: 1.4090425
Validation cost at step 10: 1.4065987
Validation cost at step 11: 1.4020221
Validation cost at step 12: 1.4002018
Validation cost at step 13: 1.4049628
Validation cost at step 14: 1.4142944
Validation cost at step 15: 1.4096367
Validation cost at step 16: 1.3955325
Validation cost at step 17: 1.4014837
Validation cost at step 18: 1.3970937
Validation cost at step 19: 1.3985484
```

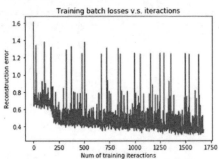

图 5-57　运行图 5-56 中的代码后，模型的训练输出

由于标签不是 binary (二进制)，你希望将它们重新定义为正常(0)或异常(1)。运行图 5-58 中的代码。

```python
for f in range(0, len(y_test)):
    if y_test[f] == 4:
        y_test[f] = 0
    else:
        y_test[f] = 1


y_test
```

图 5-58 　此代码将所有值为 4 的标签更改为 0，表示正常条目，
将所有值不是 4 的标签更改为 1，表示异常

运行上述代码得到的输出结果如图 5-59 所示。

```python
In [353]:  1  for f in range(0, len(y_test)):
           2      if y_test[f] == 4:
           3          y_test[f] = 0
           4      else:
           5          y_test[f] = 1
           6
           7  y_test
```

```
Out[353]:  array([0, 0, 0, ..., 1, 1, 1], dtype=int64)
```

图 5-59 　现在，标签应该已变换。显示了 y_test 中的部分条目以确保它们已正确变换

现在，你的标签已经过更正，你可获得自由能并得出 AUC 分数(见图 5-60)。

```python
costs = model.getFreeEnergy(x_test).reshape(-1)
score = auc(y_test, costs)
print("AUC Score: {:.2%}".format(score))
```

图 5-60 　此代码可获得 x_test 中每个模型的自由能，然后基于此得出 AUC 分数

运行上述代码得到的输出结果如图 5-61 所示。

```python
In [19]:  1  costs = model.getFreeEnergy(x_test).reshape(-1)
          2  score = auc(y_test, costs)
          3  print("AUC Score: {:.2%}".format(score))
```

```
INFO:tensorflow:Restoring parameters from ./rbm_model2.ckpt
AUC Score: 99.46%
```

图 5-61 　生成的 AUC 分数

　　生成的 AUC 分数甚至比信用卡数据集的 AUC 分数还要好！我们来看看在绘制自由能与概率图时会发生什么情况。与前面的示例一样，我们通过五数概括法对正常数据进行检查，看看分布情况如何(见图 5-62)。

```
normal_data = pd.DataFrame(costs[y_test == 0])
normal_data.describe()
```

图 5-62　用于通过五数概括法对正常数据进行检查的代码

运行上述代码得到的输出结果应该如图 5-63 所示。

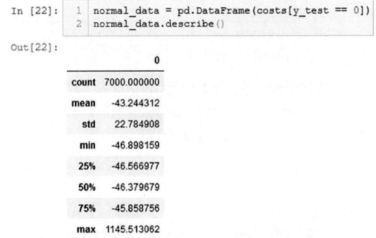

图 5-63　此图似乎为右偏态分布，并且所有值都在 1150 以下

　　现在，我们来通过五数概括法进行检查，看看异常数据的一般分布是什么样子(见图 5-64)。

```
anomalies = pd.DataFrame(costs[y_test == 1])
anomalies.describe()
```

图 5-64　用于通过五数概括法对异常数据进行检查的代码

运行上述代码得到的输出结果应该如图 5-65 所示。

```
In [21]:   1  anomalies = pd.DataFrame(costs[y_test == 1])
           2  anomalies.describe()
```

Out[21]:

	0
count	4045.000000
mean	44.125881
std	100.816040
min	-34.099133
25%	-11.051010
50%	-4.358704
75%	89.738434
max	1470.521851

图 5-65　根据最大值，你不需要过滤出代价的任何值，异常和正常点除外

现在，你可针对测试集中的每个值绘制自由能与概率图，通过它们的标签进行区分。运行图 5-66 中的代码。

```
plt.title('Free Energy vs Probabilities for Test Set')

plt.figure(figsize=(15,10))

plt.xlabel('Free Energy')

plt.ylabel('Probabilty')

plt.hist(costs[y_test == 0], bins = 100, color='green',
normed=1.0, label='Normal')

plt.hist(costs[y_test == 1], bins = 100, color='red', normed=1.0,
label ='Anomaly')


plt.legend(loc="upper right")

plt.show()
```

图 5-66　用于针对测试集中的每个条目绘制自由能与概率图的代码。所有异常的自由能都在 1500 以下，因此，可针对代价过滤出 1500 以下的所有值，以使图表更易于可视化

运行上述代码得到的输出结果应该如图 5-67 所示。

再次说明一下，RBM 已经很好地学习了分布情况，异常与正常数据条目之间有明确界定的分隔。

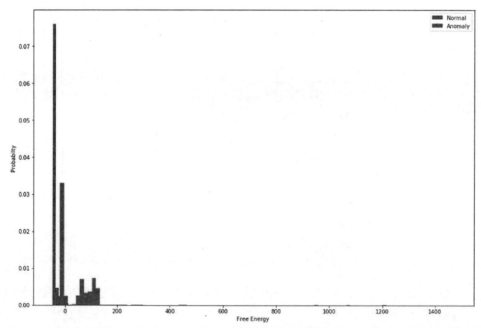

图 5-67　异常和正常数据点之间似乎有明确界定的分隔。一般情况下，异常的自由能代价似乎要高得多，而出现的概率要低于正常值

5.3　本章小结

在这一章中，我们讨论了受限玻尔兹曼机以及如何使用它们来进行异常检测。此外，我们还探索了 RBM 在两个数据集中的应用，展示出需要对数据进行标准化以实现正确训练的两种情况。你现在已经对 RBM 的概念、其工作方式以及如何将其应用于不同的数据集有了更深入的了解。

在第 6 章中，我们将介绍如何使用循环神经网络进行异常检测。

第 6 章

■■■

长短期记忆网络模型

在本章中，你将了解到循环神经网络和长短期记忆网络模型的相关内容。此外，我们还将介绍 LSTM 的工作方式、如何使用它们来检测异常，以及如何使用 LSTM 实现异常检测。我们将通过一些数据集来说明如何检测异常，这些数据集描述不同数据类型的时间序列，如 CPU 利用率、出租车需求等。本章将介绍很多关于使用 LSTM 的概念，使你能使用作为参考资料提供的 Jupyter 记事本进行更深入的探索。

概括来说，本章主要介绍以下主题：

- 序列和时间序列分析
- 什么是 RNN？
- 什么是 LSTM？
- 使用 LSTM 进行异常检测
- 时间序列的示例

6.1　序列和时间序列分析

时间序列指的是按照时间顺序编制索引的一系列数据点。最常见的时间序列是按照相等间隔的连续时间点提取的序列。因此，它是一个离散时间数据序列。时间序列的示例包括 ECG 数据、天气传感器以及股票价格。

图 6-1 显示了时间序列的一些示例。

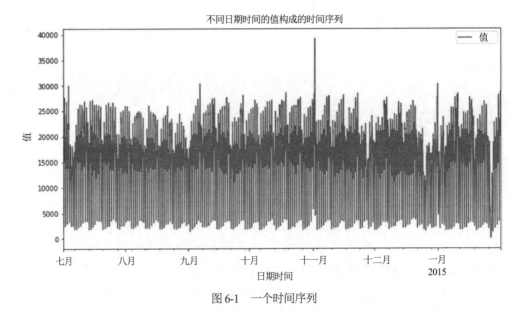

图 6-1　一个时间序列

图 6-2 显示过去 150 年的每月 AMO 指数值。

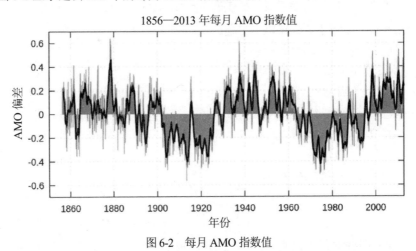

图 6-2　每月 AMO 指数值

图 6-3 显示了一个 20 年时间段的 BP 股票价格图。

　　时间序列分析指的是分析某一时间段内数据的变化趋势。时间序列分析包括很多用于分析时间序列数据以便提取有意义的统计信息和其他数据特征的方法，其应用范围非常广泛。其中的一个应用就是根据某一项过去的值预测其将来的值。要说此类应用的最佳示例，可能非未来股票价格预测莫属。此分析的另一个非常重要的用途就是能检测异常。通过分析和学习时间序列，从历史数据中得出变化趋势，这样我们就可以检测出时间序列中的反常或异常数据点。

图 6-3　BP 股票价格

图 6-4 是一个包含异常的时间序列。其中，正常数据以绿色显示，可能的异常以红色显示(本书采用黑白印刷，故无法显示出颜色)。

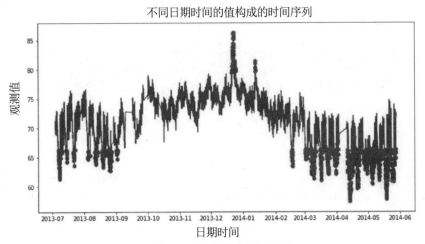

图 6-4　包含异常的时间序列

6.2　什么是 RNN？

到目前为止，你已经在本书中看到了多种类型的神经网络，因此，你应该对神经网络的高级表示形式有所了解。图 6-5 显示的就是神经网络的一种高级表示形式。

图 6-5　神经网络的一种高级表示形式

157

　　从图中可以清楚地看到，神经网络处理输入并生成输出，它可以处理多种类型的输入数据，其中包含各种各样的特征。但是，有非常关键的一点需要注意，此神经网络没有表示出事件(输入)发生的次数，而只是表示有输入传入。

　　那么，在较长的时间段内，以流形式传入的事件(输入)究竟发生了什么情况？上面显示的神经网络如何处理事件的趋势研究和预测、事件的季节性规律等？如何从过去的数据进行学习并将学得的内容应用于现在和将来的分析预测？

　　循环神经网络(RNN)通过以递增的方式构建神经网络，将来自以前的时间戳的信号传入当前网络，以此尝试解决上述问题。图 6-6 显示了一个 RNN。

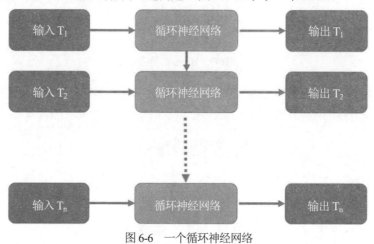

图 6-6　一个循环神经网络

　　可以看到，RNN 是一个包含多个层/步骤/阶段的神经网络。每个阶段表示一个时间 T；处于时间 T+1 的 RNN 会将处于时间 T 的 RNN 认为是信号之一。每个阶段会将其输出传递给下一个阶段。从一个阶段传递给下一阶段的隐藏状态是 RNN 出色完成工作的关键，而这种隐藏状态类似于某种记忆保留。一个 RNN 层(或阶段)充当一个编码器，因为它可以处理输入序列并返回其自己的内部状态。这个状态会在下一阶段作为解码器的输入，然后对其进行训练，以便在给定目标序列之前各点的情况下，预测目标序列的下一点。具体来说，就是对其进行训练，以便将来将目标序列转换为相同但偏移一个时间步的序列。

　　与其他神经网络一样，训练 RNN 时需要使用反向传播，但在 RNN 中，还有一个时间维度。在反向传播中，我们针对每个参数获取损失的导数(梯度)。使用此信息(损失)，我们可以按照相反的方向转换参数，以使损失实现最小化。在每个时间步都有一个损失，由于我们需要随时间移动，因此，可对各个时间的损失进行求和，从而获得每个时间步的损失。这与跨时间进行梯度求和是一样的。

　　上述循环神经网络是基于规则的神经网络节点构造而成的，其问题在于，当我们尝试对由大量其他值分隔的序列值之间的依存关系进行建模时，时间步 T 的梯度依赖于 T-1 的梯度、T-2 的梯度等等。这就使得最早的梯度的贡献随着我们沿时间步移动而变得越来越小，而梯度链变得越来越长。这就是所谓的梯度消失问题。这意味着，较早的那些层的梯度会变得越来越小，因此，网络不会学习长期依存关系。结果会导致 RNN 出现偏差，仅处理短期数据点。

使用 LSTM 网络可以解决 RNN 的这个问题。

6.3 什么是 LSTM?

LSTM 网络是一种循环神经网络。正如在上面所看到的，循环神经网络试图对依赖于时间或序列的行为进行建模，例如语言、股票价格、天气传感器等。其执行方式是将某一神经网络层在时间 T 的输出反馈作为同一网络层在时间 T+1 的输入。LSTM 基于 RNN 构建，添加了一个记忆组件，用于帮助将在时间 T 学到的信息传播到将来的 T+1、T+2 等。主要原理就是，LSTM 可忘记以前状态中不相关的部分，同时有选择地更新状态，然后将状态中相关的部分输出到将来的阶段。

这种网络如何解决 RNN 中的梯度消失问题呢？现在，我们会抛出特定状态，更新特定状态，向前传播状态的特定部分，所以不再拥有 RNN 中看到的很长的反向传播链。由此可见，LSTM 要比典型的 RNN 高效得多。

图 6-7 是一个使用 tanh 激活的 RNN。

图 6-7　一个使用 tanh 激活的 RNN

tanh 函数是一种激活函数。可使用多种类型的激活函数来帮助对神经网络中每个节点的输入应用非线性变换。图 6-8 显示了一些常用的激活函数。

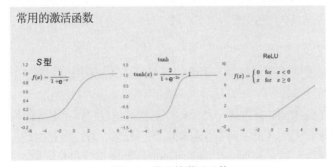

图 6-8　常用的激活函数

激活函数的主要作用是为数据添加非线性，以便更好地贴合实际问题和实际数据。在图 6-9 中，第一个图显示的是线性，第二个图显示的是非线性。

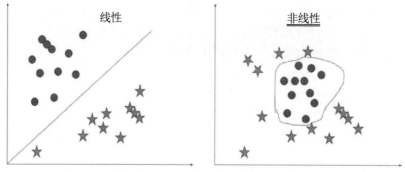

图 6-9　线性和非线性数据图

很明显，没有线性方程式用于处理非线性，因此，我们需要一个激活函数来处理此属性。以下位置列出了各种不同的激活函数：https://keras.io/activations/。

在时间序列数据中，数据在一段时间内传播，而不是一些即时的集合，例如第 4 章中的自动编码器。因此，不仅要查看特定时间 T 处的即时数据，通过时间步传播此点左侧的旧历史数据也非常重要。由于我们要将来自历史数据点的信号保持较长时间，因此需要使用激活函数，以便能在信息归零之前使其保持更长的时间范围。tanh 是实现此目的的理想激活函数，其图形表示如图 6-10 所示。

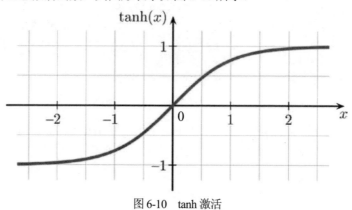

图 6-10　tanh 激活

我们还需要使用 S 型函数(另一种激活函数)来记住或忘记信息。S 型激活函数的图形表示如图 6-11 所示。

现在，传统的 RNN 有这样一种倾向，那就是记住包括不必要的输入在内的所有内容，而这会导致无法从长序列中学习到所需的信息。与此相对的是，LSTM 会选择性地记住重要输入，这就使得它们能同时处理短期依存项和长期依存项。

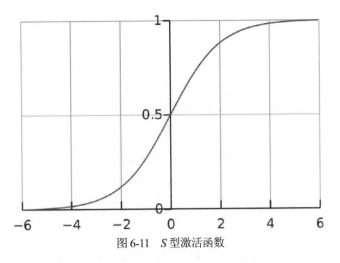

图 6-11　S 型激活函数

那么，LSTM 如何实现此目的？它完成此操作的方法是使用三个重要的门在隐藏状态和单元状态之间释放信息，这三个门分别是遗忘门(forget gate)、输入门(input gate)和输出门(output gate)。一个常用的 LSTM 单位由一个单元、一个输入门、一个输出门和一个遗忘门组成。单元会按照任意时间间隔记住相应的值，而这三个门控制信息流入和流出单元。

图 6-12 显示了一个更详细的 LSTM 体系结构。使用了一对关键函数，即 tanh 和 S 型函数，它们都是激活函数。f_t 是遗忘门，i_t 是输入门，而 o_t 是输出门。

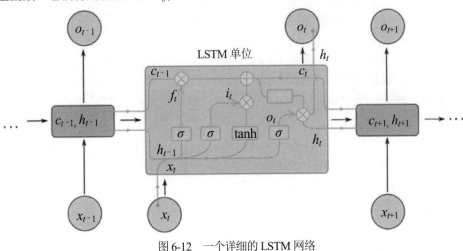

图 6-12　一个详细的 LSTM 网络

遗忘门是 LSTM 阶段的第一部分，它的基本作用是确定来自上一阶段的信息中应该记住或遗忘多少。其实现方法是通过 S 型函数传递上一个隐藏状态 h_{t-1} 和当前

输入 x_t。

输入门使用 S 型函数以及一个 tanh 函数，帮助确定有多少信息传递到当前阶段。

输出门控制该阶段的隐藏状态将保留多少信息并传递到下一阶段。再次说明一下，当前状态通过 tanh 函数传递。

为了便于参考，下面列出了通过一个遗忘门顺推 LSTM 单位的方程式的简写形式：

$$f_t = \sigma_g \left(W_f x_t + U_f h_{t-1} + b_f \right)$$
$$i_t = \sigma_g \left(W_i x_t + U_i h_{t-1} + b_i \right)$$
$$o_t = \sigma_g \left(W_o x_t + U_o h_{t-1} + b_o \right)$$
$$c_t = f_t \circ c_{t-1} + i_t \circ \sigma_c \left(W_c x_t + U_c h_{t-1} + b_c \right)$$
$$h_t = o_t \circ \sigma_h \left(c_t \right)$$

其中，初始值为 $c_0 = 0$ 以及 $h_0 = 0$，运算符 0 表示逐元素乘积。下标为时间步编制索引编号。

变量

- $x_t \in R\,d$ {\displaystyle x_{t}\in \mathbb {R} ^{d}} $x_t \in \mathbb{R}^d$：LSTM 单位的输入向量

- $f_t \in R\,h$ {\displaystyle f_{t}\in \mathbb {R} ^{h}} $f_t \in \mathbb{R}^h$：遗忘门的激活向量

- $i_t \in R\,h$ {\displaystyle i_{t}\in \mathbb {R} ^{h}} $i_t \in \mathbb{R}^h$：输入/更新门的激活向量

- $o_t \in R\,h$ {\displaystyle o_{t}\in \mathbb {R} ^{h}} $o_t \in \mathbb{R}^h$：输出门的激活向量

- $h_t \in R\,h$ {\displaystyle h_{t}\in \mathbb {R} ^{h}} $h_t \in \mathbb{R}^h$：隐藏状态向量，也称为 LSTM 单位的输出向量

- $c_t \in R\,h$ {\displaystyle c_{t}\in \mathbb {R} ^{h}} $c_t \in \mathbb{R}^h$：单元状态向量

- $W \in R\,h \times d$ {\displaystyle W\in \mathbb {R} ^{h\times d}} $W \in \mathbb{R}\,h \times d$、$U \in \mathbb{R}\,h \times h$ 和 $b \in \mathbb{R}\,h$ $U \in R\,h \times h$ {\displaystyle U\in \mathbb {R}^{h\times h}} $b \in R\,h$ {\displaystyle b\in \mathbb {R} ^{h}}：权重矩阵和偏差向量参数，需要在训练过程中学习这些内容

上标分别表示输入特征的数量和隐藏单位的数量。

σ_g：S 型函数

σ_c：双曲正切函数

σ_h：双曲正切函数

6.4 使用 LSTM 进行异常检测

在这一节中，你将看到一些使用时间序列数据作为示例的应用案例，以及其中的 LSTM 实现情况。你将通过少数几个不同的时间序列数据集来尝试使用 LSTM 检测异常。所有这些数据集都有一个时间戳和一个值，可以轻松地在 Python 中绘制出来。

图 6-13 显示了用于导入所有必需的程序包的基本代码。此外，请注意各个必需的程序包的版本。

```
import keras
from keras import optimizers
from keras import losses
from keras.models import Sequential, Model
from keras.layers import Dense, Input, Dropout, Embedding, LSTM
from keras.optimizers import RMSprop, Adam, Nadam
from keras.preprocessing import sequence
from keras.callbacks import TensorBoard

import sklearn
from sklearn.preprocessing import StandardScaler
from sklearn.model_selection import train_test_split
from sklearn.metrics import confusion_matrix, roc_auc_score
from sklearn.preprocessing import MinMaxScaler

import seaborn as sns
import pandas as pd
import numpy as np
import matplotlib

import matplotlib.pyplot as plt
import matplotlib.gridspec as gridspec
%matplotlib inline

import tensorflow
import sys
print("Python: ", sys.version)

print("pandas: ", pd.__version__)
print("numpy: ", np.__version__)
print("seaborn: ", sns.__version__)
print("matplotlib: ", matplotlib.__version__)
print("sklearn: ", sklearn.__version__)
print("Keras: ", keras.__version__)
print("Tensorflow: ", tensorflow.__version__)
```

Using TensorFlow Backend.

```
Python:  3.7.1 (default, Dec 10 2018, 22:54:23) [MSC v.1915 64 bit (AMD64)]
pandas:  0.24.2
numpy:  1.16.3
seaborn:  0.9.0
matplotlib:  3.0.3
sklearn:  0.20.3
Keras:  2.2.4
Tensorflow:  1.13.1
```

图 6-13　用于导入程序包的代码

图 6-14 显示了在训练时通过异常图表和误差图表(预测值与真值之间的差异)来可视化结果的代码。

你将使用不同的时间序列数据示例来检测某个点是正常/预料中的还是反常行为/异常。图 6-15 显示了加载到 Pandas DataFrame 的数据。其中列出数据集路径。

```
class Visualization:
    labels = ["Normal", "Anomaly"]

    def draw_anomaly(self, y, error, threshold):
        groupsDF = pd.DataFrame({'error': error,
                                 'true': y}).groupby('true')

        figure, axes = plt.subplots(figsize=(12, 8))

        for name, group in groupsDF:
            axes.plot(group.index, group.error, marker='x' if name == 1 else 'o', linestyle='',
                    color='r' if name == 1 else 'g', label="Anomaly" if name == 1 else "Normal")

        axes.hlines(threshold, axes.get_xlim()[0], axes.get_xlim()[1], colors="b", zorder=100, label='
        axes.legend()

        plt.title("Anomalies")
        plt.ylabel("Error")
        plt.xlabel("Data")
        plt.show()

    def draw_error(self, error, threshold):
        plt.figure(figsize=(10, 8))
        plt.plot(error, marker='o', ms=3.5, linestyle='',
                label='Point')

        plt.hlines(threshold, xmin=0, xmax=len(error)-1, colors="r", zorder=100, label='Threshold')
        plt.legend()
        plt.title("Reconstruction error")
        plt.ylabel("Error")
        plt.xlabel("Data")
        plt.show()
```

图 6-14　用于可视化误差和异常的代码

```
dataFilePaths = ['data/art_daily_no_noise.csv',
                 'data/art_daily_nojump.csv',
                 'data/art_daily_jumpsdown.csv',
                 'data/art_daily_perfect_square_wave.csv',
                 'data/art_increase_spike_density.csv',
                 'data/art_load_balancer_spikes.csv',
                 'data/ambient_temperature_system_failure.csv',
                 'data/nyc_taxi.csv',
                 'data/ec2_cpu_utilization.csv',
                 'data/rds_cpu_utilization.csv']
```

图 6-15　数据集路径的列表

　　接下来，我们将更深入地处理其中一个数据集。这个数据集就是 nyc_taxi，它基本上由时间戳和出租车需求构成。此数据集显示纽约地区从 2014 年 7 月 1 日到 2015 年 1 月 31 日的出租车需求，观测间隔为半个小时。此数据集中包含少数几个可以检测到的异常：感恩节、圣诞节、元旦、暴风雪等。

　　图 6-16 显示了用于选择数据集的代码。

　　可使用 Pandas 以 csv 文件的形式从 dataFilePath 加载数据。图 6-17 显示了用于将 csv 数据文件读入 Pandas 的代码。

```
i = 7

tensorlog = tensorlogs[i]
dataFilePath = dataFilePaths[i]
print("tensorlog: ", tensorlog)
print("dataFilePath: ", dataFilePath)
```

```
tensorlog:  nyc_taxi
dataFilePath:  data/nyc_taxi.csv
```

图 6-16　用于选择数据集的代码

```
df = pd.read_csv(filepath_or_buffer=dataFilePath, header=0, sep=',')
print('Shape:' , df.shape[0])
print('Head:')
print(df.head(5))
```

```
Shape: 10320
Head:
            timestamp  value
0  2014-07-01 00:00:00  10844
1  2014-07-01 00:30:00   8127
2  2014-07-01 01:00:00   6210
3  2014-07-01 01:30:00   4656
4  2014-07-01 02:00:00   3820
```

图 6-17　用于将 csv 数据文件读入 Pandas 的代码

图 6-18 显示了时间序列图表，其中 x 轴显示月份，y 轴显示值。此外，图中还显示了用于生成显示时间序列图表的代码。

```
df['Datetime'] = pd.to_datetime(df['timestamp'])
print(df.head(3))
df.shape
df.plot(x='Datetime', y='value', figsize=(12,6))
plt.xlabel('Date time')
plt.ylabel('Value')
plt.title('Time Series of value by date time')
```

```
            timestamp  value            Datetime
0  2014-07-01 00:00:00  10844  2014-07-01 00:00:00
1  2014-07-01 00:30:00   8127  2014-07-01 00:30:00
2  2014-07-01 01:00:00   6210  2014-07-01 01:00:00

Text(0.5, 1.0, 'Time Series of value by date time')
```

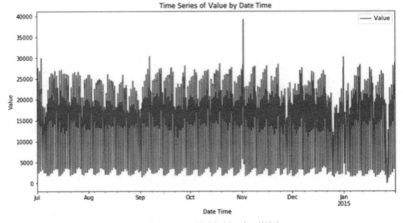

图 6-18　绘制时间序列图表

接下来，我们来深入了解一下数据。可以运行 describe()命令来查看 value 列。图 6-19 显示了用于描述 value 列的代码。

```
df.value.describe()
count    10320.000000
mean     15137.569380
std       6939.495808
min          8.000000
25%      10262.000000
50%      16778.000000
75%      19838.750000
max      39197.000000
Name: value, dtype: float64
```

图 6-19　描述 value 列

也可使用 seaborn kde plot 绘制数据图表，如图 6-20 所示。

```
fig, (ax1) = plt.subplots(ncols=1, figsize=(8, 5))
ax1.set_title('Before Scaling')
sns.kdeplot(df['value'], ax=ax1)
```

<matplotlib.axes._subplots.AxesSubplot at 0x2ba2b0b3ba8>

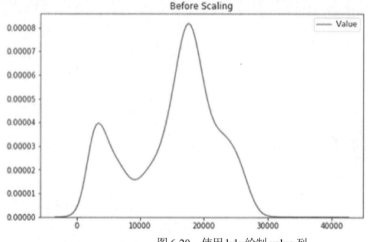

图 6-20　使用 kde 绘制 value 列

数据点中的最小值为 8，最大值为 39197，波动范围非常大。可用缩放对数据进行归一化。

缩放的公式为(x-Min) / (Max-Min)。图 6-21 显示了用于缩放数据的代码。

现在，你已经对数据进行了缩放，可以重新绘制数据图表。可以使用 seaborn kde plot 绘制数据图表，如图 6-22 所示。

```
from sklearn.preprocessing import MinMaxScaler
scaler = MinMaxScaler(feature_range = (0, 1))
df['scaled_value'] = pd.DataFrame(scaler.fit_transform(pd.DataFrame(df['value'])),columns=['value'])
print('Shape:' , df.shape[0])
df.head(5)
```

Shape: 10320

	timestamp	value	Datetime	scaled_value
0	2014-07-01 00:00:00	10844	2014-07-01 00:00:00	0.276506
1	2014-07-01 00:30:00	8127	2014-07-01 00:30:00	0.207175
2	2014-07-01 01:00:00	6210	2014-07-01 01:00:00	0.158259
3	2014-07-01 01:30:00	4656	2014-07-01 01:30:00	0.118605
4	2014-07-01 02:00:00	3820	2014-07-01 02:00:00	0.097272

图 6-21　用于缩放数据的代码

```
fig, (ax1) = plt.subplots(ncols=1, figsize=(8, 5))
ax1.set_title('After Scaling')
sns.kdeplot(df['scaled_value'], ax=ax1)
```

<matplotlib.axes._subplots.AxesSubplot at 0x2ba2c0a7550>

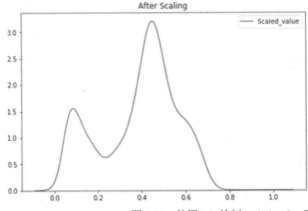

图 6-22　使用 kde 绘制 scaled_value 列

现在，可以看一下对 value 列进行缩放后的 DataFrame。图 6-23 中显示的是呈现 timestamp 和 value 以及 scaled_value 和 Datetime 的 DataFrame。

df.head(5)

	timestamp	value	Datetime	scaled_value
0	2014-07-01 00:00:00	10844	2014-07-01 00:00:00	0.276506
1	2014-07-01 00:30:00	8127	2014-07-01 00:30:00	0.207175
2	2014-07-01 01:00:00	6210	2014-07-01 01:00:00	0.158259
3	2014-07-01 01:30:00	4656	2014-07-01 01:30:00	0.118605
4	2014-07-01 02:00:00	3820	2014-07-01 02:00:00	0.097272

图 6-23　经过修改的 DataFrame

序列中包含 10320 个数据点，你的目标是从中找出异常。这意味着你要尝试找出什么时候数据点是异常的。如果可根据直到 T-1 的历史数据预测时间 T 处的数据点，就能查看预期值与实际值的比较，看一看是否处于时间 T 的预期值范围内。如果你预测 2015 年 1 月 1 日的出租车需求数量为 ypred，就可将这个 ypred 与实际数量 yactual 进行比较。ypred 和 yactual 的差就是误差值，当你获得序列中所有点的误差后，最终就得出了误差的分布情况。

为实现这一点，你将通过 Keras 使用顺序模型。该模型由一个 LSTM 层和一个稠密层组成。LSTM 层采用时间序列数据作为输入，并了解如何学习随时间变化的值。下一层是稠密层(完全连接层)。稠密层采用 LSTM 层的输出作为输入，并将其变换为某种完全连接的形式。然后，对稠密层应用 S 型激活函数，以使最终输出介于 0 和 1 之间。

此外，你还使用 **Adam** 优化器并使用**均方误差**作为损失函数。图 6-24 显示了用于构建 LSTM 模型的代码。

```
time_steps = 48
metric = 'mean_absolute_error'

model = Sequential()
model.add(LSTM(units=32, activation='tanh', input_shape=(time_steps, 1), return_sequences=True))

model.add(Dense(1, activation='sigmoid'))

model.compile(optimizer='adam', loss='mean_absolute_error', metrics=[metric])
print(model.summary())
```

```
Layer (type)                    Output Shape              Param #
=================================================================
lstm_5 (LSTM)                   (None, 48, 32)            4352

dense_5 (Dense)                 (None, 48, 1)             33
=================================================================
Total params: 4,385
Trainable params: 4,385
Non-trainable params: 0
_____
None
```

图 6-24　用于构建 LSTM 模型的代码

正如上面所显示的，你使用了一个 LSTM 层。我们来看一看 LSTM 层函数的详细信息，了解所有可能的参数(来源：https://keras.io/layers/recurrent/)：

```
keras.layers.LSTM(units, activation='tanh', recurrent_
activation='hard_sigmoid', use_bias=True, kernel_
initializer='glorot_uniform', recurrent_initializer='orthogonal',
bias_initializer='zeros', unit_forget_bias=True,
kernel_regularizer=None, recurrent_regularizer=None,
bias_regularizer=None, activity_regularizer=None,
kernel_constraint=None, recurrent_constraint=None,
bias_constraint=None, dropout=0.0, recurrent_dropout=0.0,
```

```
implementation=1, return_sequences=False, return_state=False,
go_backwards=False, stateful=False, unroll=False)
```

参数

- **units**：正整数，输出空间的维度。

- **activation**：要使用的激活函数(请参见 https://keras.io/activations)。默认值是双曲正切(tanh)。如果传入 None，则不应用任何激活函数(即"线性"激活，a(x) = x)。

- **recurrent_activation**：用于循环步骤的激活函数(请参见 https://keras.io/activations)。默认值是硬 S 型函数(hard_sigmoid)。如果传入 None，则不应用任何激活函数(即"线性"激活，a(x) = x)。

- **use_bias**：布尔值，指示层是否使用偏差向量。

- **kernel_initializer**：kernel 权重矩阵的初始化器，用于输入的线性变换(请参见 https://keras.io/initializers)。

- **recurrent_initializer**：recurrent_kernel 权重矩阵的初始化器，用于循环状态的线性变换(请参见 https://keras.io/initializers)。

- **bias_initializer**：偏差向量的初始化器(请参见 https://keras.io/initializers)。

- **unit_forget_bias**：布尔值。如果设置为 True，则在初始化时向遗忘门的偏差加 1。将其设置为 True 还会强制 bias_initializer="zeros"。在 Jozefowicz 等人(2015)的著作中推荐了此项设置。

- **kernel_regularizer**：应用于 kernel 权重矩阵的正则化函数(请参见 https://keras.io/regularizer)。

- **recurrent_regularizer**：应用于 recurrent_kernel 权重矩阵的正则化函数(请参见 https://keras.io/regularizer)。

- **bias_regularizer**：应用于偏差向量的正则化函数(请参见 https://keras.io/regularizer)。

- **activity_regularizer**：应用于层输出(其"激活")的正则化函数(请参见 https://keras.io/regularizer)。

- **kernel_constraint**：应用于 kernel 权重矩阵的约束函数(请参见 https://keras.io/constraints)。

- **recurrent_constraint**：应用于 recurrent_kernel 权重矩阵的约束函数(请参见 https://keras.io/constraints)。

- **bias_constraint**：应用于偏差向量的约束函数(请参见 https://keras.io/constraints)。

- **dropout**：介于 0 和 1 之间的浮点数。要在输入的线性变换中丢弃的单位分数。

- **recurrent_dropout**：介于 0 和 1 之间的浮点数。要在循环状态的线性变换中丢弃的单位分数。

- **implementation**：实现模式，要么为 1，要么为 2。模式 1 会将其运算结构化为更大数量的更小点积和加法运算，而模式 2 会将它们批处理为更少、更大的运算。这些模式在不同的硬件上以及不同的应用中会有不同的性能状况。

- **return_sequences**：布尔值。指示返回输出序列中最后的输出还是返回完整的序列。

- **return_state**：布尔值。指示除了输出以外是否也返回最后的状态。状态列表的返回元素分别是隐藏状态和单元状态。

- **go_backwards**：布尔值(默认值为 False)。如果设置为 True，则反向处理输入序列并返回逆序列。

- **stateful**：布尔值(默认值为 False)。如果设置为 True，将使用批次中索引 i 处的每个样本的最后状态作为下一批次中索引 i 处的样本的初始状态。

- **unroll**：布尔值(默认值为 False)。如果设置为 True，网络将被展开，否则将使用符号循环。展开可提高 RNN 的速度，不过可能会占用更多内存。展开仅适合较短的序列。

如果仔细观察上面代码段中的 LSTM 调用，会发现使用了参数 time_steps=48。这是训练 LSTM 时使用的序列中的步数。很明显，48 表示 24 小时，因为数据点所采用的间隔为 30 分钟。可尝试将此参数值改为 64 或 128，看看输出会发生什么变化。

图 6-25 显示了用于将序列拆分为长度为 48 的子序列的滚动窗口的代码。请注意 sequence_trimmed 的形状，它是 215 个包含 48 个点的子序列，在每个序列中，每个点都是 1 个维度(很明显，在每个时间戳处只有 scaled_value 作为一列)。

```
sequence = np.array(df['scaled_value'])
print(sequence)
time_steps = 48
samples = len(sequence)
trim = samples % time_steps
subsequences = int(samples/time_steps)
sequence_trimmed = sequence[:samples - trim]

print(samples, subsequences)
sequence_trimmed.shape = (subsequences, time_steps, 1)
print(sequence_trimmed.shape)
```

```
[0.27650616 0.20717548 0.1582587  ... 0.69664957 0.6783281  0.67059634]
10320 215
(215, 48, 1)
```

图 6-25　用于创建子序列的代码

现在，使用训练集作为验证数据，对模型进行 20 次训练迭代。可用下面的代码来执行此操作。图 6-26 显示了用于训练模型的代码。

```
training_dataset = sequence_trimmed
print("training_dataset: ", training_dataset.shape)

batch_size=32
epochs=20

model.fit(x=training_dataset, y=training_dataset,
                    batch_size=batch_size, epochs=epochs,
                    verbose=1, validation_data=(training_dataset, training_dataset),
                    callbacks=[TensorBoard(log_dir='../logs/{0}'.format(tensorlog))])
```

```
training_dataset:  (215, 48, 1)
Train on 215 samples, validate on 215 samples
Epoch 1/20
215/215 [==============================] - 1s 6ms/step - loss: 0.0382 - mean_absolute_error: 0.0382 -
 val_loss: 0.0377 - val_mean_absolute_error: 0.0377
Epoch 2/20
215/215 [==============================] - 1s 5ms/step - loss: 0.0376 - mean_absolute_error: 0.0376 -
 val_loss: 0.0370 - val_mean_absolute_error: 0.0370
Epoch 3/20
215/215 [==============================] - 1s 5ms/step - loss: 0.0367 - mean_absolute_error: 0.0367 -
 val_loss: 0.0361 - val_mean_absolute_error: 0.0361
Epoch 4/20
215/215 [==============================] - 1s 5ms/step - loss: 0.0358 - mean_absolute_error: 0.0358 -
 val_loss: 0.0354 - val_mean_absolute_error: 0.0354
Epoch 5/20
215/215 [==============================] - 1s 5ms/step - loss: 0.0351 - mean_absolute_error: 0.0351 -
 val_loss: 0.0346 - val_mean_absolute_error: 0.0346
Epoch 6/20
215/215 [==============================] - 1s 5ms/step - loss: 0.0344 - mean_absolute_error: 0.0344 -
 val_loss: 0.0339 - val_mean_absolute_error: 0.0339
Epoch 7/20
215/215 [==============================] - 1s 5ms/step - loss: 0.0343 - mean_absolute_error: 0.0343 -
 val_loss: 0.0332 - val_mean_absolute_error: 0.0332
Epoch 8/20
215/215 [==============================] - 1s 5ms/step - loss: 0.0331 - mean_absolute_error: 0.0331 -
 val_loss: 0.0326 - val_mean_absolute_error: 0.0326
Epoch 9/20
215/215 [==============================] - 1s 5ms/step - loss: 0.0324 - mean_absolute_error: 0.0324 -
 val_loss: 0.0319 - val_mean_absolute_error: 0.0319
Epoch 10/20
215/215 [==============================] - 1s 5ms/step - loss: 0.0318 - mean_absolute_error: 0.0318 -
 val_loss: 0.0315 - val_mean_absolute_error: 0.0315
Epoch 11/20
215/215 [==============================] - 1s 5ms/step - loss: 0.0311 - mean_absolute_error: 0.0311 -
 val_loss: 0.0309 - val_mean_absolute_error: 0.0309
Epoch 12/20
215/215 [==============================] - 1s 5ms/step - loss: 0.0305 - mean_absolute_error: 0.0305 -
 val_loss: 0.0299 - val_mean_absolute_error: 0.0299
Epoch 13/20
215/215 [==============================] - 1s 5ms/step - loss: 0.0300 - mean_absolute_error: 0.0300 -
 val_loss: 0.0302 - val_mean_absolute_error: 0.0302
Epoch 14/20
215/215 [==============================] - 1s 5ms/step - loss: 0.0293 - mean_absolute_error: 0.0293 -
 val_loss: 0.0289 - val_mean_absolute_error: 0.0289

Epoch 15/20
215/215 [==============================] - 1s 5ms/step - loss: 0.0286 - mean_absolute_error: 0.0286 -
 val_loss: 0.0280 - val_mean_absolute_error: 0.0280
Epoch 16/20
215/215 [==============================] - 1s 5ms/step - loss: 0.0278 - mean_absolute_error: 0.0278 -
 val_loss: 0.0272 - val_mean_absolute_error: 0.0272
Epoch 17/20
215/215 [==============================] - 1s 5ms/step - loss: 0.0270 - mean_absolute_error: 0.0270 -
 val_loss: 0.0265 - val_mean_absolute_error: 0.0265
Epoch 18/20
215/215 [==============================] - 1s 5ms/step - loss: 0.0265 - mean_absolute_error: 0.0265 -
 val_loss: 0.0261 - val_mean_absolute_error: 0.0261
Epoch 19/20
215/215 [==============================] - 1s 5ms/step - loss: 0.0260 - mean_absolute_error: 0.0260 -
 val_loss: 0.0254 - val_mean_absolute_error: 0.0254
Epoch 20/20
215/215 [==============================] - 1s 6ms/step - loss: 0.0251 - mean_absolute_error: 0.0251 -
 val_loss: 0.0248 - val_mean_absolute_error: 0.0248
```

图 6-26　用于训练模型的代码

图 6-27 显示了训练过程中各次训练迭代的损失图表。

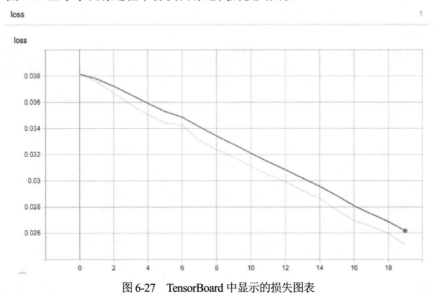

图 6-27　TensorBoard 中显示的损失图表

图 6-28 显示了训练过程中各次训练迭代的平均绝对误差图表。

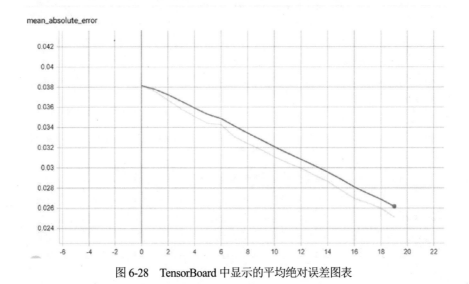

图 6-28　TensorBoard 中显示的平均绝对误差图表

图 6-29 显示了训练过程中各次训练迭代的验证损失图表。

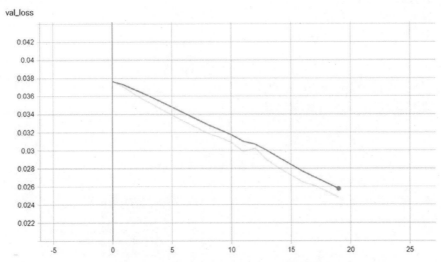

图 6-29 TensorBoard 中显示的验证损失图表

图 6-30 显示了训练过程中各次训练迭代的验证平均绝对误差图表。

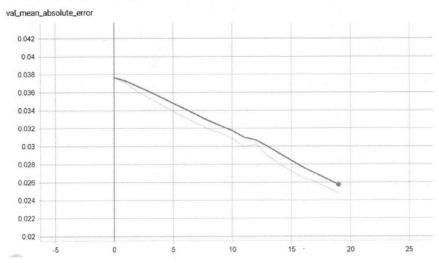

图 6-30 TensorBoard 中显示的验证平均绝对误差图表

图 6-31 显示了通过 TensorBoard 可视化的模型图。

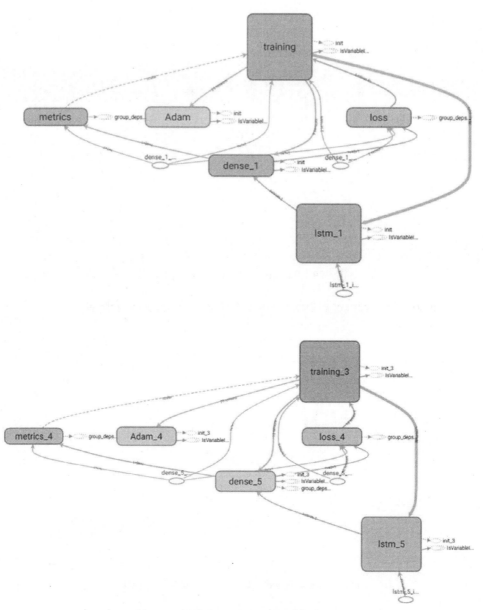

图 6-31　通过 TensorBoard 可视化的模型图

对模型进行训练以后，你就可以预测拆分为与训练数据集相同长度(时间步)的子序列的测试数据集。此操作完成后，就可以计算均方根误差(RMSE)。

图 6-32 显示了用于针对测试数据集进行预测的代码。

```
import math
from sklearn.metrics import mean_squared_error

sequence = np.array(df['scaled_value'])
print(sequence)
time_steps = 48
samples = len(sequence)
trim = samples % time_steps
subsequences = int(samples/time_steps)
sequence_trimmed = sequence[:samples - trim]

print(samples, subsequences)
sequence_trimmed.shape = (subsequences, time_steps, 1)
print(sequence_trimmed.shape)

testing_dataset = sequence_trimmed
print("testing_dataset: ", testing_dataset.shape)

testing_pred = model.predict(x=testing_dataset)
print("testing_pred: ", testing_pred.shape)

testing_dataset = testing_dataset.reshape((testing_dataset.shape[0]*testing_dataset.shape[1]), testing
print("testing_dataset: ", testing_dataset.shape)

testing_pred = testing_pred.reshape((testing_pred.shape[0]*testing_pred.shape[1]), testing_pred.shape[
print("testing_pred: ", testing_pred.shape)
errorsDF = testing_dataset - testing_pred
print(errorsDF.shape)
rmse = math.sqrt(mean_squared_error(testing_dataset, testing_pred))
print('Test RMSE: %.3f' % rmse)
```

```
[0.27650616 0.20717548 0.1582587  ... 0.69664957 0.6783281  0.67059634]
10320 215
(215, 48, 1)
testing_dataset:  (215, 48, 1)
testing_pred:  (215, 48, 1)
testing_dataset:  (10320, 1)
testing_pred:  (10320, 1)
(10320, 1)
Test RMSE: 0.040
```

图 6-32　用于针对测试数据集进行预测的代码

RMSE 是 0.040，这个值太低了，这一点从训练阶段 20 次训练迭代后得出的较低损失也能明显地看出来：**loss: 0.0251 - mean_absolute_error: 0.0251 - val_loss: 0.0248 - val_mean_absolute_error: 0.0248**。

现在，可以使用预测的数据集和测试数据集，计算差异作为 diff，然后将其传递到向量范数。通常需要直接计算向量的长度或大小作为机器学习中的正则化方法。然后，可对分数/差异进行分类，并使用分界值来选取阈值。很明显，这会根据选择的参数而发生变化，特别是分界值(图 6-33 中使用的分界值为 0.999)。此图还显示了用于计算阈值的代码。

175

```
#based on cutoff after sorting errors
dist = np.linalg.norm(testing_dataset - testing_pred, axis=-1)

scores =dist.copy()
print(scores.shape)
scores.sort()
cutoff = int(0.999 * len(scores))
print(cutoff)
#print(scores[cutoff:])
threshold= scores[cutoff]
print(threshold)
```

```
(10320,)
10309
0.3330642728290365
```

图 6-33　用于计算阈值的代码

得到的阈值为 0.333，超过此值的任何数据点将被认为是异常。

图 6-34 显示了用于绘制测试数据集及对应的预测数据集的代码。

```
plt.figure(figsize=(24,16))
plt.plot(testing_dataset, color='green')
plt.plot(testing_pred, color='red')
```

```
[<matplotlib.lines.Line2D at 0x2bc082169e8>]
```

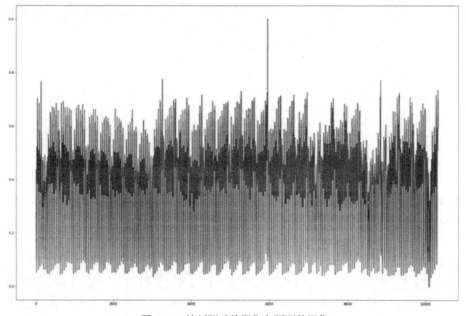

图 6-34　绘制测试数据集和预测数据集

图 6-35 显示了用于将数据点分类为异常或正常的代码。

图 6-36 显示了用于绘制数据点与阈值关系的代码。

```
#Label the records anomalies or not based on threshold
z = zip(dist >= threshold, dist)

y_label=[]
error = []
for idx, (is_anomaly, dist) in enumerate(z):
    if is_anomaly:
        y_label.append(1)
    else:
        y_label.append(0)
    error.append(dist)
```

图 6-35　用于将数据点分类为异常或正常的代码

```
viz = Visualization()
viz.draw_anomaly(y_label, error, threshold)
```

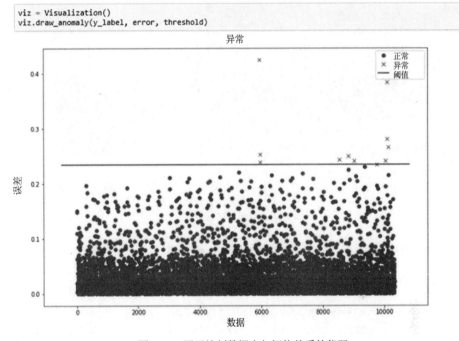

图 6-36　用于绘制数据点与阈值关系的代码

图 6-37 显示了用于将 anomaly 标志附加到 DataFrame 的代码。

```
adf = pd.DataFrame({'Date Time':df['Date Time'], 'observa ion': df['Value'],
                    'error': error, 'anomaly': y_label})
adf.head(5)
```

	Date Time	observation	error	anomaly
0	2014-07-01 00:00:00	10844	0.150302	0
1	2014-07-01 00:30:00	8127	0.147902	0
2	2014-07-01 01:00:00	6210	0.109466	0
3	2014-07-01 01:30:00	4656	0.063570	0
4	2014-07-01 02:00:00	3820	0.019833	0

图 6-37　用于将 anomaly 标志附加到 DataFrame 的代码

图 6-38 中的代码可用于生成显示异常的图表。

```
figure, axes = plt.subplots(figsize=(12, 6))
axes.plot(adf['Datetime'], adf['observation'], color='g')
anomaliesDF = adf.query('anomaly == 1')
axes.scatter(anomaliesDF['Datetime'].values, anomaliesDF['observation'], color='r')
plt.xlabel('Date time')
plt.ylabel('observation')
plt.title('Time Series of value by date time')
```

Text(0.5, 1.0, 'Time Series of value by date time')

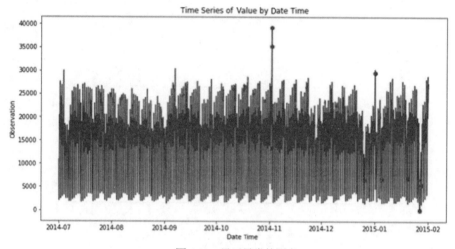

图 6-38　显示异常的图表

在上图中，可以发现感恩节前后有一个异常，元旦前后有一个异常，另一个异常可能位于一月份一个发生暴风雪的日子。

如果你尝试之前使用的一些参数，例如时间步数、阈值分界点、神经网络的训练迭代次数、批处理大小和隐藏层，你将看到不同的结果。

一种可以改善检测的好方法是组织管理好的正常数据，使用已识别的异常，将它们混合到一起，通过一种方法来优化调整参数，直到获得与已识别的异常匹配度非常好的项。

6.5　时间序列的示例

6.5.1　art_daily_no_noise

此数据集没有噪点或异常，是一个正常的时间序列数据集。正如可以在下面看到的，此时间序列具有不同时间戳的值。

数据集：art_daily_no_noise.csv

图 6-39 显示了用于生成显示此时间序列的图表的代码。

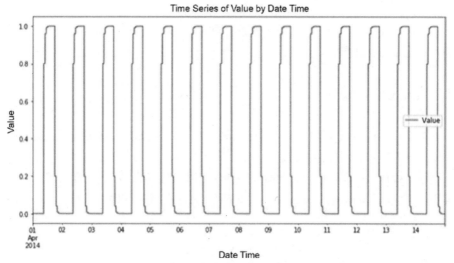

图 6-39 显示此时间序列的图表

利用可视化，你现在可以绘制新的时间序列。如下所示，此时间序列显示 Data Time
与 Value 列的关系图。可以看到，不存在异常。图 6-40 中的代码用于生成显示异常
的图表。

```
figure, axes = plt.subplots(figsize=(12, 6))
axes.plot(adf['Datetime'], adf['observation'], color='g')
anomaliesDF = adf.query('anomaly == 1')
axes.scatter(anomaliesDF['Datetime'].values, anomaliesDF['observation'], color='r')
plt.xlabel('Date time')
plt.ylabel('observation')
plt.title('Time Series of value by date time')
```

Text(0.5, 1.0, 'Time Series of value by date time')

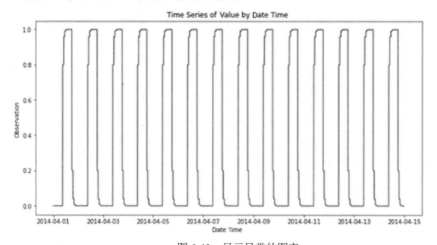

图 6-40 显示异常的图表

　　由于此数据集不包含噪点或异常，是一个正常的时间序列数据集，因此没有显示任何异常数据点。

　　接下来，我们来看一下与当前数据集不同的另一个数据集。你将构建一个 LSTM 模型，看看是否存在异常。

6.5.2　art_daily_nojump

　　此数据集没有噪点或异常，是一个正常的时间序列数据集。正如在下面看到的，此时间序列具有不同时间戳的值。

　　利用可视化，现在可以绘制此时间序列。可以将时间戳转换为日期时间，以使其能够正常工作，并删除 Timestamp 列。如下所显示的，此时间序列显示 Data Time 与 Value 列的关系图。

　　数据集：art_daily_nojump.csv

　　图 6-41 中的代码用于生成显示此时间序列的图表。

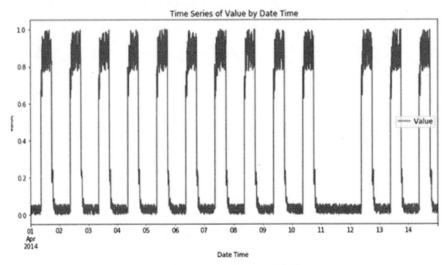

图 6-41　显示此时间序列的图表

　　我们向原始 DataFrame 中添加 anomaly 列，并准备一个新的 DataFrame。利用可视化，你现在可以绘制新的时间序列。正如下面所示，此时间序列显示 Data Time 与 Value 列的关系图。可以看到，不存在异常。图 6-42 中的代码用于生成显示异常的图表。

```
figure, axes = plt.subplots(figsize=(12, 6))
axes.plot(adf['Datetime'], adf['observation'], color='g')
anomaliesDF = adf.query('anomaly == 1')
axes.scatter(anomaliesDF['Datetime'], anomaliesDF['observation'], color='r')
plt.xlabel('Date time')
plt.ylabel('observation')
plt.title('Time Series of value by date time')
```

Text(0.5, 1.0, 'Time Series of value by date time')

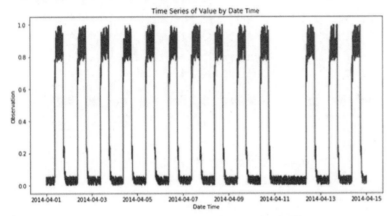

图 6-42　显示异常的图表

由于此数据集不包含噪点或异常，是一个正常的时间序列数据集，因此没有显示任何异常数据点。

接下来，我们来看一下与当前数据集不同的另一个数据集。你将构建一个 LSTM 模型，看看是否存在异常。

6.5.3　art_daily_jumpsdown

此数据集中混合了正常数据和异常。正如可以在下面看到的，此时间序列具有不同时间戳的值。

利用可视化，你现在可以绘制此时间序列。可将时间戳转换为日期时间，以使其能够正常工作，并删除 Timestamp 列。正如下面所显示的，此时间序列显示 Data Time 与 Value 列的关系图。

数据集：art_daily_jumpsdown.csv

图 6-43 显示的代码用于生成显示此时间序列的图表。

我们向原始 DataFrame 中添加 anomaly 列，并准备一个新的 DataFrame。利用可视化，你现在可以绘制新的时间序列。正如下面所显示的，此时间序列显示 Data Time 与 Value 列的关系图。图 6-44 中的代码用于生成显示异常的图表。

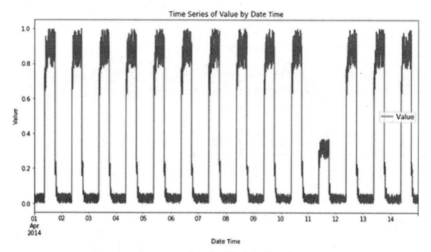

图 6-43　显示此时间序列的图表

```
figure, axes = plt.subplots(figsize=(12, 6))
axes.plot(adf['Datetime'], adf['observation'], color='g')
anomaliesDF = adf.query('anomaly == 1')
axes.scatter(anomaliesDF['Datetime'], anomaliesDF['observation'], color='r')
plt.xlabel('Date time')
plt.ylabel('observation')
plt.title('Time Series of value by date time')
```

Text(0.5, 1.0, 'Time Series of value by date time')

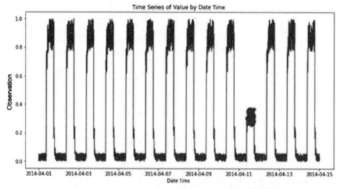

图 6-44　显示异常的图表

由于此数据集包含一些噪点或异常，因此显示了一些异常数据点。

接下来，我们来看一下与当前数据集不同的另一个数据集。你将构建一个 LSTM
模型，看看是否存在异常。

6.5.4　art_daily_perfect_square_wave

此数据集没有噪点或异常，是一个正常的时间序列数据集。正如可以在下面看到
的，此时间序列具有不同时间戳的值。

利用可视化，你现在可绘制此时间序列。可将时间戳转换为日期时间，以使其能够正常工作，并删除 Timestamp 列。正如下面所显示的，此时间序列显示 Data Time 与 Value 列的关系图。

数据集：art_daily_perfect_square_wave.csv

图 6-45 中的代码用于生成显示此时间序列的图表。

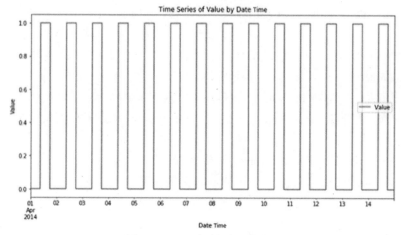

图 6-45　显示此时间序列的图表

我们向原始 DataFrame 中添加 anomaly 列，并准备一个新的 DataFrame。利用可视化，你现在可以绘制新的时间序列。正如下面所显示的，此时间序列显示 Data Time 与 Value 列的关系图。此处不存在异常。图 6-46 中的代码用于生成显示异常的图表。

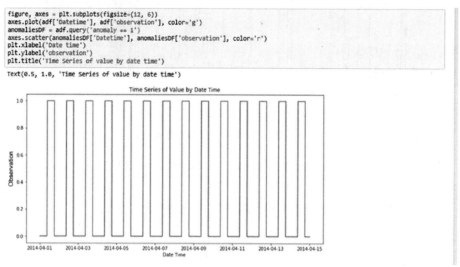

图 6-46　显示异常的图表

由于此数据集不包含噪点或异常，是一个正常的时间序列数据集，因此，没有显示任何异常数据点。

接下来，我们来看一下与当前数据集不同的另一个数据集。你将构建一个 LSTM 模型，看看是否存在异常。

6.5.5　art_load_balancer_spikes

此数据集中混合了正常数据和异常。正如可以在下面看到的，此时间序列具有不同时间戳的值。

利用可视化，现在可绘制此时间序列。可以将时间戳转换为日期时间，以使其能够正常工作，并删除 Timestamp 列。正如下面所显示的，此时间序列显示 Data Time 与 Value 列的关系图。

数据集：art_load_balancer_spikes.csv

图 6-47 中的代码用于生成显示此时间序列的图表。

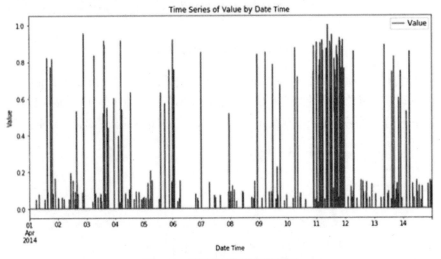

图 6-47　显示此时间序列的图表

我们向原始 DataFrame 中添加 anomaly 列，并准备一个新的 DataFrame。利用可视化，你现在可以绘制新的时间序列。正如下面所显示的，此时间序列显示 Data Time 与 Value 列的关系图。图 6-48 中的代码用于生成显示异常的图表。

```
figure, axes = plt.subplots(figsize=(12, 6))
axes.plot(adf['Datetime'], adf['observation'], color='g')
anomaliesDF = adf.query('anomaly == 1')
axes.scatter(anomaliesDF['Datetime'], anomaliesDF['observation'], color='r')
plt.xlabel('Date time')
plt.ylabel('observation')
plt.title('Time Series of value by date time')
```

Text(0.5, 1.0, 'Time Series of value by date time')

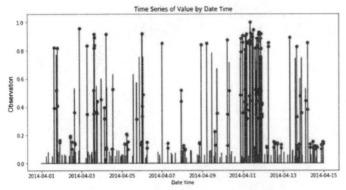

图 6-48　显示异常的图表

由于此数据集包含一些噪点或异常，因此显示了一些异常数据点。

接下来，我们来看一下与当前数据集不同的另一个数据集。你将构建一个 LSTM 模型，看看是否存在异常。

6.5.6　ambient_temperature_system_failure

此数据集中混合了正常数据和异常。正如在下面看到的，此时间序列具有不同时间戳的值。

利用可视化，现在可以绘制此时间序列。可以将时间戳转换为日期时间，以使其能够正常工作，并删除 Timestamp 列。正如下面所显示的，此时间序列显示 Data Time 与 Value 列的关系图。

数据集：ambient_temperature_system_failure.csv

图 6-49 显示了用于生成显示此时间序列的图表的代码。

我们向原始 DataFrame 中添加 anomaly 列，并准备一个新的 DataFrame。利用可视化，你现在可以绘制新的时间序列。正如下面所显示的，此时间序列显示 Data Time 与 Value 列的关系图。图 6-50 中的代码用于生成显示异常的图表。

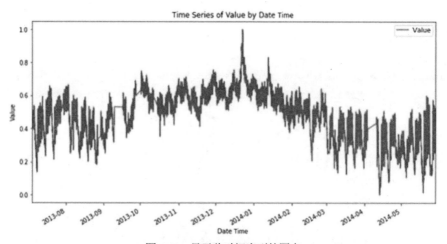

图 6-49　显示此时间序列的图表

```
figure, axes = plt.subplots(figsize=(12, 6))
axes.plot(adf['Datetime'], adf['observation'], color='g')
anomaliesDF = adf.query('anomaly == 1')
axes.scatter(anomaliesDF['Datetime'], anomaliesDF['observation'], color='r')
plt.xlabel('Date time')
plt.ylabel('observation')
plt.title('Time Series of value by date time')
```

Text(0.5, 1.0, 'Time Series of value by date time')

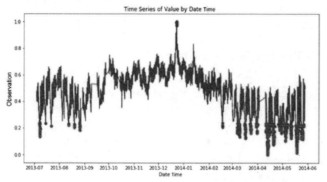

图 6-50　显示异常的图表

由于此数据集包含一些噪点或异常，因此显示了一些异常数据点。

接下来，我们来看一下与当前数据集不同的另一个数据集。你将构建一个 LSTM 模型，看看是否存在异常。

6.5.7　ec2_cpu_utilization

此数据集中混合了正常数据和异常。正如在下面看到的，此时间序列具有不同时间戳的值。

利用可视化，你现在可绘制此时间序列。可将时间戳转换为日期时间，以使其能

够正常工作，并删除 Timestamp 列。正如下面所显示的，此时间序列显示 Data Time
与 Value 列的关系图。

数据集：ec2_cpu_utilization.csv

图 6-51 中的代码用于生成显示此时间序列的图表。

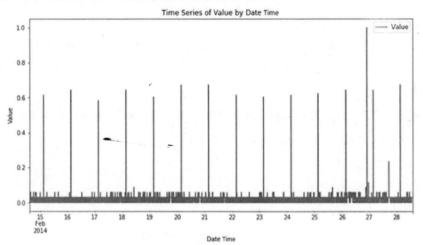

图 6-51　显示此时间序列的图表

我们向原始 DataFrame 中添加 anomaly 列，并准备一个新的 DataFrame。利用可
视化，你现在可以绘制新的时间序列。正如下面所显示的，此时间序列显示 Data Time
与 Value 列的关系图。图 6-52 中的代码用于生成显示异常的图表。

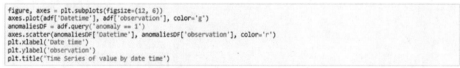

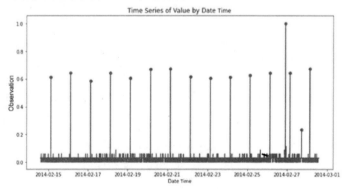

图 6-52　显示异常的图表

由于此数据集包含一些噪点或异常，因此显示了一些异常数据点。

接下来，我们来看一下与当前数据集不同的另一个数据集。你将构建一个 LSTM 模型，看看是否存在异常。

6.5.8　rds_cpu_utilization

此数据集中混合了正常数据和异常。正如在下面看到的，此时间序列具有不同时间戳的值。

利用可视化，现在可以绘制此时间序列。可以将时间戳转换为日期时间，以使其能够正常工作，并删除 Timestamp 列。正如下面所显示的，此时间序列显示 Data Time 与 Value 列的关系图。

数据集：rds_cpu_utilization.csv

图 6-53 显示此时间序列的图表。

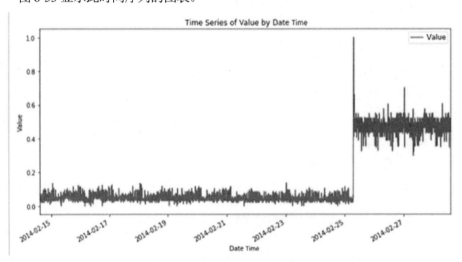

图 6-53　显示此时间序列的图表

我们向原始 DataFrame 中添加 anomaly 列，并准备一个新的 DataFrame。利用可视化，你现在可以绘制新的时间序列。正如下面所显示的，此时间序列显示 Data Time 与 Value 列的关系图。图 6-54 中的代码用于生成显示异常的图表。

由于此数据集包含一些噪点或异常，因此显示了一些异常数据点。

```
figure, axes = plt.subplots(figsize=(12, 6))
axes.plot(adf['Datetime'], adf['observation'], color='g')
anomaliesDF = adf.query('anomaly == 1')
axes.scatter(anomaliesDF['Datetime'], anomaliesDF['observation'], color='r')
plt.xlabel('Date time')
plt.ylabel('observation')
plt.title('Time Series of value by date time')
```

Text(0.5, 1.0, 'Time Series of value by date time')

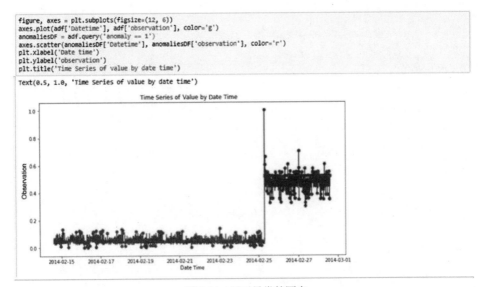

图 6-54   显示异常的图表

6.6   本章小结

在本章中，讨论了循环神经网络以及长短期记忆网络模型的相关内容，还介绍了如何利用 LSTM 来检测异常。此外，还提供了多个不同的时间序列数据示例，其中每个示例都包含不同的异常，并显示了如何开始检测异常。

在第 7 章中，将介绍另一种异常检测方法，即**时域卷积网络**。

第 7 章

■■■

时域卷积网络

本章将为你介绍时域卷积网络(TCN)的相关内容。此外，还将为你介绍 TCN 的工作方式，以及如何使用它们来检测异常。

概括来说，本章主要介绍以下主题：

- 什么是时域卷积网络？
- 膨胀时域卷积网络
- 编码器-解码器时域卷积网络

7.1 什么是时域卷积网络？

时域卷积网络指的是组合了多个一维卷积层的一系列体系结构。更具体地说，这些卷积具有因果关系，这意味着没有将来的信息会泄露到过去。换句话说，模型仅按照时间向前处理信息。在语言翻译上下文中，循环神经网络的一个问题在于，它会按照时间顺序从左向右读取句子，而这在某些情况下会导致翻译错误，因为有时候为了表示强调，会变换句子的位置，从而打乱句子的顺序。为了解决这个问题，过去曾经使用过双向编码器，但这意味着要在现在考虑将来的信息。时域卷积网络不存在这个问题，因为它们不依赖来自之前时间步的信息，这与循环神经网络有所不同，之所以如此，这要得益于时域卷积网络的因果关系属性。此外，TCN 还可将任意长度的输入序列映射到相同长度的输出序列，就像循环神经网络(RNN)一样。

基本上来说，时域卷积网络似乎可作为 RNN 的完美替代。下面列出 TCN 的一些优势，具体来说主要是相对于 RNN 的优势。

- **并行计算**：卷积网络可以与 GPU 训练完美配对，这主要是因为卷积层的矩阵密集计算非常适合 GPU 的结构，其配置为在图形处理的同时执行矩阵计算。由于这个原因，TCN 的训练速度要比 RNN 快得多。

- **灵活性**：TCN 可以更改输入大小、过滤器大小，提高膨胀因子，堆叠更多层等等，以便轻松地应用于各种域。

- **梯度一致**：由于 TCN 由卷积层组成，它们反向传播的方式与 RNN 有所不同，因此，将保存所有梯度。RNN 具有所谓的梯度爆炸或梯度消失问题，有时计算出来的梯度会非常大，有时会非常小，导致重新调整的权重更改过大或者更改相对不存在。为解决这个问题，开发了各种类型的 RNN，例如 LSTM、GRU 和 HF-RNN 等。

- **内存使用更少**：LSTM 在单元门中存储信息，因此，如果输入序列很长，LSTM 网络将使用非常多的内存。相比之下，TCN 更为直接，它们由多个层组成，各个层都共享各自的过滤器。与 LSTM 相比，运行 TCN 需要使用的内存要少得多。

但 TCN 也有一些不足之处，如下所述。

- **评估模式期间的内存使用**：RNN 只需要知道特定输入(xt)即可生成预测，因为它们通过隐藏状态向量保留它们学习到的所有内容的摘要。相比之下，TCN 需要一直使用整个序列，直到再次出现当前点以进行评估，这就导致内存使用用量可能高于 RNN。

- **迁移学习问题**：首先，我们来定义什么是**迁移学习**。**迁移学习**指的是，针对某个特定任务(例如车辆分类)对某个模型进行了训练，用完了最后的层，需要彻底进行重新训练以便模型可用于新的分类任务(例如对动物进行分类)。

在计算机视觉领域，已经在很长时间内通过强大的 GPU 对一些非常强大的模型(例如 inception-v3 模型)进行训练，以便达到它们能够达到的性能。我们不需要从头开始训练自己的 CNN (大多数人都没有 GPU 硬件或足够的时间对 inception-v3 这样极复杂的深度模型进行长时间训练)，可采用一些现成的模型(例如 inception-v3，该模型非常擅长提取图像特征)，然后对其进行训练，将其提取的特征与一组全新的类相关联。这个过程所需的时间要少得多，因为整个网络中的权重经过很好的优化，你只需要针对重新训练的层找出最佳权重。

这就是迁移学习过程具有很高价值的原因，它使我们能够获取预先训练的高性能模型，只需要使用我们的硬件重新训练最后的层并教会模型新的分类任务(对于 CNN)。

回到 TCN，模型可能需要记住序列历史的各个级别，以便做出预测。如果模型在旧任务中不需要获取太多的历史即可做出预测，但在新任务中，它需要接收较多/较少的历史做出预测，这可能会出现问题，并可能导致模型性能低下。

在一维卷积层中，我们仍然使用参数 k 来确定核或过滤器大小。此卷积层的工作方式与我们在第 3 章中看到的二维卷积层非常相似，但这种情况下我们只处理向量。

下面提供了一维卷积运算的一个示例。假定输入向量如图 7-1 中所定义：

$$x = \begin{bmatrix} 10 & 5 & 15 & 20 & 10 & 20 \end{bmatrix}$$

图 7-1 定义的包含上述对应值的向量 x。这是输入向量

图 7-2 中是初始化的过滤器：

过滤器权重

$$\begin{bmatrix} 1 & 0.2 & 0.1 \end{bmatrix}$$

图 7-2 与此一维卷积层关联的过滤器权重

此卷积层的计算输出如图 7-3～图 7-6 所示。

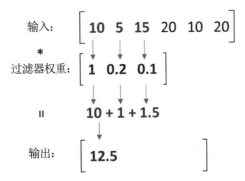

图 7-3 如何使用过滤器权重计算出输出向量的第一个条目。过滤器权重与输入中的
前三个条目进行逐元素相乘，对乘积进行求和从而得出输出值

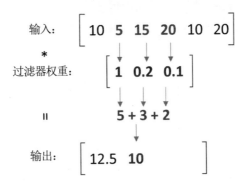

图 7-4 如何使用过滤器权重计算出输出向量的第二个条目。
过程与图 7-3 中相同，只是过滤器权重向右移动一个条目

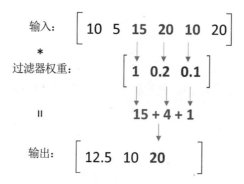

图 7-5　如何使用过滤器权重计算出输出向量的第三个条目

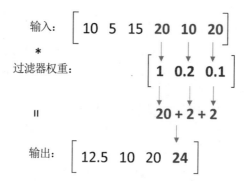

图 7-6　如何使用过滤器权重计算出输出向量的最后一个条目

现在，我们已经得出一维卷积层的输出。这些一维卷积层与二维卷积层的工作方式非常相似，它们几乎构成了我们将要查看的两种不同 TCN 的全部内容：**膨胀时域卷积网络**和**基于编码器-解码器的时域卷积网络**。请一定要注意，这两种模型都可以执行**监督异常检测**，不过编码器-解码器 TCN 也能执行半监督异常检测，因为它是一种自动编码器。

7.2　膨胀时域卷积网络

在这种类型的 TCN 中，我们需要处理一个新的属性，称为**"膨胀" (dilation)**。基本上来说，当膨胀因子大于 1 时，我们将在输出数据中引入与膨胀因子对应的间隙。为了更好地理解膨胀的概念，我们来看一下它是如何处理二维卷积层的。

这是一个标准卷积，与你在第 3 章中看到的大体相当。也可以认为标准卷积层的膨胀因子为 1 (见图 7-7)。

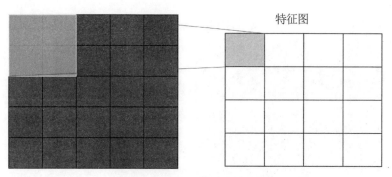

特征图

图 7-7 膨胀因子为 1 的标准卷积

接下来，我们来看一看将**膨胀因子**增大到 2 时会发生什么情况。对于特征图中的第一个条目，卷积如图 7-8 所示。

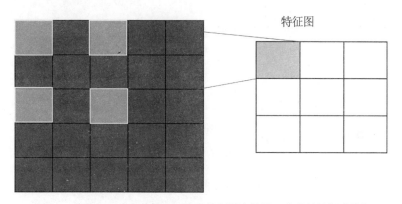

特征图

图 7-8 膨胀因子为 2 的情况下定义特征图中的第一个条目的标准卷积

请注意，在所有方向上每个抽样条目之间的间距增加了 1。垂直方向、水平方向以及对角线方向，抽样条目的间距全部增加了一个条目。从本质上讲，此间距是通过计算 d−1 来确定的，其中 d 为**膨胀因子**。在膨胀因子为 3 的情况下，此间距将增加为两个条目。现在，对于第二个条目，卷积过程继续像上一个条目一样进行运算(见图 7-9)。

此过程最终完成后，我们将得到特征图。请注意特征图的维度降低，这是增加膨胀因子产生的直接结果。在标准二维卷积层中，我们得到的是 4×4 特征图，因为膨胀因子为 1，但现在由于将膨胀因子增大为 2，我们将得到 3×3 特征图。

一维膨胀卷积与此类似。我们来重新看一下一维卷积的示例，对其进行少量的修改以说明这一概念。

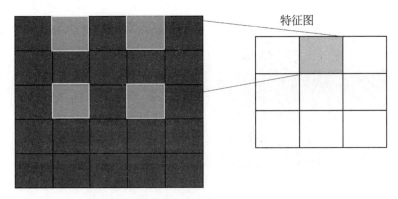

图 7-9　膨胀因子为 2 的情况下定义特征图中的第二个条目的卷积

现在，假定新的输入向量和过滤器权重如图 7-10 和图 7-11 所示。

$$x = \begin{bmatrix} 2 & 8 & 12 & 4 & 6 & 4 & 2 & 12 \end{bmatrix}$$

图 7-10　新的输入向量权重

以及

过滤器权重
$$\begin{bmatrix} 0.5 & 0.2 & 0.4 \end{bmatrix}$$

图 7-11　新的过滤器权重

此外，我们现在还假定膨胀因子为 2，而不是之前的 1。在膨胀因子为 2 的情况下使用膨胀一维卷积得出的新输出向量如下(见图 7-12、图 7-13、图 7-14 以及图 7-15)。

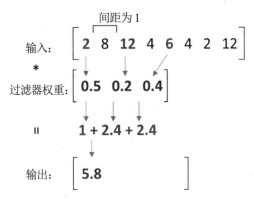

图 7-12　在膨胀因子为 2 的情况下使用膨胀一维卷积计算输出向量中的第一个条目

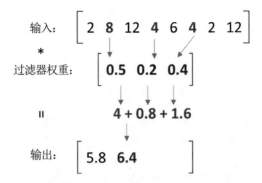

图 7-13　下一组三个输入向量值分别与过滤器权重相乘，得出下一个输出向量值

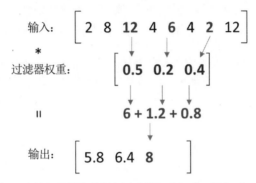

图 7-14　第三组三个输入向量值分别与过滤器权重相乘，得出下一个输出向量值

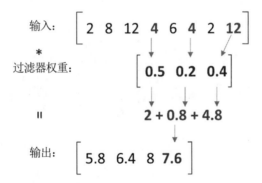

图 7-15　最后一组三个输入向量值分别与过滤器权重相乘，得出最后一个输出向量值

　　现在，我们已经展示了在一维卷积上下文中膨胀卷积是什么样子，接下来，我们来看看非因果膨胀卷积和因果膨胀卷积之间的差别。为说明这一概念，假定两个示例都采用一组膨胀一维卷积层。这种情况下，图 7-16 显示了一个**非因果**网络。

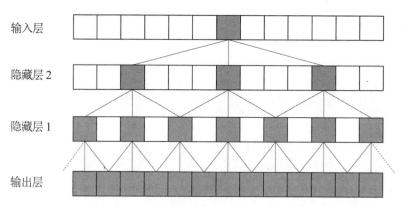

图 7-16　一个非因果膨胀网络。第一个隐藏层的膨胀因子为 2，第二个隐藏层的膨胀因子为 4。请注意输入如何"按顺序向前推进"以便计算下一层的节点

对体系结构的构造方式来说可能并不是显而易见的，但是，如果将输入层看作按时间向前推进的数据序列，可能看到在选择输出时会考虑将来的信息。在因果网络中，我们只需要到目前为止所学到的信息，因此，在模型的预测中不会考虑将来的任何信息。图 7-17 显示了**因果**网络是什么样子的。

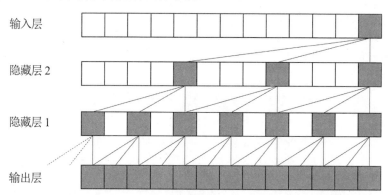

图 7-17　一个因果膨胀网络。第一个隐藏层的膨胀因子为 2，第二个隐藏层的膨胀因子为 4。请注意，没有输入按顺序向前推进以便计算下一层的节点。如果目标是保留数据集中的流动方式(在我们的示例中为时间)，那么这种类型的结构非常适合

在这里，我们可以看到如何在模型中保留时间的线性属性，并且模型不会学习将来的信息。在因果网络中，模型只会考虑到目前为止的信息。我们所说的膨胀时域卷积网络具有类似的模型体系结构，在输出层之前的每个层中使用膨胀因果卷积。

使用膨胀 TCN 进行异常检测

现在，你已经对 TCN 的概念及其工作方式有了更深入的了解，接下来，我们尝

试将膨胀 TCN 应用于信用卡数据集。

首先导入所有必需的程序包，见图 7-18(a)。

然后，你必须为混淆矩阵等的可视化创建一个类，见图 7-18(b)。

```
import keras
from keras import regularizers, optimizers
from keras import losses
from keras.models import Sequential, Model, load_model
from keras.layers import Dense, Input, Dropout, Embedding, LSTM
from keras.optimizers import RMSprop, Adam, Nadam
from keras.preprocessing import sequence

from keras.layers import Conv1D, Flatten, Activation, SpatialDropout1D
from keras.callbacks import ModelCheckpoint, TensorBoard
from keras.utils import to_categorical

import sklearn
from sklearn.preprocessing import StandardScaler, MinMaxScaler
from sklearn.model_selection import train_test_split
from sklearn.metrics import confusion_matrix, roc_auc_score
from sklearn.metrics import classification_report

import seaborn as sns
import pandas as pd
import numpy as np
import matplotlib

import matplotlib.pyplot as plt
import matplotlib.gridspec as gridspec
%matplotlib inline

import tensorflow
import sys
print("Python: ", sys.version)

print("pandas: ", pd.__version__)
print("numpy: ", np.__version__)
print("seaborn: ", sns.__version__)
print("matplotlib: ", matplotlib.__version__)
print("sklearn: ", sklearn.__version__)
print("Keras: ", keras.__version__)
print("Tensorflow: ", tensorflow.__version__)
```

```
Python:  3.7.3 (default, Apr 24 2019, 15:29:51) [MSC v.1915 64 bit (AMD64)]
pandas:  0.24.2
numpy:  1.16.4
seaborn:  0.9.0
matplotlib:  3.1.0
sklearn:  0.21.2
Keras:  2.2.4
Tensorflow:  1.13.1
```

(a) 导入所有必需的程序包以便开始编写自己的代码

图 7-18　导入所有必需的程序包并创建一个类

```
class Visualization:
    labels = ["Normal", "Anomaly"]

    def draw_confusion_matrix(self, y, ypred):
        matrix = confusion_matrix(y, ypred)

        plt.figure(figsize=(10, 8))
        colors=[ "orange","green"]
        sns.heatmap(matrix, xticklabels=self.labels, yticklabels=self.labels, cmap=colors, annot=True,
        plt.title("Confusion Matrix")
        plt.ylabel('Actual')
        plt.xlabel('Predicted')
        plt.show()


    def draw_anomaly(self, y, error, threshold):
        groupsDF = pd.DataFrame({'error': error,
                                 'true': y}).groupby('true')

        figure, axes = plt.subplots(figsize=(12, 8))

        for name, group in groupsDF:
            axes.plot(group.index, group.error, marker='x' if name == 1 else 'o', linestyle='',
                    color='r' if name == 1 else 'g', label="Anomaly" if name == 1 else "Normal")

        axes.hlines(threshold, axes.get_xlim()[0], axes.get_xlim()[1], colors="b", zorder=100, label='
        axes.legend()

        plt.title("Anomalies")
        plt.ylabel("Error")
        plt.xlabel("Data")
        plt.show()

    def draw_error(self, error, threshold):
        plt.plot(error, marker='o', ms=3.5, linestyle='',
                label='Point')

        plt.hlines(threshold, xmin=0, xmax=len(error)-1, colors="b", zorder=100, label='Threshold'
        plt.legend()
        plt.title("Reconstruction error")
        plt.ylabel("Error")
        plt.xlabel("Data")
        plt.show()
```

(b) 创建一个可视化类

图 7-18(续)

此后，继续导入数据集并对其进行处理(见图 7-19)。

```
df = pd.read_csv("datasets/creditcardfraud/creditcard.csv",
sep=",", index_col=None)

print(df.shape)

df.head()
```

图 7-19　导入你的数据集并显示前五个条目

运行上述代码得到的输出结果应该如图 7-20 所示。

```
In [171]:    1  df = pd.read_csv("datasets/creditcardfraud/creditcard.csv", sep=",", index_col=None)
             2  print(df.shape)
             3  df.head()
```

(284807, 31)

Out[171]:

	Time	V1	V2	V3	V4	V5	V6	V7	V8	V9	...
0	0.0	-1.359807	-0.072781	2.536347	1.378155	-0.338321	0.462388	0.239599	0.098698	0.363787	... -0.0
1	0.0	1.191857	0.266151	0.166480	0.448154	0.060018	-0.082361	-0.078803	0.085102	-0.255425	... -0.2
2	1.0	-1.358354	-1.340163	1.773209	0.379780	-0.503198	1.800499	0.791461	0.247676	-1.514654	... 0.2
3	1.0	-0.966272	-0.185226	1.792993	-0.863291	-0.010309	1.247203	0.237609	0.377436	-1.387024	... -0.1
4	2.0	-1.158233	0.877737	1.548718	0.403034	-0.407193	0.095921	0.592941	-0.270533	0.817739	... -0.0

5 rows × 31 columns

图 7-20　DataFrame 的前五个条目

此 DataFrame 后面的条目如图 7-21 所示。

...	V21	V22	V23	V24	V25	V26	V27	V28	Amount	Class
...	-0.018307	0.277838	-0.110474	0.066928	0.128539	-0.189115	0.133558	-0.021053	149.62	0
...	-0.225775	-0.638672	0.101288	-0.339846	0.167170	0.125895	-0.008983	0.014724	2.69	0
...	0.247998	0.771679	0.909412	-0.689281	-0.327642	-0.139097	-0.055353	-0.059752	378.66	0
...	-0.108300	0.005274	-0.190321	-1.175575	0.647376	-0.221929	0.062723	0.061458	123.50	0
...	-0.009431	0.798278	-0.137458	0.141267	-0.206010	0.502292	0.219422	0.215153	69.99	0

图 7-21　将图 7-20 中的输出向右滚动

每个条目都非常大，其中包含 31 列。可以看一下图 7-22 中 DataFrame 的尾端。

```
In [154]:    1  df.tail()
```

Out[154]:

	Time	V1	V2	V3	V4	V5	V6	V7	V8	V9	...
284802	172786.0	-11.881118	10.071785	-9.834783	-2.066656	-5.364473	-2.606837	-4.918215	7.305334	1.914428	... 0
284803	172787.0	-0.732789	-0.055080	2.035030	-0.738589	0.868229	1.058415	0.024330	0.294869	0.584800	... 0
284804	172788.0	1.919565	-0.301254	-3.249640	-0.557828	2.630515	3.031260	-0.296827	0.708417	0.432454	... 0
284805	172788.0	-0.240440	0.530483	0.702510	0.689799	-0.377961	0.623708	-0.686180	0.679145	0.392087	... 0
284806	172792.0	-0.533413	-0.189733	0.703337	-0.506271	-0.012546	-0.649617	1.577006	-0.414650	0.486180	... 0

5 rows × 31 columns

图 7-22　DataFrame 的尾端。请注意时间值变得多么大

可以看到，数据集真的非常大，共包含 284 807 个条目(索引编号从 0 开始)。此外注意，时间值变得非常大。如果将这么大的值传入模型进行训练，肯定会遇到收敛错误。不仅如此，对任何较大的值进行归一化都是非常好的做法，因为如果传入模型的值变小，可提高性能和训练效率。运行图 7-23 中的代码，对 Time 和 Amount 列的值进行标准化。

```
df['Amount'] =
StandardScaler().fit_transform(df['Amount'].values.reshape(-1, 1))
df['Time'] = StandardScaler().fit_transform(df['Time'].values.reshape(-1, 1))
df.tail()
```

图 7-23　此代码对 Time 和 Amount 列的值进行标准化

现在，可以看到 Time 列的值变得小得多，传入的数值也更可控(见图 7-24)。

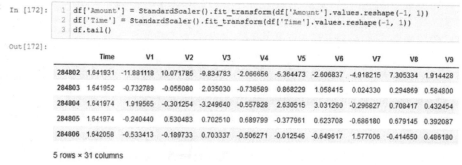

图 7-24　Time 列的标准化值

可以看到 Amount 列的值也变得小得多(见图 7-25)。

...	V21	V22	V23	V24	V25	V26	V27	V28	Amount	Class
...	0.213454	0.111864	1.014480	-0.509348	1.436807	0.250034	0.943651	0.823731	-0.350151	0
...	0.214205	0.924384	0.012463	-1.016226	-0.606624	-0.395255	0.068472	-0.053527	-0.254117	0
...	0.232045	0.578229	-0.037501	0.640134	0.265745	-0.087371	0.004455	-0.026561	-0.081839	0
...	0.265245	0.800049	-0.163298	0.123205	-0.569159	0.546668	0.108821	0.104533	-0.313249	0
...	0.261057	0.643078	0.376777	0.008797	-0.473649	-0.818267	-0.002415	0.013649	0.514355	0

图 7-25　Amount 列的标准化值

由于整个数据集中具有太多的条目，因此，最好限制传入模型的"正常"数据条目的数量，如果传入整个数据集，模型似乎会忽略异常。为了避免忽略掉异常数据条目，我们选取 10 000 个正常条目，并从中派生出训练数据集和测试数据集(见图 7-26)。

```
anomalies = df[df["Class"] == 1]
normal = df[df["Class"] == 0]


anomalies.shape, normal.shape
```

图 7-26　定义两个 DataFrame：anomalies 和 normal

运行上述代码得到的输出结果应该如图 7-27 所示。

```
In [5]:   1  anomalies = df[df["Class"] == 1]
          2  normal = df[df["Class"] == 0]
          3
          4  anomalies.shape, normal.shape
          5
Out[5]:   ((492, 31), (284315, 31))
```

图 7-27   运行图 7-26 中的代码得到的输出结果

在此代码块中，你将两个新的 DataFrame 命名为 anomalies 和 normal，每个 DataFrame 中包含的内容与其名称刚好对应。通过检查它们的形状可以发现，相对于整个数据集中总的数据条目来说，异常数量非常小，只占整个数据集的 0.173%左右。

现在，我们来定义训练数据集和测试数据集(见图 7-28)。

```
for f in range(0, 20):
    normal = normal.iloc[np.random.permutation(len(normal))]



data_set = pd.concat([normal[:2000], anomalies])


x_train, x_test = train_test_split(data_set, test_size = 0.4,
random_state = 42)


x_train = x_train.sort_values(by=['Time'])

x_test = x_test.sort_values(by=['Time'])


y_train = x_train["Class"]

y_test = x_test["Class"]


x_train.head(10)
```

图 7-28   定义训练集和测试集并按时间对二者进行排序以维护时间流

使用 train_test_split 函数对 normal 数据集进行充分调整以随机选择测试样本和训练样本，可以帮助确保选取适当的数据值范围来表示正常数据。可以根据需要限制代码开头的 for 块中的迭代次数。

在此基础上，调整后的正常数据的前 10 000 个数据条目与异常合并到一起，由此创建出训练数据集和测试数据集。然后，按照 Time 列对这两个数据集进行排序以维护整个数据集的时间顺序。

运行上述代码得到的输出结果应该如图 7-29 所示。

```
for f in range(0, 20):
    normal = normal.iloc[np.random.permutation(len(normal))]

data_set = pd.concat([normal[:2000], anomalies])

x_train, x_test = train_test_split(data_set, test_size = 0.4, random_state = 42)

x_train = x_train.sort_values(by=['Time'])
x_test = x_test.sort_values(by=['Time'])

y_train = x_train["Class"]
y_test = x_test["Class"]

x_train.head(10)
```

	Time	V1	V2	V3	V4	V5	V6	V7	V8	V9	...	V21
623	-1.986844	-3.043541	-3.157307	1.088483	2.288644	1.359805	-1.064823	0.325574	-0.067794	-0.270953	...	0.661896
890	-1.982432	1.238045	0.240101	0.171456	0.506075	-0.221120	-0.576537	-0.078469	0.010065	-0.083807	...	-0.267542
1195	-1.977062	1.040094	-1.719288	1.556730	-0.080816	-2.156667	0.754853	-1.708567	0.360145	1.174452	...	0.307719
1522	-1.971524	1.311511	0.388297	-0.084504	0.460422	0.195766	-0.488411	0.153118	-0.208485	-0.074848	...	-0.333871
1535	-1.971229	1.274773	-0.472615	-0.856227	-2.289194	0.057619	-0.662495	0.286438	-0.270717	1.426729	...	0.016321
1973	-1.964659	-0.839994	0.851995	1.494343	-0.716159	-0.355064	-0.751566	0.508639	0.226261	0.281235	...	-0.186890
2086	-1.962701	1.189404	0.688530	-0.002911	2.296324	0.448080	-0.314318	0.496391	-0.138754	-1.351795	...	0.025852
2760	-1.948171	-0.449091	1.011487	1.756903	-0.148778	0.094598	-0.846753	1.084048	-0.465112	0.175563	...	-0.369136
3101	-1.940527	0.026270	1.356428	-0.190907	0.680916	0.749422	-0.666152	1.009473	-0.224030	-0.334645	...	0.052675
3213	-1.937831	-0.678097	0.774112	1.069828	-2.205852	0.239830	-0.849156	0.966565	-0.140874	0.794798	...	0.120434

10 rows × 31 columns

图 7-29　按照 Time 列排序的数据集

尽管都是按时间进行排序，但请注意索引数值的变化情况。

现在，可以继续重塑要传入模型的数据集。

运行图 7-30 中的代码块，以了解数据集的组织结构。

```
print("Shapes:\nx_train:%s\ny_train:%s\n" % (x_train.shape,
y_train.shape))

print("x_test:%s\ny_test:%s\n" % (x_test.shape,
y_test.shape))
```

图 7-30　输出形状以便了解数据集的组织结构

运行上述代码得到的输出结果应该如图 7-31 所示。

```
print("Shapes:\nx_train:%s\ny_train:%s\n" % (x_train.shape, y_train.shape))
print("x_test:%s\ny_test:%s\n" % (x_test.shape, y_test.shape))
```

```
Shapes:
x_train:(1495, 31)
y_train:(1495,)

x_test:(997, 31)
y_test:(997,)
```

图 7-31　两个数据集的形状

为将数据集传入模型，x 集必须是三维的，y 集必须是二维的。你只需要重塑 x 集并将 y 集更改为分类(categorical)。参见第 3 章，了解 to_categorical()函数的功能。

运行图 7-32 中的代码。

```
x_train = np.array(x_train).reshape(x_train.shape[0],
x_train.shape[1], 1)

x_test = np.array(x_test).reshape(x_test.shape[0],
x_test.shape[1], 1)

input_shape = (x_train.shape[1], 1)


y_train = keras.utils.to_categorical(y_train, 2)

y_test = keras.utils.to_categorical(y_test, 2)
```

图 7-32　通过重塑 x 集并将 y 集更改为分类(categorical)，使 x 集为三维，y 集为二维。完成 x 集重塑以适应模型的输入形状

我们来看一看这些操作是如何更改数据集的。运行图 7-33 中的代码。

```
print("Shapes:\nx_train:%s\ny_train:%s\n" % (x_train.shape,
y_train.shape))
print("x_test:%s\ny_test:%s\n" % (x_test.shape, y_test.shape))
print("input_shape:{}\n".format(input_shape))
```

图 7-33　用于输出数据集的形状以查看操作如何更改结构的代码

运行上述代码得到的输出结果应该如图 7-34 所示。

```
print("Shapes:\nx_train:%s\ny_train:%s\n" % (x_train.shape, y_train.shape))
print("x_test:%s\ny_test:%s\n" % (x_test.shape, y_test.shape))
print("input_shape:{}\n".format(input_shape))
```

```
Shapes:
x_train:(1495, 31, 1)
y_train:(1495, 2)

x_test:(997, 31, 1)
y_test:(997, 2)

input_shape:(31, 1)
```

图 7-34　x 集是三维的，而 y 集是二维的

好了，现在这两个数据集都已成功完成重塑。输入形状告诉模型每个条目接受多少列和多少行。在这个示例中，输入形状指示将有 1 行 31 列。

接下来，我们来继续定义模型。图 7-35 中的代码块定义一维卷积层和丢弃层。

```python
input_layer = Input(shape=(input_shape ))


#Series of temporal convolutional layers with dilations increasing by
powers of 2.
conv_1 = Conv1D(filters=128, kernel_size=2, dilation_rate=1,
                padding='causal', strides=1,input_shape=input_shape,
                kernel_regularizer=regularizers.l2(0.01),
                activation='relu')(input_layer)


#Dropout layer after each 1D-convolutional layer
drop_1 = SpatialDropout1D(0.05)(conv_1)


conv_2 = Conv1D(filters=128, kernel_size=2, dilation_rate=2,
                padding='causal',strides=1,
kernel_regularizer=regularizers.l2(0.01),
                activation='relu')(drop_1)


drop_2 = SpatialDropout1D(0.05)(conv_2)


conv_3 = Conv1D(filters=128, kernel_size=2, dilation_rate=4,
                padding='causal',
strides=1,kernel_regularizer=regularizers.l2(0.01),
                activation='relu')(drop_2)


drop_3 = SpatialDropout1D(0.05)(conv_3)


conv_4 = Conv1D(filters=128, kernel_size=2, dilation_rate=8,
                padding='causal',
strides=1,kernel_regularizer=regularizers.l2(0.05),
                activation='relu')(drop_3)


drop_4 = SpatialDropout1D(0.05)(conv_4)
```

图 7-35　定义模型中的所有一维卷积层和丢弃层

图 7-36 中的代码块定义最后两层，用于压平数据的一层以及用于表示两个类的一层。

```
#Flatten layer to feed into the output layer
flat = Flatten()(drop_4)


output_layer = Dense(2, activation='softmax')(flat)


TCN = Model(inputs=input_layer, outputs=output_layer)
```

图 7-36　定义最后两层，用于压平数据的一层以及用于表示两个类的一层

现在，我们来编译模型并查看各层的摘要(见图 7-37)。

```
TCN.compile(loss=keras.losses.categorical_crossentropy,
            optimizer=optimizers.Adam(lr=0.002),
            metrics=['mae', 'accuracy'])


checkpointer = ModelCheckpoint(filepath="model_TCN_creditcard.h5",
                               verbose=0,
                               save_best_only=True)


TCN.summary()
```

图 7-37　此代码用于编译数据，定义回调以将模型保存在给定的文件路径下，并输出模型的摘要

运行上述代码得到的输出结果应该如图 7-38 所示。

查看模型摘要可帮助你更好地了解每个层发生了什么情况。有时，它可以帮助调试错误，因为某些情况下可能出现预期外的维度降低问题。例如，当按照因子 2 降低奇数维度时，可能出现向下舍入的情况。重新展开时，可能会发现问题，因为新的维度与旧维度不匹配。使用自动编码器时预计会出现这种问题，因为其体系结构的整体目标就是压缩数据并对其进行重构。

运行图 7-39 中的代码以开始训练过程。

```
TCN.compile(loss=keras.losses.categorical_crossentropy,
            optimizer=optimizers.Adam(lr=0.002),
            metrics=['mae', 'accuracy'])

checkpointer = ModelCheckpoint(filepath="model_TCN_creditcard.h5",
                               verbose=0,
                               save_best_only=True)

TCN.summary()
```

Layer (type)	Output Shape	Param #
input_11 (InputLayer)	(None, 31, 1)	0
conv1d_41 (Conv1D)	(None, 31, 128)	384
spatial_dropout1d_41 (Spatia	(None, 31, 128)	0
conv1d_42 (Conv1D)	(None, 31, 128)	32896
spatial_dropout1d_42 (Spatia	(None, 31, 128)	0
conv1d_43 (Conv1D)	(None, 31, 128)	32896
spatial_dropout1d_43 (Spatia	(None, 31, 128)	0
conv1d_44 (Conv1D)	(None, 31, 128)	32896
spatial_dropout1d_44 (Spatia	(None, 31, 128)	0
flatten_11 (Flatten)	(None, 3968)	0
dense_11 (Dense)	(None, 2)	7938

```
Total params: 107,010
Trainable params: 107,010
Non-trainable params: 0
```

图 7-38　模型的摘要。从头开始创建模型时，可使用此信息来帮助调试模型，即检查层的输出形状是否与后续层的输入形状匹配

```
TCN.fit(x_train, y_train,

        batch_size=128,

        epochs=25,

        verbose=1,

        validation_data=(x_test, y_test),

        callbacks = [checkpointer])
```

图 7-39　用于开始模型训练过程的代码

在训练过程中，你应该看到如图 7-40 所示的内容。

```
In [169]:  1  TCN.fit(x_train, y_train,
           2          batch_size=128,
           3          epochs=25,
           4          verbose=1,
           5          validation_data=(x_test, y_test),
           6          callbacks = [checkpointer])
           7
```

```
Train on 6295 samples, validate on 4197 samples
Epoch 1/25
6295/6295 [==============================] - 4s - loss: 3.1321 - acc: 0.9633 - val_loss: 0.3182 - val_acc: 0.9881
Epoch 2/25
6295/6295 [==============================] - 0s - loss: 0.1426 - acc: 0.9873 - val_loss: 0.0958 - val_acc: 0.9888
Epoch 3/25
6295/6295 [==============================] - 0s - loss: 0.0857 - acc: 0.9889 - val_loss: 0.0809 - val_acc: 0.9909
Epoch 4/25
6295/6295 [==============================] - 0s - loss: 0.0716 - acc: 0.9900 - val_loss: 0.0748 - val_acc: 0.9909
Epoch 5/25
6295/6295 [==============================] - 0s - loss: 0.0722 - acc: 0.9897 - val_loss: 0.0728 - val_acc: 0.9909
Epoch 6/25
6295/6295 [==============================] - 0s - loss: 0.0669 - acc: 0.9906 - val_loss: 0.0826 - val_acc: 0.9852
```

图 7-40　训练过程中产生的输出

最后，你应该看到如图 7-41 所示的内容。

```
Epoch 21/25
6295/6295 [==============================] - 0s - loss: 0.0566 - acc: 0.9916 - val_loss: 0.0651 - val_acc: 0.9890
Epoch 22/25
6295/6295 [==============================] - 0s - loss: 0.0575 - acc: 0.9914 - val_loss: 0.0652 - val_acc: 0.9878
Epoch 23/25
6295/6295 [==============================] - 0s - loss: 0.0571 - acc: 0.9909 - val_loss: 0.0701 - val_acc: 0.9912
Epoch 24/25
6295/6295 [==============================] - 0s - loss: 0.0570 - acc: 0.9914 - val_loss: 0.0650 - val_acc: 0.9907
Epoch 25/25
6295/6295 [==============================] - 0s - loss: 0.0584 - acc: 0.9913 - val_loss: 0.0700 - val_acc: 0.9874
```

图 7-41　训练过程结束时的输出结果

现在，训练过程已经结束，可对模型的性能进行评估(见图 7-42)。

```
score = TCN.evaluate(x_test, y_test,
verbose=0)

print('Test loss:', score[0])

print('Test mae:', score[1])

print('Test accuracy:', score[2])
```

图 7-42　用于评估测试集的损失和准确率的代码

运行上述代码得到的输出结果应该如图 7-43 所示。

```
score = TCN.evaluate(x_test, y_test, verbose=1)
print('Test loss:', score[0])
print('Test mae:', score[1])
print('Test accuracy:', score[2])

997/997 [==============================] - 0s 101us/step
Test loss: 0.17798992889814655
Test mae: 0.06778481965109243
Test accuracy: 0.9648946840521565
```

图 7-43　生成的测试集的损失和准确率分数。准确率分数非常棒，不过需要再次说明的是，准确率未
必是判断模型性能的最佳指标

现在，可检查 AUC 分数(见图 7-44)。

```
from sklearn.metrics import roc_auc_score
preds = TCN.predict(x_test)
y_pred = np.round(preds)
auc = roc_auc_score( y_pred, y_test)
print("AUC: {:.2%}".format (auc))
```

图 7-44　用于针对给定的测试集和预测生成 AUC 分数的代码

运行上述代码得到的输出结果应该如图 7-45(a)所示。

有关分类报告和混淆矩阵的情况，请参见图 7-45(b)。

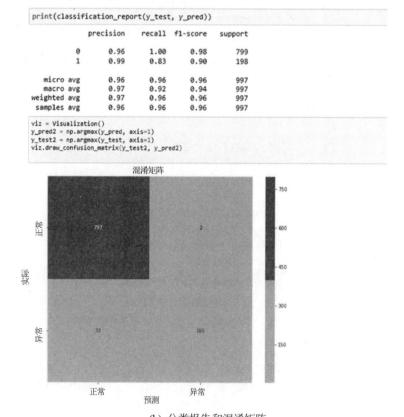

(a) 针对此模型生成的 AUC 分数为 99.02%

(b) 分类报告和混淆矩阵

图 7-45　输出结果以及分类报告和混淆矩阵

得出的 AUC 分数非常棒！但是，这是一个**监督异常检测**的示例，意味着你对异常和正常数据添加了标签。这样做会耗费大量资源，你并不能总是做到这一点，而且也不应该有这样的预期，因为需要处理的数据量可能非常庞大。在下面的示例中，你将实现基于编码器-解码器的时域卷积网络(ED-TCN)，但也是监督异常检测的一个实例，因此，针对类似的任务，可以将其与膨胀 TCN 模型进行比较。不过，请注意，由于 ED-TCN 基于自动编码器框架，因此它应该还可以执行**半监督异常检测**。

7.3 编码器-解码器时域卷积网络

你将要探索的编码器-解码器 TCN 版本既包含表示编码阶段的一维因果卷积和池化层，也包含构成解码阶段的一系列上采样和一维因果卷积层。该模型中的卷积层并未膨胀，但仍将它们算作时域卷积网络层。为更好地理解该模型的结构，请仔细查看图 7-46。

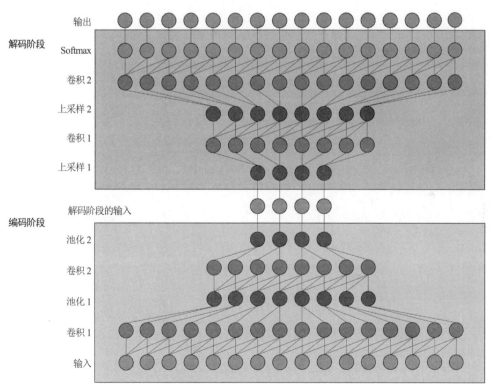

图 7-46　在编码和解码阶段，模型都由因果卷积层组成，其结构组织形式使这些层始终是因果层

上图看起来似乎有点复杂，下面逐层进行说明。

首先，观察编码阶段，最下面是输入层。在这一层之后，将在第一个卷积层中对输入执行**因果卷积**。接下来，第一个卷积层的输出(称为 conv_1)将成为第一个**最大池化层**的输入(称为 pool_1)。

回顾一下第 3 章中介绍的内容，可以知道池化层的作用是选择其通过的区域中的最大值，通过选择权重最大的值，有效地对输入进行泛化。自此开始，通过 conv_2 和 pool_2 层执行另一组因果卷积和最大池化。请注意，在数据通过编码阶段的过程中，其大小会逐渐减小，这是自动编码器的典型特征。最后，在两个阶段的中间有一个稠密层，表示编码阶段的最终编码输出，同时也是解码阶段的编码输入。

在这个示例中，解码阶段有一些不同，因为其中用到了所谓的**上采样**。在上采样技术中，将对数据重复 n 次，从而按照因数 n 对其进行扩展。在最大池化层中，数据按照因数 2 进行缩小。因此，为了按照相同的因数 2 对数据进行上采样和增大，需要将数据重复两次。在此示例中，你使用的是一维上采样，因此，层将在时间轴上使每一步重复 n 次。为了更好地了解上采样所执行的操作，我们在图 7-47 和图 7-48 中应用一维上采样。

$$x = \begin{bmatrix} 4 & 2 & 6 & 7 & 1 & 6 & 9 \end{bmatrix}$$

图 7-47　通过对应的值来定义

n = 2
因此数据按照因数 2 增大/
每一步重复两次

图 7-48　上采样因数 n

由于每个时间步都重复两次，因此，你将看到如图 7-49、图 7-50 和图 7-51 所示的结果。

图 7-49　将输入中的第一个条目重复两次，构成上采样输出向量中的前两个条目

$$\begin{bmatrix} 4 & 4 & 2 & 2 & & & & & \end{bmatrix}$$

$$\begin{bmatrix} 4 & 2 & 6 & 7 & 1 & 6 & 9 & 5 \end{bmatrix}$$

图 7-50　将下一个条目重复两次，构成上采样运算的输出向量中接下来的两个条目

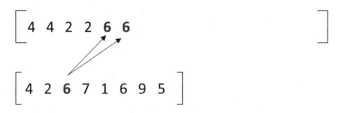

图 7-51 对输入向量中的第三个条目重复上述过程，构成输出向量中的第三对条目

以此类推，直到最终获得图 7-52 所示的结果。

$$\begin{bmatrix} 4 & 4 & 2 & 2 & 6 & 6 & 7 & 7 & 1 & 1 & 6 & 6 & 9 & 9 & 5 & 5 \end{bmatrix}$$

$$\begin{bmatrix} 4 & 2 & 6 & 7 & 1 & 6 & 9 & 5 \end{bmatrix}$$

图 7-52 上采样运算完成后的输出向量与原始输入向量(在下面)的对比

返回到模型，每个上采样层都连接到一个一维卷积层，再次重复上采样层和一维卷积层对，直到最终输出通过 softmax 函数，生成输出/预测。

使用 ED-TCN 进行异常检测

我们将该模型应用于信用卡数据集，以便对其进行测试。再次说明一下，此示例是另一个**监督学习**的实例，因此，既会标记异常，也会标记正常数据。

首先导入所有必需的模块(见图 7-53)。

```python
import numpy as np

import pandas as pd

import keras

from keras import regularizers, optimizers

from keras.layers import Inp ut, Conv1D, Dense, Flatten, Activation,
UpSampling1D, MaxPooling1D, ZeroPadding1D

from keras.callbacks import ModelCheckpoint, TensorBoard

from keras.models import Model, load_model

from keras.utils import to_categorical

from sklearn.model_selection import train_test_split

from sklearn.preprocessing.data import StandardScaler
```

图 7-53 导入必需的模块

接下来，加载你的数据并对其进行预处理。请注意，这里的步骤与第一个示例基本相同(见图 7-54)。

```python
df['Amount'] =
StandardScaler().fit_transform(df['Amount'].values.reshape(-1, 1))

df['Time'] =
StandardScaler().fit_transform(df['Time'].values.reshape(-1, 1))


anomalies = df[df["Class"] == 1]

normal = df[df["Class"] == 0]


for f in range(0, 20):

    normal = normal.iloc[np.random.permutation(len(normal))]


data_set = pd.concat([normal[:10000], anomalies])


x_train, x_test = train_test_split(data_set, test_size = 0.4,
random_state = 42)


x_train = x_train.sort_values(by=['Time'])

x_test = x_test.sort_values(by=['Time'])


y_train = x_train["Class"]

y_test = x_test["Class"]
```

图 7-54　对 Time 和 Amount 列使用标准定标器，定义异常和正常值数据集，然后定义一个新的数据集，以从中生成训练集和测试集。最后，按照时间增序对这些进行排序

现在，对数据集进行重塑，如图 7-55 所示。

```python
x_train = np.array(x_train).reshape(x_train.shape[0],
x_train.shape[1], 1)

x_test = np.array(x_test).reshape(x_test.shape[0],
x_test.shape[1], 1)

input_shape = (x_train.shape[1], 1)


y_train = keras.utils.to_categorical(y_train, 2)

y_test = keras.utils.to_categorical(y_test, 2)
```

图 7-55　对训练集和测试集进行重塑，使它们与模型的输入形状相一致

现在，数据预处理已经完成，接下来，我们来构建模型。下面是编码阶段的代码(见

图 7-56)。

```
input_layer = Input(shape=(input_shape ))


### ENCODING STAGE
# Pairs of causal 1D convolutional layers and pooling layers
comprising the encoding stage
conv_1 = Conv1D(filters=int(input_shape[0]), kernel_size=2,
dilation_rate=1,
                padding='causal', strides=1,input_shape=input_shape,
                kernel_regularizer=regularizers.l2(0.01),
                activation='relu')(input_layer)


pool_1 = MaxPooling1D(pool_size=2, strides=2)(conv_1)


conv_2 = Conv1D(filters=int(input_shape[0] / 2), kernel_size=2,
dilation_rate=1,
                padding='causal',strides=1,
kernel_regularizer=regularizers.l2(0.01),
                activation='relu')(pool_1)


pool_2 = MaxPooling1D(pool_size=2, strides=3)(conv_2)


conv_3 = Conv1D(filters=int(input_shape[0] / 3), kernel_size=2,
dilation_rate=1,
                padding='causal',
strides=1,kernel_regularizer=regularizers.l2(0.01),
                activation='relu')(pool_2)



### OUTPUT OF ENCODING STAGE
encoder = Dense(int(input_shape[0] / 6), activation='relu')(conv_3)
```

图 7-56　定义编码阶段的代码

　　下面的代码块是解码阶段的代码(见图 7-57)。

```
### DECODING STAGE

# Pairs of upsampling and causal 1D convolutional layers comprising
the decoding stage

upsample_1 = UpSampling1D(size=3)(encoder)


conv_4 = Conv1D(filters=int(input_shape[0]/3), kernel_size=2,
dilation_rate=1,
                padding='causal',strides=1,
kernel_regularizer=regularizers.l2(0.01),
                activation='relu')(upsample_1)


upsample_2 = UpSampling1D(size=2)(conv_4)


conv_5 = Conv1D(filters=int(input_shape[0]/2), kernel_size=2,
dilation_rate=1,
                padding='causal',
strides=1,kernel_regularizer=regularizers.l2(0.05),
                activation='relu')(upsample_2)


zero_pad_1 = ZeroPadding1D(padding=(0,1))(conv_5)


conv_6 = Conv1D(filters=int(input_shape[0]), kernel_size=2,
dilation_rate=1,
                padding='causal',
strides=1,kernel_regularizer=regularizers.l2(0.05),
                activation='relu')(zero_pad_1)



### Output of decoding stage flattened and passed through softmax to
make predictions

flat = Flatten()(conv_6)


output_layer = Dense(2, activation='softmax')(flat)


TCN = Model(inputs=input_layer, outputs=output_layer)
```

图 7-57　用于定义解码阶段以及最终层的代码。然后对模型进行初始化

现在，模型已经定义完成，接下来，我们对其进行编译和训练(见图 7-58)。

```
TCN.compile(loss=keras.losses.categorical_crossentropy,
            optimizer=optimizers.Adam(lr=0.002),
        metrics=["accuracy"])


checkpointer = ModelCheckpoint(filepath="model_ED-
TCN_creditcard.h5",
                                verbose=0,
                                save_best_only=True)


TCN.summary()
```

图 7-58 对模型进行编译，定义检查点回调，并调用 summary 函数

运行上述代码得到的输出结果应该如图 7-59 所示。

```
Layer (type)                 Output Shape              Param #
=================================================================
input_18 (InputLayer)        (None, 31, 1)             0

conv1d_101 (Conv1D)          (None, 31, 31)            93

max_pooling1d_35 (MaxPooling (None, 15, 31)            0

conv1d_102 (Conv1D)          (None, 15, 15)            945

max_pooling1d_36 (MaxPooling (None, 5, 15)             0

conv1d_103 (Conv1D)          (None, 5, 10)             310

dense_32 (Dense)             (None, 5, 5)              55

up_sampling1d_45 (UpSampling (None, 15, 5)             0

conv1d_104 (Conv1D)          (None, 15, 10)            110

up_sampling1d_46 (UpSampling (None, 30, 10)            0

conv1d_105 (Conv1D)          (None, 30, 15)            315

zero_padding1d_7 (ZeroPaddin (None, 31, 15)            0

conv1d_106 (Conv1D)          (None, 31, 31)            961

flatten_15 (Flatten)         (None, 961)               0

dense_33 (Dense)             (None, 2)                 1924
=================================================================
Total params: 4,713
Trainable params: 4,713
Non-trainable params: 0
```

图 7-59 模型的摘要。通过查看每一层的输出形状，有助于了解编码和解码的工作方式

请注意，在上面添加了零填充层。该层的作用是向数据序列中添加 0，以帮助实现维度匹配。由于原始数据具有奇数列，因此，在完成上采样运算后，解码器阶段的输出中的维度数与原始数据的维度不匹配(这是由舍入运算产生的问题，因为这里使用的所有值都是整数)。为解决这一问题，添加了以下内容：

```
zero_pad_1 = ZeroPadding1D(padding=(0,1))(conv_5)
```

其中，元组采用(left_pad, right_pad)格式，以便对填充进行自定义。否则，如果传入一个整数，将只在两端填充。概括来说，**零填充**将在数据中每个条目的左侧、右侧或两侧(默认设置)添加零。

模型编译完成后，你只需要针对数据进行训练(见图 7-60)。

```
TCN.fit(x_train, y_train,
        batch_size=128,
        epochs=25,
        verbose=1,
        validation_data=(x_test, y_test),
        callbacks = [checkpointer])
```

图 7-60　针对训练集训练数据

一段时间后，应该看到图 7-61 所示的内容。

```
Epoch 7/25
6295/6295 [==============================] - 0s - loss: 0.0891 - acc: 0.9889 - val_loss: 0.0909 - val_acc: 0.9907
Epoch 8/25
6295/6295 [==============================] - 0s - loss: 0.0848 - acc: 0.9895 - val_loss: 0.0843 - val_acc: 0.9902
Epoch 9/25
6295/6295 [==============================] - 1s - loss: 0.0804 - acc: 0.9900 - val_loss: 0.0827 - val_acc: 0.9907
Epoch 10/25
6295/6295 [==============================] - 0s - loss: 0.0775 - acc: 0.9908 - val_loss: 0.0806 - val_acc: 0.9907
Epoch 11/25
6295/6295 [==============================] - 0s - loss: 0.0749 - acc: 0.9911 - val_loss: 0.0811 - val_acc: 0.9905
Epoch 12/25
6295/6295 [==============================] - 1s - loss: 0.0764 - acc: 0.9913 - val_loss: 0.0781 - val_acc: 0.9907
Epoch 13/25
6295/6295 [==============================] - 0s - loss: 0.0752 - acc: 0.9903 - val_loss: 0.0788 - val_acc: 0.9907
Epoch 14/25
6295/6295 [==============================] - 1s - loss: 0.0746 - acc: 0.9911 - val_loss: 0.0768 - val_acc: 0.9907
Epoch 15/25
6295/6295 [==============================] - 1s - loss: 0.0733 - acc: 0.9916 - val_loss: 0.0826 - val_acc: 0.9905
Epoch 16/25
6295/6295 [==============================] - 1s - loss: 0.0703 - acc: 0.9906 - val_loss: 0.0753 - val_acc: 0.9907
Epoch 17/25
6295/6295 [==============================] - 0s - loss: 0.0731 - acc: 0.9906 - val_loss: 0.0741 - val_acc: 0.9909
Epoch 18/25
6295/6295 [==============================] - 1s - loss: 0.0688 - acc: 0.9909 - val_loss: 0.0769 - val_acc: 0.9902
Epoch 19/25
6295/6295 [==============================] - 1s - loss: 0.0695 - acc: 0.9916 - val_loss: 0.0754 - val_acc: 0.9909
Epoch 20/25
6295/6295 [==============================] - 0s - loss: 0.0694 - acc: 0.9905 - val_loss: 0.0782 - val_acc: 0.9902
Epoch 21/25
6295/6295 [==============================] - 0s - loss: 0.0696 - acc: 0.9909 - val_loss: 0.0765 - val_acc: 0.9905
Epoch 22/25
6295/6295 [==============================] - 1s - loss: 0.0723 - acc: 0.9898 - val_loss: 0.0739 - val_acc: 0.9905
Epoch 23/25
6295/6295 [==============================] - 1s - loss: 0.0687 - acc: 0.9909 - val_loss: 0.0710 - val_acc: 0.9912
Epoch 24/25
6295/6295 [==============================] - 1s - loss: 0.0665 - acc: 0.9913 - val_loss: 0.0703 - val_acc: 0.99140.
Epoch 25/25
6295/6295 [==============================] - 0s - loss: 0.0657 - acc: 0.9916 - val_loss: 0.0718 - val_acc: 0.9905

Out[73]: <keras.callbacks.History at 0x23907fc6be0>
```

图 7-61　此输出与训练过程结束后应该看到的结果比较类似

接下来，对模型的性能进行评估(见图 7-62)。

```
score = TCN.evaluate(x_test, y_test, verbose=0)
print('Test loss:', score[0])
print('Test accuracy:', score[1])
```

图 7-62 通过损失和准确率对模型的性能进行评估

你看到的输出结果应该与图 7-63 中显示的内容类似。

```
In [74]:  1
          2  score = TCN.evaluate(x_test, y_test, verbose=0)
          3  print('Test loss:', score[0])
          4  print('Test accuracy:', score[1])

Test loss: 0.0717651191317761
Test accuracy: 0.9904693828925423
```

图 7-63 传入测试集后生成的模型的损失和准确率输出结果

非常好，但 AUC 分数是什么情况呢？运行图 7-64 中的代码。

```
from sklearn.metrics import roc_auc_score

preds = TCN.predict(x_test)
auc = roc_auc_score( np.round(preds), y_test)
print("AUC: {:.2%}".format (auc))
```

图 7-64 用于在给定舍入预测和测试集的情况下检查 AUC 分数的代码

运行上述代码得到的输出结果应该如图 7-65 所示。

```
In [75]:  1  from sklearn.metrics import roc_auc_score
          2
          3  preds = TCN.predict(x_test)
          4  auc = roc_auc_score( np.round(preds), y_test)
          5  print("AUC: {:.2%}".format (auc))

AUC: 98.64%
```

图 7-65 生成的 AUC 分数

生成的 AUC 分数还是很不错的！因此，对于编码器-解码器 TCN 和膨胀 TCN 体系结构，在监督设置的情况下，你都努力使信用卡数据集上的 AUC 分数达到 98%以上。尽管两种模型都是在监督设置下进行训练和执行的，但由于异常和正常条目进行了如此标记，因此，我们得出的重要结论就是，TCN 可以非常快速地针对 GPU 进行训练，并且性能表现非常出色。

7.4　本章小结

在本章中，讨论了时域卷积网络的相关内容，并介绍了它们在应用于异常检测时的表现。

在第 8 章中，将介绍异常检测的实际应用案例。

第8章

异常检测实际应用案例

在本章中，你将了解到如何在多种行业中使用异常检测。将探索如何使用异常检测技术来处理各种实际应用案例并解决商业领域的一些实际问题。每个领域和应用案例都各不相同，因此，不能通过复制-粘贴代码来构建一个可在任何数据集中检测异常的通用模型，但本章将介绍很多应用案例，让你了解各种可能性以及思考过程背后的概念。

概括来说，本章主要介绍以下主题：

- 什么是异常检测？
- 异常检测的实际应用案例
  - ◆ 电信
  - ◆ 银行服务
  - ◆ 环境
  - ◆ 医疗保健
  - ◆ 交通运输
  - ◆ 社交媒体
  - ◆ 金融和保险
  - ◆ 网络安全
  - ◆ 视频监控
  - ◆ 制造业
  - ◆ 智能住宅
  - ◆ 零售业
- 实现基于深度学习的异常检测

8.1　什么是异常检测?

所谓异常检测,其实就是找出不符合被认为是正常行为或预期行为的模式。如果出现异常事件,可能会对企业造成数百万美元的经济损失。消费者也可能会因异常事件而损失数百万美元的经济利益。实际上,在日常生活中,人们会面临各种各样的情况,财产甚至是生命方面的风险无处不在。如果你的银行账户被清空,这就是一个问题。如果你家的水管破裂,淹了地下室,这也是一个问题。还有,如果机场的所有航班都发生延误,导致旅客长时间滞留机场,这同样是一个问题。你可能经历过误诊的情况,或者压根就没有诊断出存在健康问题,这是一个非常严重的问题,直接影响你的身体健康。

图 8-1 是一个关于异常的示例,其中在种群中出现了一条其他颜色的鱼。

鱼种群图

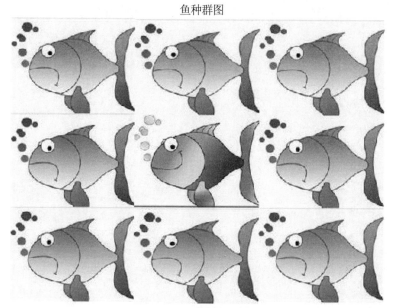

图 8-1　一个异常示例

在商业领域中,所有工作都围绕数据展开,异常检测就是识别出那些反常的数据点、事件或观测值,之所以被怀疑为异常,是因为它们与被认为是正常或典型的数据明显不同。许多此类异常都可能对业务运营或利润产生显著影响,这就是异常检测在某些行业中广泛应用的原因,很多企业都投入大量的资金和资源来获取可以帮助他们识别异常行为的技术,以免带来不可估量的经济损失。此类前瞻性的异常检测越来越多地被大家采用,由于在 AI 革命中开发出各种新技术,此问题的解决方法也越来越多,而这些方法在过去根本无法实现。

图 8-2 是每天通过旧金山金门大桥的汽车数量的示例。

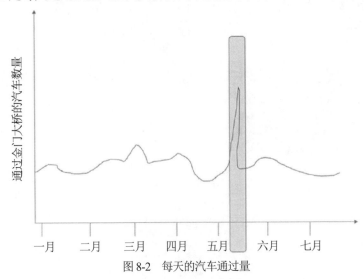

图 8-2　每天的汽车通过量

可能为企业提供帮助的异常检测种类在很大程度上取决于企业运营过程中收集的数据种类以及异常检测执行策略中采用的技术和算法的种类。

8.2　异常检测的实际应用案例

下面我们将介绍异常检测在一些行业和商业领域的应用。

8.2.1　电信

在电信领域，部分异常检测应用案例包括检测漫游滥用、收入欺诈以及服务中断。那么，我们如何在电信领域中检测漫游滥用呢？通过查看手机的位置，我们可将手机在任意特定时刻的行为分类为正常或异常。这可帮助我们检测手机在这段时间的使用情况。通过查看所有其他信息，我们可以对漫游活动有一个大概的了解，此外，我们还可以检测这部手机的使用方式以及是否发生了任何漫游滥用情况。图 8-3 显示了当你在全球各地旅行或出差时手机漫游的工作方式。

服务中断是另一种影响非常大的异常检测应用案例。手机通过遍布各地的信号塔连接到移动电话网络。你的手机将连接到最近的信号塔，以便加入移动电话网络。一旦发生人群大量聚集的活动，比如音乐会或足球比赛，原本工作正常的手机信号塔会变得不堪重负，导致严重的服务中断，并且客户在超载期间的使用体验非常糟糕。图 8-4 显示了美国西北地区手机服务中断的情况。

图 8-3　漫游

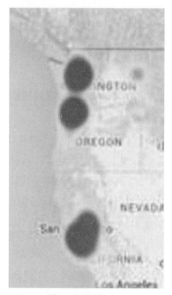

图 8-4　服务中断

　　如果我们掌握了手机信号塔和关联设备在特定时间段以及长期的各种数据指标，再加上我们了解到的关于信号塔周围活动的典型特征的各种信息(附近是否举办过音乐会或其他比赛，或者手机信号塔附近预计是否会举办重大活动)，那么我们可以使用时间序列来表示所有此类活动，然后使用 TCN 或 LSTM 算法来检测与重大活动相关的异常，因为它们在时间上具有一定的依存关系。这有助于了解这些服务是如何使用的，以及特定手机信号塔的服务有效程度。

　　现在，手机通信公司可通过某种方式了解特定时间段是否需要升级，或者是否需要建设更多的信号塔。例如，如果在某个特定的信号塔附近建造主办公大楼，使用移动电话网络拥有的所有信号塔的时间序列数据，可以在网络的其他部分检测异常，并将相应的原理模式应用于可能受新建造的办公大楼影响的信号塔(新建的办公大楼会增加数千个手机连接,可能导致信号塔超载,并影响信号塔在近期的使用情况)。

8.2.2 银行服务

在银行服务领域,部分异常检测应用案例包括标记反常的高交易量、欺诈活动、网络钓鱼攻击等。在当今社会,几乎所有人都使用信用卡。通常情况下,每个人都有固定的信用卡使用方式,与其他人不尽相同。因此,个人使用信用卡的行为一般都存在一种隐式的特征模式,其中包括如何使用信用卡、何时使用信用卡、为什么使用信用卡以及使用信用卡来干什么。如果信用卡公司掌握了大量消费者的信用卡使用信息,那么,当某笔信用卡交易可能是欺诈行为时,就可以利用异常检测对其进行检测。

在此类异常检测应用案例中,自动编码器会非常有用。这种情况下,我们可获取各个消费者的所有信用卡的交易信息,捕获各种特征并将其转换为数值特征,以便可以根据各种因素为每个信用卡指定特定的分数,同时指定一种指示器,指明交易是正常的还是反常的。然后可以使用自动编码器,构建一个异常检测模型,根据已知的关于某个客户的其他交易的所有信息,快速确定某笔特定的交易属于正常交易还是反常交易。自动编码器甚至不需要非常复杂,只需要包含几个用于编码器的隐藏层和一些用于解码器的隐藏层,就能很好地检测出信用卡的反常活动(也称为欺诈活动)。图 8-5 形象地展示了信用卡欺诈行为。

图 8-5 信用卡欺诈行为演示

8.2.3 环境

提到环境领域,异常检测有多种适用情况。不管是森林砍伐还是冰川融化,空气质量还是水资源质量,异常检测都可以帮助识别反常活动。图 8-6 是一张关于森林砍伐的照片。

图 8-6　森林砍伐

　　我们来看一个关于空气质量指数的示例。空气质量指数提供可吸入空气质量的某种测量结果，可通过放置在相应地区各个位置的各种传感器进行测量。这些传感器会测量并发送周期性数据，这些数据被收集到一个集中系统，这个系统将收集来自所有传感器的此类数据。这会生成一个时间序列，每个测量结果都包含多种属性或特征。每个时间点都有特定数量的特征，然后可将这些特征输入到诸如自动编码器的神经网络，这样，我们就可以构建一个异常检测器。当然，也可以使用 LSTM 甚至 TCN 来执行同样的操作。图 8-7 显示了 2015 年首尔地区的空气质量指数。

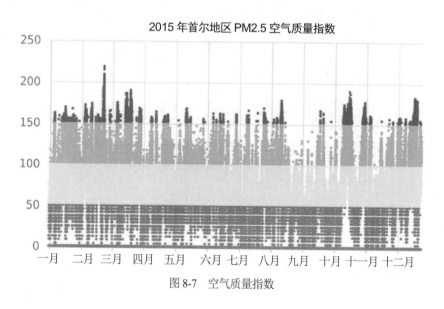

图 8-7　空气质量指数

8.2.4 医疗保健

医疗保健是异常检测广泛应用的领域之一，其中包括防止欺诈、癌症或慢性病检测、改善门诊服务等。

在医疗保健领域，异常检测最大的一个应用案例就是通过各种诊断报告检测癌症的发病情况，甚至在还没有出现可能表示患上癌症的任何明显症状之前就做出准确诊断。对任何人来说，癌症带来的后果都是非常严重的，因此，尽早做出诊断是非常重要的。在这方面，我们可以利用包括卷积神经网络以及自动编码器在内的异常检测技术，二者结合使用效果更佳。

卷积神经网络利用神经网络层，通过维度降低的概念来减少原本数量较多的特征/颜色像素，使维度点大大降低。因此，如果将此卷积神经网络与自动编码器结合使用，我们还可以使用自动编码器观察医疗保健行业中通过各种诊断技术获得的图像，例如MRI 图像、乳房 X 光照片或其他图像。图 8-8 中显示了一组 CT 扫描图像。

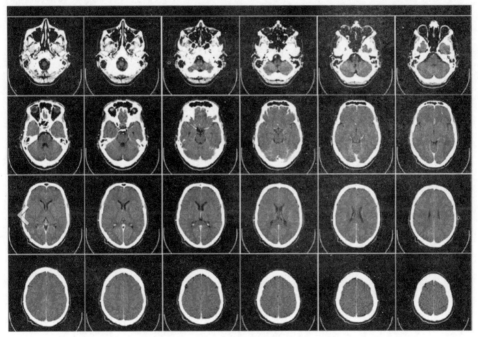

图 8-8　CT 扫描图像

我们来了解另一个关于检测特定地区居民异常健康状况的应用案例。通常情况下，特定地区的居民会选择当地的医院就诊。利用这种数据，医院可以面向该地区的所有居民收集并存储各种健康指标。其中部分指标包括验血结果、血脂分析、血糖值、血压、心电图(ECG)等。与年龄、性别、健康状况等人口统计数据结合使用时，此信息使我们可以构建出基于 AI 的复杂异常检测模型。

图 8-9 显示了通过观察心电图结果发现的不同健康问题。

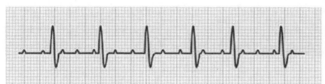

请注意 P 波的一半没有后跟 QRS 波群和 T 波，而另一半后跟了 QRS 波群和 T 波。

问题：你预计心率(脉搏)发生了什么情况？

二度(部分)传导阻滞

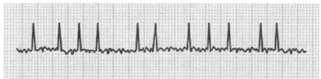

请注意 QRS 波群前面的异常电波图案。另外，还请注意 QRS 波群之间的频率是如何增大的。

问题：你预计心率(脉搏)发生了什么情况？

心房颤动

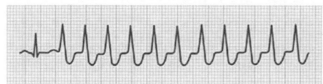

请注意 QRS 波群的异常形状，重点关注 S 分量。

问题：你预计心率(脉搏)发生了什么情况？

心动过速

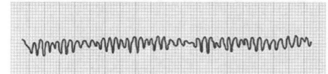

请注意，完全没有正常电波活动。

问题：你预计心率(脉搏)发生了什么情况？

心室纤维性颤动

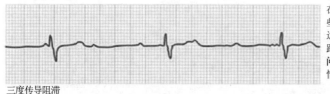

在三度传导阻滞中，SA 节点发出的某些脉冲没有达到 AV 节点，而其他脉冲达到了。另外，还请注意 P 波没有后跟 QRS 波群。

问题：你预计心率(脉搏)发生了什么情况？

三度传导阻滞

图 8-9　心电图结果

在医疗保健领域，具有很多不同的异常检测应用案例，其中我们可使用不同的异常检测算法来实施预防措施。

8.2.5　交通运输

在交通运输领域，可通过异常检测来确保车辆正常通行，道路得到合理利用。如果我们可以通过道路上安装的所有传感器(如收费站、交通信号灯、监控摄像头、GPS信号)收集不同类型的事件，就可以构建一个异常检测引擎，然后使用它来检测异常的交通模式。

异常检测也可用于检查公共交通调度的时间，以及交通区域中相关的交通状况。我们还可以查找燃料使用情况、公共交通运载的乘客数量、季节趋势等方面的异常活动。图 8-10 显示的是高峰时段交通流量的激增导致的交通堵塞。

图 8-10　交通堵塞

8.2.6　社交媒体

在 Twitter、Facebook 和 Instagram 等社交媒体平台中，可以利用异常检测来检测因受到攻击而向所有人发送大量垃圾邮件的账户、虚假广告、虚假评论等。社交媒体平台用户高达数十亿，因此，社交媒体平台上的活动量非常大，并且不断增长。为了保护使用社交媒体平台的个人的隐私，同时确保使用社交媒体平台的每个人都能获得满意的体验，可以利用很多技术来增强该系统的功能。利用异常检测，可以对每个人的活动进行检查，确认是正常行为还是异常行为。

类似地，可对广告平台上发布的任何广告、任何针对个人的好友推荐、个人可能感兴趣的任何新闻文章(例如选举)进行处理，找出反常或异常的活动。如果异常检测可以检测出推文中的挑衅性内容、定期更新的煽动性内容、虚假新闻等，那么异常检测就是一种非常好的应用。除此之外，还可以利用异常检测来检测你的账户是否已被接管，因为你的账户可能突然间发布大量的推文、暂停发布推文和评论，或者可能攻击其他账户以及向其他所有人发送垃圾邮件。图 8-11 显示的是 Facebook 上关于虚假新闻的一篇文章。

图 8-11　Facebook 上关于虚假新闻的文章

8.2.7　金融和保险

在金融和保险行业中，可利用异常检测来检测欺诈性理赔、欺诈性交易(例如出入境转账)、欺诈性差旅费用报销以及与特定政策或个人等相关的风险。金融和保险行业在很大程度上依赖于确定正确的目标消费者以及在处理金融和保险事务时承担适当风险的能力。例如，如果已经知道特定的地区容易发生森林火灾或地震，或者频繁发生洪水灾害，那么为你家提供保险的保险公司在填写家庭财产险保单时，就需要利用可获得的所有相关工具来确定可能发生的风险量。

异常检测还可用于检测电汇欺诈。这种欺诈会使用多个不同账户在国内外进行大量资金转账，考虑到每小时发生的交易量非常大，想要人工检查并搞清楚这些行为是非常困难的。但利用异常检测进行这种检查是可行的，因为可以针对大量数据对 AI 技术进行训练，以在人类能力或几十年来出现的许多统计技术可以达到的能力之外检测新出现的新型电汇欺诈。深度学习可解决金融和保险行业中的大问题，随着图形处理单元(GPU)的出现，这在很多非常棘手的应用案例中都成为现实。可将异常检测和深度学习结合使用，以便满足企业的需求。图 8-12 显示的是按揭贷款欺诈报告趋势。

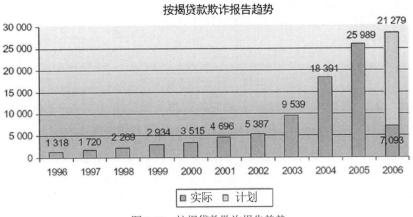

图 8-12　按揭贷款欺诈报告趋势

8.2.8　网络安全

异常检测的另一个应用案例是在网络安全或网络服务领域。实际上，异常检测最早的应用案例之一就在此领域。那是在几十年以前，当时人们使用统计模型来检测任何网络入侵企图。在网络安全领域，可能会出现很多种情况。最常见的攻击类型之一就是拒绝服务(DoS)攻击。针对公司的网站或门户发起拒绝服务攻击以便破坏客户服务时，通常会使大量计算机同时与门户建立连接并运行大量无用的随机事务(可能是处理客户的某种支付服务)。由此产生的结果是，门户无法及时对客户做出响应，最终导致客户体验非常差并带来业务损失。

由于我们针对长期收集的数据来训练系统，因此异常检测可检测出反常活动。收集的数据包括典型的使用行为、支付模式、处于活动状态的用户数、特定时间的支付金额以及支付门户的季节性行为和其他趋势。如果突然针对你的支付门户发起 DoS 攻击，你的异常检测算法很可能能够检测出此类活动，并快速通知基础设施或运营团队，由他们采取相应的应对措施，例如设置不同的防火墙规则或更好的路由规则，以便阻止破坏分子针对门户发动攻击或延长攻击时间。图 8-13 是网络流量异常监控的一个示例。

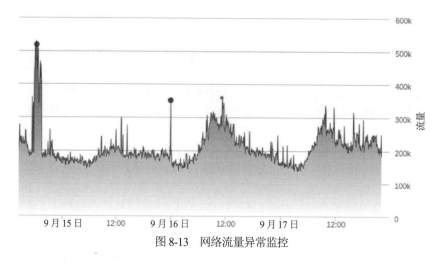

图 8-13 网络流量异常监控

下面介绍另一个示例，攻击者一开始先通过某种方式设置一个特洛伊木马病毒并将其传入网络，从而试图进入某个系统。通常情况下，这个过程会涉及大量的扫描，例如端口或 IP 扫描，以便了解在服务运行时网络中存在哪些计算机。计算机可能运行的是 SSH 和 Telnet (更容易破解)，而攻击者可能试图利用 Telnet 或资产服务的漏洞发起多种不同类型的攻击。最后，其中一台目标计算机会做出响应，攻击者就会进入系统，然后继续渗透到内部网络，直到获取他们想要的东西。

通常情况下，网络具有固定的使用模式，包含数据库服务器、Web 服务器、开发服务器、薪酬管理系统、QA 系统以及面向最终用户的系统。一般情况下，在很长时间内都会看到熟悉的预期行为。然后，在较长的时间内会观察并预计到关于计算机使用方式和网络使用方式的变更。我们也可以测量计算机相互通信的方式以及通过什么服务/端口进行通信。

使用异常检测，我们可检测特定的某台或某些计算机上的特定端口或服务的连接或事务活动频率是否异常，如果异常，则表示发生了某种类型的入侵活动，其中某些入侵者试图攻击一个或多个特定系统。对于运营团队来说，这是非常有价值的信息，他们可迅速召集网络安全专家，通过深入研究找出究竟发生了什么，并主动采取各种预防性措施，而不是在问题发生后被动地做出响应。二者的差别就是，有的企业可顺利运营，而有的企业则被迫停止运营(至少是暂时停止运营)。仅仅一次网络安全入侵几乎就可以毁掉一个企业，带来数亿美元的损失，过去曾经发生过多起这样的事件。正是由于这个原因，网络安全领域对深度学习非常关注，现如今，涉及深度学习异常检测的应用案例属于网络安全和网络服务领域最主要的应用案例。图 8-14 显示了不同服务端口上的 TCP 连接数异常。

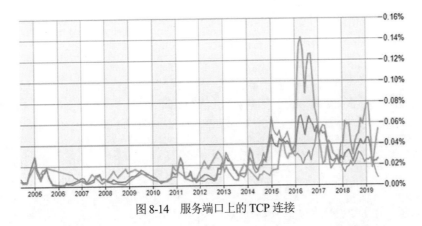

图 8-14 服务端口上的 TCP 连接

在网络安全或网络服务领域，并不是所有应用案例都是令人绝望和沮丧的；异常检测也可以用于确定是否需要升级某些系统、我们的系统能否承受现在以及将来的流量、是否需要进行任何节点容量规划以使所有事项回归正常等。这些信息同样对运营团队来说非常重要，能使他们了解是否存在一年前没有预知的趋势，而这些趋势使原本正常的网络行为现在变为不正常的行为。应该立即了解相关信息和趋势，而不要等到发生无法挽回的损失，这一点非常重要，了解相关信息后，应该立即开始进行前瞻性规划，处理这种在网络中针对特定的某台或某些计算机发生的始发流量或事务。

8.2.9　视频监控

异常检测在另一个领域正变得越来越重要，那就是视频监控。现在，不管你去哪里，监控摄像头和视频监控系统随处可见：当地的学校、当地的公园、大街、邻居的房子附近或者自己的家中。简单来说，视频监控几乎无处不在。考虑到智能应用程序和智能手机方面新的技术进步层出不穷，很显然这种情况在短期内不会发生任何改变。相反，根据我们的预测，将来视频监控的应用会更广泛。在不久的将来，我们会看到更多智能汽车和无人驾驶汽车。它们要求使用实时分析技术连续处理视频以及检测各种目标。与此同时，它们也可以检测任何类型的异常。严格地从安全视频监控方面来讲，可以使用异常检测来检测观察后院的特定摄像头所看到的情况是否正常。由于房子附近的某种运动而检测到特定异常时(例如野生动物甚至是入侵者在你家草坪上走动)，你的住宅安全监控系统能看到并确定这不是正常行为。为了使摄像头能够有效地完成此类监控任务，制造商需要对极为复杂的机器学习模型进行训练，以便能够实时评估视频信号。然后将来自摄像头的场景确定为正常或异常。例如，如果你在州际公路上乘坐无人驾驶汽车，汽车视频会根据以下信息立即明确指明什么是正常的：道路应该是什么样的、标志应该在什么位置、树应该在什么位置以及下一辆车应该在什么位置。使用异常检测，无人驾驶汽车可以躲避路上发生的任何异常状况，然后采取相应的校正或补救措施，以免发生不好的状况。

图 8-15 是一个目标检测视频监控系统。

图 8-15　目标检测视频监控系统

8.2.10　制造业

异常检测在制造业也得到广泛应用。具体来说，如今绝大多数制造企业都使用机器人以及各种自动化技术和流程。这种情况下，可使用异常检测来检测制造系统零件的功能故障或临近失效情况。

在制造业，由于自动化技术的大量运用，以实时或准实时的方式收集各种传感器信息和其他类型的度量指标变得格外重要。可以利用这些数据来构建一个复杂的异常检测模型，尝试检测是否存在很快就将在工厂或制造周期中看到的迫在眉睫的问题。

关于异常检测及其如何在企业中应用的另一个示例是石油和天然气平台。通常情况下，一个石油和天然气平台包括几千个以各种方式相互连接在一起的零部件，它们可以保证设备正常运转。我们都知道，可使用传感器对所有零部件进行监控，而各个传感器可对其安装的零部件的各种参数进行测量。所有这些传感器都可以是 IoT (物联网)平台的组成部分。如果可从安装到数万个零部件的数万个传感器收集所有传感器输出，我们就可以在更长时段收集此类数据，并训练复杂的异常检测模型，如自动编码器、LSTM 以及 TCN。

图 8-16 中显示的是一个带有传感器读数的制造工厂。

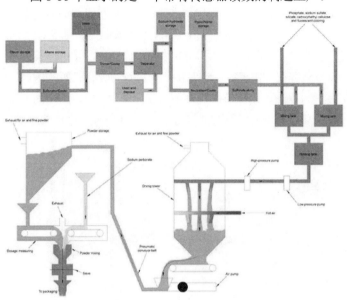

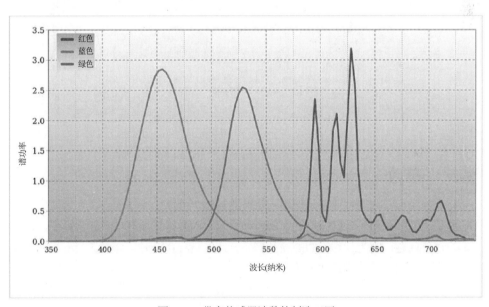

图 8-16 带有传感器读数的制造工厂

8.2.11 智能住宅

异常检测的另一个应用领域是智能住宅系统。智能住宅包含很多集成组件，如智能温度调节装置、电冰箱以及各种互连设备，这些组件彼此进行交互和通信。假设你有一个 Amazon Alexa。Alexa 可以向智能灯发出指令，而智能灯使用的是智能灯泡。可以通过智能手机上一个非常智能的应用程序来控制所有组件。甚至温度调节装置也是相互连接的。那么，在这种情况下，我们如何实际使用异常检测呢？一种简单方式是，监控如何设置温度调节装置以便在所有天气状况下达到最佳温度，并遵循某种建议或建议行为。由于温度调节装置在一定程度上针对每一家进行个性化设置，因此，可能存在一种非常好的深度学习算法，用来持续观察所有房子(包括你家房子)的温度调节装置，然后检测正常情况下你是如何使用它的。图 8-17 是一个智能住宅的演示图。

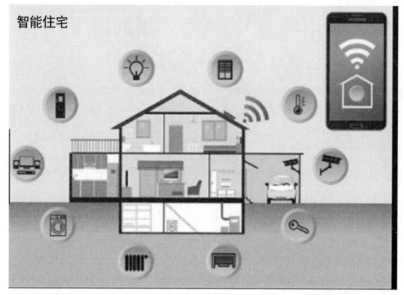

图 8-17　智能住宅

8.2.12　零售业

还有一个非常大的行业广泛应用异常检测算法，那就是零售业。在零售业中，存在一些关于商品和服务分发的应用案例，如供应链的效率。还有一点非常重要，那就是客户退货问题，因为处理退回的商品需要一定的技巧：有时，通过清仓甩卖的方式将它们销售出去的成本要低于补充货源。

了解客户销售额对于销售收入和规划将来的产品和销售策略同样至关重要，特别是更好地确定目标客户。图 8-18 显示的是某种产品的历史销售数据。

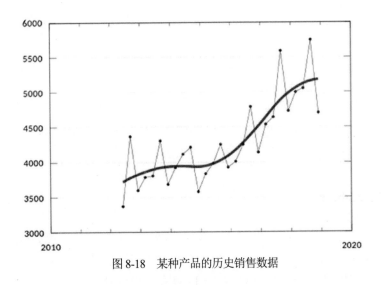

图 8-18　某种产品的历史销售数据

8.3　实现基于深度学习的异常检测

上面介绍了异常检测在不同行业中的应用案例，那么在你的组织或企业中实施异常检测的主要步骤有哪些？

异常检测过程涉及的主要步骤如下：

- 确定企业应用案例并对准预期
- 定义可用数据并了解它们以及数据本身的性质
- 建立数据使用流程以便对其进行处理
- 建立要使用的模型类型
- 针对如何使用和执行模型进行战略性讨论
- 查看结果和反馈，分析对企业产生的作用
- 实施在企业日常活动中使用的模型

特别地，我们对于如何构建模型以及应该使用哪种类型的模型非常感兴趣。使用哪种类型的异常检测算法会对想要通过此异常检测策略获得的所有结果产生非常大的影响。而这又取决于可用的数据类型以及数据是否已经添加标签或经过标识。对于特定应用案例来说，在选择最适合的异常检测类型时，影响决策的因素之一就是，它是点异常、上下文异常还是集体异常。我们还想了解数据是特定时间点的即时快照还是持续演进或不断变化的实时的时间序列数据。还有一点非常重要，那就是数据的特定特征或属性是分类、数值、定类、定序、二元、离散还是连续的。此外，还要了解数据是否已经添加标签或提供了某种类型的提示，指出此数据是什么，这一点也非常重要，因为它可以指引我们选择监督算法、半监督算法或无监督算法。

尽管有各种技术和算法可供使用，但在基于深度学习实施异常检测方法时还是存在一些主要的挑战，如下所述：

- 很难将 AI 集成到现有流程和系统中。
- 获得所需的技术和专业知识所付出的成本很高。
- 需要让领导者了解 AI 可以执行什么、不能执行什么。
- AI 算法并不是本身就很智能，它们需要通过分析"好的"数据进行学习。
- 需要改变"文化"氛围，尤其是那些规模很大的公司。

8.4　本章小结

本章讨论了异常检测在商业领域的实际应用案例。介绍了在很多领域中如何使用异常检测来解决各种实际问题。每个领域和应用案例都各不相同，因此，不能通过复制/粘贴代码来构建一个可在任何数据集中检测异常的通用模型。本章介绍了很多应用案例，让你了解各种可能性以及思考过程背后的概念。

请记住，这是一个不断发展演进的领域，会不断涌现新的发明创造以及对现有算法的增强，这意味着，将来的算法可能与现在大不相同。仅仅几年前，RNN(循环神经网络)还是处理时间序列最好的算法，但是现在广泛应用的却是 LSTM，而将来在处理时间序列时可能会更多地采用 TCN。甚至连自动编码器也发生了很大变化，传统的自动编码器已经演化为变分自动编码器。RBM 的应用已经不再像过去那么广泛。

附录 A 将介绍一种非常流行的深度学习框架，那就是 Keras。

附录 A

■ ■ ■

Keras 简介

在此附录中，将为大家介绍 Keras 框架及其提供的功能。你还将了解到如何使用后端(在这里我们使用的是 TensorFlow)来通过 Keras 执行低级操作。

在安装此框架时，将使用：
- tensorflow-gpu 版本 1.10.0
- keras 版本 2.0.8
- torch 版本 0.4.1 (这就是 PyTorch)
- CUDA 版本 9.0.176
- cuDNN 版本 7.3.0.29

A.1 什么是 Keras?

Keras 是一种高级的 Python 深度学习库，以 TensorFlow、CNTK 或 Theanos 作为**后端**。基本上可将后端视为执行所有工作的"引擎"，而 Keras 是汽车的其他部分，包括与引擎进行联系的软件。

换句话说，Keras 作为一种高级的深度学习库，对 TensorFlow 这种框架的大部分错综复杂的细节进行了抽象化处理。你只需要编写几行代码就可以让深度学习模型准备好进行训练和使用。与此相对的是 TensorFlow，作为一种较低级的框架，需要增加许多语法和功能来定义 Keras 抽象掉的那些内容。与此同时，如果你知道自己在做什么，那么 TensorFlow 和 PyTorch 还可提供更大的灵活性。

TensorFlow 和 PyTorch 允许你操纵各个**张量**(类似于矩阵，但它们并不仅限于两个维度，它们的范围比较广泛，从向量到矩阵，再到 n 维对象)来创建自定义神经网络层，以及创建包含自定义层的新神经网络体系结构。

说到这里，其实 Keras 也允许你执行与 TensorFlow 和 PyTorch 相同的操作，只不过你需要导入后端本身(这里使用的是 TensorFlow)来执行任何低级操作。基本上来说，这与使用 TensorFlow 本身是相同的，只不过是通过 Keras 来使用 TensorFlow 语法，因此，你仍然需要掌握 TensorFlow 语法和功能的相关知识。

最后，如果你不执行需要创建新的模型类型的调查研究工作，也不需要直接操纵张量，那么只需要使用 Keras 即可。它是一种非常容易学习和使用的框架，比较适合初学者，但是，如果想要掌握更高级的知识，学习使用 TensorFlow 或 PyTorch 提供的低级功能，那么还有很长的路要走。尽管如此，如果你需要执行任何低级工作，仍然可以通过 Keras 来使用 TensorFlow(或你使用的其他后端)。有一点需要特别注意，Keras 实际上已经集成到 TensorFlow 中，因此，可以通过 TensorFlow 本身来访问 Keras，但在此附录中，我们将使用 Keras API 来展示 Keras 功能，并使用 TensorFlow 作为 Keras 的后端来演示与 PyTorch 类似的低级操作。

A.2　使用 Keras

使用 Keras 时，绝大多数情况下，你都需要导入必需的程序包、加载数据、对其进行处理，然后将其传递到模型。在这一节中，我们将介绍如何在 Keras 中创建模型、可以使用的不同层、Keras 的多个子模块以及如何使用后端来执行张量操作。

如果你想要更深入了解 Keras 的相关知识，请查阅相应的官方文档资料。这里只介绍需要了解的关于 Keras 的基本知识，如果你还有其他问题，或者想要了解更多详细信息，我们建议你阅读相关的文档。

有关实现 Keras 的详细信息，可以在 GitHub 上获取，其对应的网址为：
https://github.com/keras-team/keras/tree/c2e36f369b411ad1d0a40ac096fe35f73b9dffd3。

如果想要查阅官方文档，请访问 https://keras.io/。

A.2.1　模型创建

在 Keras 中，可以构建**顺序模型**或**函数模型**。
图 A-1 中显示了如何构建**顺序模型**。
定义了顺序模型后，就可通过调用 model_name.add()向其中添加层，其中层本身将作为参数。添加完需要的所有层以后，即可针对你拥有的数据来编译和训练模型。
接下来，我们来看一看**函数模型**，其格式就是到目前为止你在本书中所使用的格式(见图 A-2)。

```
In [2]:    1  ### Sequential model
           2
           3  import keras
           4  from keras.models import Sequential
           5  from keras.layers import Dense
           6
           7  seq_model = Sequential()
           8  seq_model.add(Dense(16, input_shape=(8,)))
           9  seq_model.add(Dense(32, activation='relu'))
          10  seq_model.add(Dense(16, activation='softmax'))
          11
```

图 A-1　用于在 Keras 中定义顺序模型的代码

```
In [5]:    1  ### Functional model
           2
           3  import keras
           4  from keras.models import Model
           5  from keras.layers import Input, Dense
           6
           7  input_layer = Input(shape=(8,))
           8  dense_1 = Dense(32, activation='relu')(input_layer)
           9  output_layer = Dense(16, activation='softmax')(dense_1)
          10
          11  func_model = Model(input_layer, output_layer)
```

图 A-2　用于在 Keras 中定义函数模型的代码

函数模型定义神经网络的方式可为你提供更大的灵活性。使用它，可将层连接到其他任何想要连接的层，而不是像顺序模型那样，只能连接到前一层。这就使你能与其他多个层共享某一层，甚至重复使用同一个层，从而创建更复杂的模型。

定义完所有层后，只需要分别使用输入和输出参数调用 model()即可完成整个模型创建。接下来，可继续对模型进行编译和训练。

A.2.2　模型编译和训练

绝大多数情况下，用于编译模型的代码如图 A-3 所示。

```
In [ ]:    1  model.compile(optimizer="",
           2                loss="",
           3                metrics="")
```

图 A-3　在 Keras 中用于编译模型的代码

但是，还需要考虑更多的参数，如下所述。

● **optimizer**：以字符串或优化器实例的形式传入优化器的名称(通过所需的参数调用优化器。我们将在下面的"优化器"一节中对此做更详细的说明)。

- **loss**：传入损失函数的名称或函数本身。我们将在下面的"损失函数"一节中对此做更详细的说明。

- **metrics**：传入你希望模型在训练和测试过程中评估的度量指标列表。阅读"度量指标"一节，了解有关可以使用的度量指标的更详细信息。

- **loss_weights**：如果有多个输出和多个损失，那么模型会根据总损失进行评估。loss_weights 是用于确定每个损失因子对总体合并损失的贡献量的列表或词典。使用新的权重，现在总体损失是所有损失的加权和。

- **sample_weight_mode**：如果你的数据具有带逐时间步抽样加权的二维权重，则应传入 temporal 参数。否则，传入 None 将默认采用一维逐样本权重。如果你的模型具有多个输出，也可以传递 sample_weight_mode 的列表或词典。有一点需要注意，你至少需要一个三维输出，其中一个维度为时间。

- **weighted_metrics**：模型的度量指标列表，用于在训练和测试过程中使用 sample_weight 或 class_weight 进行评估和加权。

对模型进行编译后，还可调用函数来**保存**模型，如图 A-4 所示。

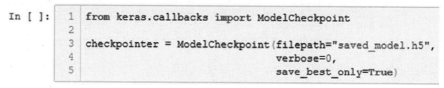

```
In [ ]:  1  from keras.callbacks import ModelCheckpoint
         2
         3  checkpointer = ModelCheckpoint(filepath="saved_model.h5",
         4                                 verbose=0,
         5                                 save_best_only=True)
```

图 A-4　用于将模型保存到特定文件路径的回调

下面列出与 ModelCheckpoint() 相关的参数集合。

- **filepath**：用于保存模型文件的路径。仅键入 saved_model.h5 可将其保存在同一个目录中。

- **monitor**：希望模型监控的数量。默认情况下，该参数设置为 val_loss。

- **verbose**：将详细程度设置为 0 或 1。默认情况下设置为 0。

- **save_best_only**：如果设置为 True，则将保存根据监控的数量具有最佳性能的模型。

- **save_weights_only**：如果设置为 True，则只保存权重。从本质上讲，如果为 True，则为 model.save_weights(filepath)，否则为 model.save(filepath)。

- **mode**：可在 auto、min 或 max 之间进行选择。如果 save_best_only 为 True，则应该选择最适合监控的数量的选项。如果为 monitor 选择了 val_acc，则需要为 mode 选择 max，而如果为 monitor 选择 val_loss，则需要为 mode 选择 min。

- **period**：每个检查点之间有多少次迭代。

现在，可使用与图 A-5 类似的代码对模型进行训练。

```
In [ ]:    1  model.fit(x, y,
           2          batch_size=128,
           3          epochs=25,
           4          verbose=1,
           5          validation_data=(x_t, y_t),
           6          callbacks = [checkpointer])
```

图 A-5　用于训练模型的代码

model.fit()函数的参数列表比较大，如下所述。

- **x**：这是用于表示训练数据的 Numpy 数组。如果有多个输入，那么这就是作为所有训练数据的 Numpy 数组列表。

- **y**：这是用于表示目标或标签数据的 Numpy 数组。同样，如果有多个输出，这就是目标数据 Numpy 数组的列表。

- **batch_size**：默认情况下设置为32。这是一个整数值，表示更新梯度之前在网络中运行的样本数。

- **epochs**：整数值，指示整个 x 和 y 数据在网络中进行多少次迭代。

- **verbose**：如果设置为 0，则在训练时不输出任何内容；如果设置为 1，将显示进度条和度量指标；如果设置为 2，将针对每次训练迭代显示一行。请查看下面各图了解每个值的确切含义。

verbose 等于 1 的情形如图 A-6 所示。

```
In [16]:   1  TCN.fit(x_train, y_train,
           2          batch_size=128,
           3          epochs=25,
           4          verbose=1,
           5          validation_data=(x_test, y_test),
           6          callbacks = [checkpointer])
           7

Train on 6295 samples, validate on 4197 samples
Epoch 1/25
6295/6295 [==============================] - 0s - loss: 0.0620 - acc: 0.9911 - val_loss: 0.0641 - val_acc: 0.9900
Epoch 2/25
6295/6295 [==============================] - 0s - loss: 0.0656 - acc: 0.9895 - val_loss: 0.0655 - val_acc: 0.9890
Epoch 3/25
6295/6295 [==============================] - 0s - loss: 0.0622 - acc: 0.9905 - val_loss: 0.0630 - val_acc: 0.9907
Epoch 4/25
3712/6295 [===============>..............] - ETA: 0s - loss: 0.0637 - acc: 0.9903
```

图 A-6　verbose 等于 1 的情形的训练函数

verbose 等于 2 的情形如图 A-7 所示。

- **callbacks**：keras.callbacks.Callback 实例列表。还记得之前定义为"检查点"的 ModelCheckpoints 实例吗？这就是用于包含该实例的地方。如果想要了解它是如何操作的，请参考上面展示 model.fit()函数调用情况的图形之一。

- **validation_split**：一个介于 0 和 1 之间的浮点值，用于告诉模型应该将多少训练数据用作验证数据。

```
In [17]:    1  TCN.fit(x_train, y_train,
            2             batch_size=128,
            3             epochs=25,
            4             verbose=2,
            5             validation_data=(x_test, y_test),
            6             callbacks = [checkpointer])
            7
```

```
Train on 6295 samples, validate on 4197 samples
Epoch 1/25
1s - loss: 0.0633 - acc: 0.9900 - val_loss: 0.0639 - val_acc: 0.9914
Epoch 2/25
0s - loss: 0.0621 - acc: 0.9905 - val_loss: 0.0626 - val_acc: 0.9914
Epoch 3/25
0s - loss: 0.0639 - acc: 0.9897 - val_loss: 0.0637 - val_acc: 0.9912
Epoch 4/25
```

图 A-7　verbose 等于 2 的训练函数

- **validation_data**：元组(x_val, y_val)或(x_val, y_val, val_sample_weights)，通过变量参数将验证数据传递给模型，还可以选择使用 val_sample_weights。另外，此参数还会覆盖 validation_split，因此只能使用其中一个。
- **shuffle**：布尔值，用于告诉模型在每次训练迭代之前是否重新整理训练数据，或者传入一个表示"批"(batch)的字符串，表示按照批大小分块进行重新整理。
- **class_weight**：(可选)用于告诉模型在训练过程中如何对特定类进行加权的词典。例如，可使用它对未得到充分表示的类进行更高的加权。
- **sample_weight**：(可选)在训练样本与传入的权重数组之间具有一对一映射的 Numpy 权重数组。如果具有时间数据(增加一个时间维度)，则传入一个形状为(samples, sequence_length)的二维数组，以将这些权重应用于样本的每个时间步。不要忘了在 model.compile()中将 sample_weight_mode 设置为 temporal。
- **initial_epoch**：一个整数，用于告诉模型在哪次训练迭代开始训练(可以在恢复训练时使用)。
- **steps_per_epoch**：在完成一次训练迭代之前，模型使用的步数或样本批数。
- **validation_steps**：(仅在指定 steps_per_epoch 时使用)在停止之前用于执行验证所采取的步数(样本批数)。
- **validation_freq**：(仅在传入验证数据时使用)如果传入 n，则每 n 次训练迭代运行一次验证。如果传入[a, e, h]，则将在第 a 次训练迭代、第 e 次训练迭代和第 h 次训练迭代后运行验证。

A.2.3　模型评估和预测

对模型进行训练后，你不仅可针对特定测试数据评估其性能表现，还可做出预测并根据需要将输出用于其他任何应用。之前，你曾经使用预测来生成 AUC 分数，以帮助更好地评估模型(准确率并不是判定模型性能的最佳度量指标)，除此之外，你还可以根据自己的需要通过其他任何方式来使用这些预测，特别是在模型可以出色地完成相应工作时。

用于针对特定的测试数据评估模型的代码如图 A-8 所示。

```
In [ ]:    1  model.evaluate(x, y, verbose=0)
```

图 A-8　用于在给定 x 和 y 数据集的情况下评估模型的代码

对于 model.evaluate()，其参数如下。

- **x**：用于表示测试数据的 Numpy 数组。如果模型具有多个输入，则传入 Numpy 数组列表。
- **y**：属于测试数据一部分的目标或标签数据的 Numpy 数组。如果具有多个输入，则传入 Numpy 数组列表。
- **batch_size**：如果未指定任何值，则默认为 32。此参数应为整数值，表示每个评估步存在多少个样本。
- **verbose**：如果设置为 0，则不显示输出。如果设置为 1，将显示进度条，如图 A-9 所示。

```
In [19]:    1
            2  score = TCN.evaluate(x_test, y_test, verbose=1)
            3  print('Test loss:', score[0])
            4  print('Test accuracy:', score[1])

4197/4197 [==============================] - 1s
Test loss: 0.06095811567112381
Test accuracy: 0.9914224446032881
```

图 A-9　verbose 等于 1 的情形的评估函数

- **sample_weight**：(可选)每个测试样本的权重的 Numpy 数组。同样，在样本与权重之间也是具有一对一映射，除非是时间数据。如果具有时间数据(增加一个时间维度)，则传入一个形状为(samples, sequence_length)的二维数组，以将这些权重应用于样本的每个时间步。不要忘了在 model.compile() 中将 sample_weight_mode 设置为 temporal。
- **steps**：如果指定为 None，则可将其忽略。否则，此整数参数 n 表示声明评估已完成之前的步数(样本批数)。
- **callbacks**：工作方式与 model.fit() 的 callbacks 参数相同。

最后，为了做出预测，可以运行与图 A-10 类似的代码。

```
In [ ]:    1  model.predict(x)
```

图 A-10　预测函数在给定特定数据集 x 的情况下生成预测

这种情况下，使用的参数如下。

- **x:** 用于表示预测数据的 Numpy 数组。如果模型具有多个输入，则传入 Numpy 数组列表。
- **batch_size:** 如果未指定任何值，则默认为 32。此参数应为整数值，表示每个批次存在多少个样本。
- **verbose:** 可以设置为 0 或 1。
- **steps:** 完成预测过程之前执行的步数(样本批数)。如果传入 None，则忽略此参数。
- **callbacks:** 工作方式与 model.fit()的 callbacks 参数相同。

还有一点需要注意：如果已经保存模型，可以通过调用图 A-11 中的代码重新加载该模型。

```
In [ ]:   1  from keras.models import load_model
          2
          3  model = load_model('filepath.h5')
```

图 A-11 在给定特定文件路径的情况下加载模型

现在，我们已经介绍了模型构造和操作的基本知识，接下来，将继续介绍组成模型本身的各个部分，也就是层。

A.2.4 层

1. 输入层

`keras.layers.Input()`

这指的是整个模型的输入层，其中包括多个参数，如下所述。

- **shape:** 这是由整数组成的形状元组，用于告诉层应该是什么形状。例如，如果传入 shape=(input_shape)并且 input_shape 为(31, 1)，则会告诉模型每个条目的维度应为(31, 1)。
- **batch_shape:** 这也是一个由整数组成的形状元组，其中包含批大小。如果传入 batch_shape = (input_shape)，其中 input_shape 为(100, 31, 1)，则会告诉模型需要 100 个 31×1 维度条目构成的批次。如果传入的 input_shape 为(None, 31, 1)，则会告诉模型批数可以是任意数值。
- **name:** (可选)层的字符串名称。该名称必须是唯一的，如果未传入任何值，则会自动生成相应的名称。
- **dtype:** 期望输入数据具有的数据类型，指定为字符串。例如，可以是 int32、float32 等值。
- **sparse:** 布尔值，告诉层其创建的占位符是否为稀疏。

● **tensor**：(可选)传递到层以作为输入占位符的张量。如果传入某些内容，则 Keras 不会自动创建特定的占位符张量。

2. 稠密层

```
keras.layers.Dense()
```

这是一个由稠密连接的神经元组成的神经网络层。基本上来说，该层中的每个节点都与前面的层和后面的层(如果存在)完全连接。

下面列出了对应的参数。

● **units**：该层中的神经元数量。这也会考虑输出空间的维度。

● **activation**：用于该层的激活函数。

● **use_bias**：布尔值，指示是否在该层中使用偏差向量。

● **kernel_initializer**：权重矩阵的初始化器。

● **bias_initializer**：与 kernel_initializer 类似，但用于偏差。

● **kernel_regularizer**：应用于权重矩阵的正则化函数。

● **bias_regularizer**：应用于偏差的正则化函数。

● **activity_regularizer**：应用于层输出的正则化函数。

● **kernel_constraint**：应用于权重的约束函数。

● **bias_constraint**：应用于偏差的约束函数。

为更好地理解稠密层究竟是什么，请查看图 A-12。

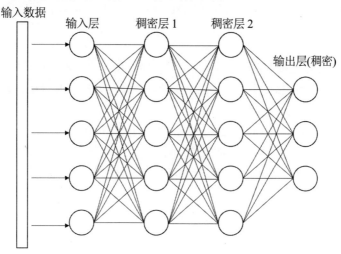

图 A-12　人工神经网络中的稠密层

3. 激活

```
keras.layers.Activation()
```

该层将对输入应用激活函数。下面列出了对应的参数。

● **activation**：传入激活函数或者特定的 Theanos 或 TensorFlow 运算。

为了帮助大家了解激活函数究竟是什么，图 A-13 显示了每个人工神经元的样子。

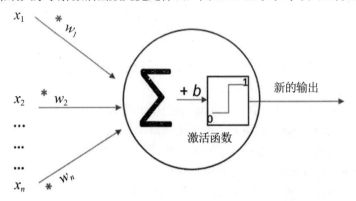

图 A-13　激活函数应用于节点对输入执行的函数的输出

激活传入输入*权重+偏差的输出，并将其传递给激活函数。如果没有激活函数，那么该输入将直接传递作为输出。

4. 丢弃

```
keras.layers.Dropout()
```

丢弃层的作用是提取前一层中特定浮点比例 f 的节点，然后将它们"取消激活"，这意味着它们不会连接到下一层。这有助于解决训练数据过拟合的问题。

下面列出了对应的参数。

● **rate**：一个介于 0 和 1 之间的浮点值，用于指示要丢弃的输入单位的比例。

● **noise_shape**：一个一维整数二元张量，用于与输入相乘来确定打开或关闭的单位。可以传入自己的丢弃掩码以便在丢弃层中使用，而不是使用 rate 随机选择值。

● **seed**：一个用作随机种子的整数。

5. 压平

```
keras.layers.Flatten()
```

该层获取所有输入并将它们压平到单个维度中。

彩色图像可以具有三个通道。它们可以是 RGB (红色、绿色、蓝色)、BGR (蓝色、绿色、红色)、HSV (色调、饱和度、明度)等，因此，如果按照通道在最后进行格式化，则这些图像的维度实际上是(高度、宽度、通道)，如果按通道最先进行格式化，则维度实际上是(通道、高度、宽度)。为了保留这种格式，可以向压平层中传入一个参数，如下所述。

- **data_format**：一个字符串，值为 channels_first 或 channels_last。这会告诉压平层如何对压平的输出进行格式化以保留此格式。

为更好地了解该层如何压平输入，请查看图 A-14 中卷积神经网络的摘要。

```
In [5]:  1
         2  import keras
         3  from keras.models import Model
         4  from keras.layers import Input, Dense, Convolution2D, Flatten
         5
         6  input_layer = Input(shape=(32, 32, 3))
         7
         8  conv_1 = Convolution2D(128, kernel_size=2, padding='same', activation='relu')(input_layer)
         9
        10  conv_2 = Convolution2D(128, kernel_size=2, padding='same', activation='relu')(conv_1)
        11
        12  flat_1 = Flatten()(conv_2)
        13
        14  classes = Dense(10, activation='softmax')(flat_1)
        15
        16  conv_net = Model(input_layer, classes)
        17
        18  conv_net.summary()
        19
        20
        21
        22
```

Layer (type)	Output Shape	Param #
input_5 (InputLayer)	(None, 32, 32, 3)	0
conv2d_6 (Conv2D)	(None, 32, 32, 128)	1664
conv2d_7 (Conv2D)	(None, 32, 32, 128)	65664
flatten_2 (Flatten)	(None, 131072)	0
dense_2 (Dense)	(None, 10)	1310730

Total params: 1,378,058
Trainable params: 1,378,058
Non-trainable params: 0

图 A-14　注意压平层如何降低其输入的维度

6. 空间丢弃一维

```
keras.layers.SpatialDropout1D()
```

此函数将丢弃整个一维特征图，而不是神经元元素，但在其他方面与常规的丢弃函数具有相同的功能。在前面的卷积层中，特征图趋向于强相关，因此，在这种情况下，常规的丢弃函数对正则化不会有太大的帮助。空间丢弃可以帮助解决这个问题，还有助于改善特征图本身之间的独立性。

该函数仅使用下面这个参数。

- **rate**：一个介于 0 和 1 之间的浮点数，用于确定要丢弃的输入单位的比例。

7. 空间丢弃二维

```
keras.layers.SpatialDropout2D()
```

该函数与空间丢弃一维函数类似，只不过它用于处理二维特征图。彩色图像可以具有三个通道。它们可以是 RGB (红色、绿色、蓝色)、BGR (蓝色、绿色、红色)、HSV (色调、饱和度、明度)等，因此，如果按照通道在最后进行格式化，则这些图像的维度实际上是(高度、宽度、通道)，如果按通道最先进行格式化，则维度实际上是(通道、高度、宽度)。

与 SpatialDropout1D()函数相比，该函数使用的参数要多一个。

- **rate**：一个介于 0 和 1 之间的浮点数，用于确定要丢弃的输入单位的比例。
- **data_format**：值为 channels_first 或 channels_last。这会告诉压平层如何对压平的输出进行格式化以保留通道最先或通道最后的格式。

8. 卷积一维

```
keras.layers.Conv1D()
```

如果想要了解有关一维卷积的工作方式的详细说明，请阅读第 7 章中的相关内容。

该层是一个一维(或时域)卷积层。它的基本工作原理是针对一维输入传递一个过滤器，然后对各个值进行逐元素相乘，从而创建输出特征图。

下面列出该函数使用的各个参数。

- **filters**：一个整数值，用于确定输出空间的维度。换句话说，这也是卷积中过滤器的数量。
- **kernel_size**：一个整数(或者由单个整数组成的元组/列表)，用于指定在一维卷积中使用的过滤器/核的长度。
- **strides**：一个整数(或者由单个整数组成的元组/列表)，用于告诉层在对过滤器和输入数据执行一次逐元素相乘以后需要移动多少个数据条目。注意，如果 dilation_rate 不等于 1，则不等于 1 的步长值不兼容。
- **padding**：值为 valid、causal 或 same。值为 valid 时不会对输出进行零填充。值为 same 时会对输出进行零填充，以使其与输入长度相同。causal 填充会生成因果膨胀卷积。有关 causal 填充的解释说明，请参阅第 7 章中的相关内容。

- **data_format**：值为 channels_first 或 channels_last。该参数会告诉压平层如何对压平的输出进行格式化以保留通道最先或通道最后的格式。channels_first 的格式为(batch, features, steps)，channels_last 的格式为(batch, steps, features)。
- **dilation_rate**：一个整数(或者由单个整数组成的元组/列表)，作为此膨胀卷积层的膨胀率。有关此参数的工作方式的解释说明，请参见第 7 章中的相关内容。
- **activation**：传入激活函数或特定的 Theanos 或 TensorFlow 运算。如果未指定任何内容，那么数据将在卷积过程之后按原样传递。
- **use_bias**：布尔值，指示是否在该层中使用偏差向量。
- **kernel_initializer**：权重矩阵的初始化器。
- **bias_initializer**：与 kernel_initializer 类似，但用于偏差。
- **kernel_regularizer**：应用于权重矩阵的正则化函数。
- **bias_regularizer**：应用于偏差的正则化函数。
- **activity_regularizer**：应用于层输出的正则化函数。
- **kernel_constraint**：应用于权重的约束函数。
- **bias_constraint**：应用于偏差的约束函数。

9. 卷积二维

```
keras.layers.Conv1D()
```

如果想要了解有关二维卷积层的工作方式的详细说明，请阅读第 3 章中的相关内容。

该层是一个二维卷积层。它的基本工作原理是针对输入传递一个二维过滤器，然后对各个值进行逐元素相乘，从而创建输出特征图。

下面列出了该函数使用的各个参数。

- **filters**：一个整数值，用于确定输出空间的维度。换句话说，这也是卷积中过滤器的数量。
- **kernel_size**：一个整数(或者由两个整数组成的元组/列表)，用于指定在二维卷积中使用的过滤器/核的高度和宽度。
- **strides**：一个整数(或者由两个整数组成的元组/列表，一个表示高度，一个表示宽度)，用于告诉层在对过滤器和输入数据执行一次逐元素相乘以后需要移动多少个数据条目。注意，如果 dilation_rate 不等于 1，则不等于 1 的步长值不兼容。

- **padding**：值为 valid 或 same。值为 valid 时不会对输出进行零填充。值为 same 时会对输出进行零填充，以使其与输入长度相同。
- **data_format**：值为 channels_first 或 channels_last。该参数会告诉压平层如何对压平的输出进行格式化以保留通道最先或通道最后的格式。
- **dilation_rate**：一个整数(或者由两个整数组成的元组/列表)，作为此膨胀卷积层的膨胀率。
- **activation**：传入激活函数或者特定的 Theanos 或 TensorFlow 运算。如果未指定任何内容，那么数据将在卷积过程之后按原样传递。
- **use_bias**：布尔值，指示是否在该层中使用偏差向量。
- **kernel_initializer**：权重矩阵的初始化器。
- **bias_initializer**：与 kernel_initializer 类似，但用于偏差。
- **kernel_regularizer**：应用于权重矩阵的正则化函数。
- **bias_regularizer**：应用于偏差的正则化函数。
- **activity_regularizer**：应用于层输出的正则化函数。
- **kernel_constraint**：应用于权重的约束函数。
- **bias_constraint**：应用于偏差的约束函数。

10. 上采样一维

```
keras.layers.UpSampling1D()
```

如果想要了解有关上采样的工作方式的详细说明，请阅读第 7 章中的相关内容。

该层的主要作用是在时间上将数据重复 n 次(其中 n 是传入的参数)。

- **size**：一个整数，用于指定在时间上将每个数据条目重复多少次。时间顺序将保留，因此，每个元素将根据其时间条目重复 n 次。

11. 上采样二维

```
keras.layers.UpSampling2D()
```

与 UpSampling1D()类似，但用于二维输入。根据 size[0]和 size[1]将行和列重复 n 次。

下面列出了该函数使用的各个参数。

- **size**：一个整数或者由两个整数组成的元组。该整数表示同时适用于行和列的上采样因子，而元组允许你分别为行和列指定上采样因子。
- **data_format**：值为 channels_first 或 channels_last。该参数会告诉压平层如何对压平的输出进行格式化以保留通道最先或通道最后的格式。
- **interpolation**：值为 nearest 或 bilinear。CNTK 尚不支持 bilinear，而 Theanos 仅支持 size=(2,2)。nearest 和 bilinear 是图像处理中使用的插值技术。

12. 零填充一维

```
keras.layers.ZeroPadding1D()
```

根据输入内容，在输入序列的两侧填充零，或者在输入序列的左侧填充一个零或在右侧填充一个零。

下面列出了该函数使用的参数。

- **padding**：一个整数、由两个整数组成的元组或一个词典。该整数会告诉层在左侧和右侧添加多少个零。输入 1 将在左侧和右侧都添加一个零。元组的格式为(left_pad, right_pad)，因此，可以传入(0, 1)，从而告诉层在左侧不添加零，在右侧添加一个零。

13. 零填充二维

```
keras.layers.ZeroPadding2D()
```

根据输入内容，会针对输入序列，在图像张量的顶部、左侧、右侧和底部填充若干行和列的零。

下面列出该函数使用的参数。

- **padding**：一个整数、由两个整数组成的元组、由两个元组(每个元组中包含两个整数)组成的元组。该整数会告诉层在图像张量的顶部和底部添加 n 行零以及 n 列零。由两个整数组成的元组格式为(symmetric_height_pad, symmetric_width_pad)，因此，如果传入元组(m, n)，会告诉层分别在每一侧添加 m 行零和 n 列零。最后，由两个元组组成的元组格式为((top_pad, bottom_pad), (left_pad, right_pad))，因此，可对层添加多少行零或多少列零的方式进行更大程度的自定义。
- **data_format**：值为 channels_first 或 channels_last。该参数会告诉压平层如何对压平的输出进行格式化以保留通道最先或通道最后的格式。

14. 最大池化一维

```
keras.layers.MaxPooling1D()
```

该层对一维输入应用最大池化。如果想要更好地了解最大池化的工作方式，请参见第 3 章中的相关内容。一维最大池化与二维最大池化类似，只不过滑动窗口仅在一个维度上适用，从左向右。

下面列出该函数使用的各个参数。

- **pool_size**：一个整数值。如果给定了整数 n，则池化层的窗口大小为 1×n。这些也是缩减所用的因子，因此，如果传入整数 n，则高度和宽度的维度都会根据该因子进行缩减。

- **strides**：整数或 None。默认情况下，步长设置为 pool_size。如果传入一个整数，在对一组条目完成池化操作后，将按照整数 n 移动池化窗口。

- **padding**：值为 valid 或 same。值为 valid 意味着不会进行零填充。值为 same 时会对输出序列进行零填充，以使其与输入序列的维度相匹配。

- **data_format**：值为 channels_first 或 channels_last。该参数会告诉压平层如何对压平的输出进行格式化以保留通道最先或通道在最后的格式。channels_first 的格式为(batch, features, steps)，channels_last 的格式为(batch, steps, features)。

15. 最大池化二维

```
keras.layers.MaxPooling2D()
```

该层对二维输入应用最大池化。如果想要更好地了解最大池化的工作方式，请参见第 3 章中的相关内容。

下面列出了该函数使用的各个参数。

- **pool_size**：一个整数，用于指示池化窗口的大小。整数 n 会将池化窗口大小设置为 n，表示一次筛选 n 个条目，从中选择最大值传递到输出。

- **strides**：整数或 None。默认情况下，步长设置为 pool_size。如果传入一个整数，在对一组条目完成池化操作以后，将按照整数 n 移动池化窗口。这也是用于确定缩减多少维度的因子，参数为 n 时会按照因子 n 降低维度。

- **padding**：值为 valid 或 same。值为 valid 意味着不会进行零填充。值为 same 时会对输出序列进行零填充，以使其与输入序列的维度相匹配。

- **data_format**：值为 channels_first 或 channels_last。该参数会告诉压平层如何对压平的输出进行格式化以保留通道最先或通道最后的格式。

A.2.5　损失函数

在下面的示例中，y_true 表示真实标签，y_pred 表示预测标签。

1. 均方误差

```
keras.losses.mean_squared_error(y_true, y_pred)
```

如果你对此方程式的表示法有疑问，请阅读第 3 章中的相关内容。查看图 A-15 中的方程式。

$$J(\theta) = \frac{1}{n}\sum_{i=1}^{n}\left(h_\theta(x_i) - y_i\right)^2$$

图 A-15　均方误差的方程式

给定输入 θ (也就是权重)，该方程式可以得出预测值与实际值之间的均方差。参数 h_θ 表示传入权重参数 θ 的模型，因此，$h_\theta(x_i)$ 可以得出模型的权重 θ 下 x_i 的预测值。参数 y_i 表示索引 i 处的数据点的实际预测。最后，总共有 n 个条目。

可以在自动编码器中使用此损失度量指标来帮助评估重构输出与原始输出之间的差异。对于异常检测来说，可以使用此度量指标将异常与正常数据点分离开来，因为异常的重构误差要更高一些。

2. 分类交叉熵

```
keras.losses.categorical_crossentropy(y_true, y_pred)
```

查看图 A-16 中的方程式。

$$J(\theta) = -\frac{1}{n}\sum_{i=0}^{n} y_i * log(h_\theta(x_i)) + (1 - y_i) * log(1 - h_\theta(x_i))$$

图 A-16　分类交叉熵的方程式

这种情况下，n 是整个数据集中的样本数。参数 h_θ 表示传入权重参数 θ 的模型，因此，$h_\theta(x_i)$ 可以得出模型的权重 θ 下 x_i 的预测值。最后，y_i 表示索引 i 处的数据点的真实标签。需要将数据正则化为介于 0 和 1 之间，因此，对于分类交叉熵来说，必须使其通过 softmax 激活层。分类交叉熵损失也称为 **softmax 损失**。

可将前面的方程式书写为图 A-17 中所示的形式，二者是等效的。

$$J(\theta) = -\frac{1}{n}\sum_{i=0}^{n}\sum_{j=0}^{m} y_{ij} * \log(h_{\theta}(x_{ij}))$$

图 A-17　另一种书写分类交叉熵方程式的方式

在这种情况下，m 是类数。

分类交叉熵损失是分类任务中的常用度量指标，特别是在使用卷积神经网络的计算机视觉中。**二元交叉熵**是分类交叉熵的一个特例，其中类数 m 为 2。

3. 稀疏分类交叉熵

```
keras.losses.sparse_categorical_crossentropy(y_true, y_pred)
```

稀疏分类交叉熵基本上与分类交叉熵是一样的，二者之间的差别只是真实标签的格式化方式。对于分类交叉熵来说，标签采用的是**独热编码**形式。图 A-18 中显示的就是一个相关示例，其中 y_train 最初格式化为以下形式，最多包含六个类。

$$
\begin{array}{l}
\text{索引 0 处的数据} \\
\text{索引 1 处的数据} \\
\text{索引 2 处的数据} \\
\text{索引 3 处的数据}
\end{array}
\begin{bmatrix}
1 \\
5 \\
4 \\
2
\end{bmatrix}
$$

图 A-18　y_train 格式化形式的一个示例。每个索引处的值都是与 x_train 中该索引处的值对应的类值

可以调用 keras.utils.to_categorical(y_train, n_classes) 并将 n_classes 设置为 6，以便将 y_train 转换为图 A-19 中所示的形式。

$$
\begin{array}{l}
\text{索引 0 处的数据} \\
\text{索引 1 处的数据} \\
\text{索引 2 处的数据} \\
\text{索引 3 处的数据}
\end{array}
\begin{bmatrix}
0\,1\,0\,0\,0\,0 \\
0\,0\,0\,0\,0\,1 \\
0\,0\,0\,0\,1\,0 \\
0\,0\,1\,0\,0\,0
\end{bmatrix}
$$

图 A-19　将图 A-18 中的 y_train 转换为独热编码格式

因此，现在 y_train 看起来与图 A-20 类似。

```
In [7]:   1   y_train = [1, 5, 4, 2]
          2
          3   keras.utils.to_categorical(y_train, 6)
```

```
Out[7]:  array([[0., 1., 0., 0., 0., 0.],
                 [0., 0., 0., 0., 0., 1.],
                 [0., 0., 0., 0., 1., 0.],
                 [0., 0., 1., 0., 0., 0.]])
```

图 A-20　在 Jupyter 中将 y_train 转换为独热编码格式

这种类型的真实标签格式(**独热编码**)就是分类交叉熵使用的格式。对于稀疏分类交叉熵来说，只需要传入图 A-21 中的信息就足够了。

索引 0 处的数据　$\begin{bmatrix} 1 \\ 5 \\ 4 \\ 2 \end{bmatrix}$

索引 1 处的数据

索引 2 处的数据

索引 3 处的数据

图 A-21　为稀疏分类交叉熵传入的 y_train

或者，使用图 A-22 中显示的代码。

```
In [7]:   1   y_train = [1, 5, 4, 2]
          2
```

图 A-22　度量指标为稀疏分类交叉熵的情况下可在代码中传入的 y_train 示例

A.2.6　度量指标

1. 二元准确率

```
keras.metrics.binary_accuracy(y_true, y_pred)
```

如果想要使用该函数，必须将 accuracy 作为一个度量指标传入 model.compile()函数，并且二元交叉熵必须是损失函数。

从本质上讲，该函数可以得出真实类标签与舍入预测标签匹配的实例数以及结果的平均值(相当于将正确匹配总数除以样本总数)。

预测值会进行舍入操作，因为随着神经网络的训练越来越多，输出值可能发生变化，预测值趋近于 1，而其他值趋近于 0。为使预测值与原始真实标签(都是整数)相匹配，可以简单地对预测值进行舍入操作。

在 GitHub 上的官方 Keras 文档中，该函数定义为图 A-23 中所示的形式。

```
6    def binary_accuracy(y_true, y_pred):
7        '''Calculates the mean accuracy rate across all predictions for binary
8        classification problems.
9        '''
10       return K.mean(K.equal(y_true, K.round(y_pred)))
```

图 A-23　Keras GitHub 页面中二元准确率的代码定义

2. 分类准确率

```
keras.metrics.categorical_accuracy(y_true, y_pred)
```

由于绝大多数问题往往涉及分类交叉熵(意味着数据集中包含两个以上的类)，这往往会作为 accuracy 传入 model.compile()函数时的默认准确率度量指标。

分类准确率并不是得出真实标签与舍入预测匹配的所有实例，而是得出真实标签和预测在相同位置具有最大值的所有实例。

回顾前面介绍的内容可知，对于分类交叉熵来说，标签采用独热编码格式。因此，对于每个条目，真实标签以及预测只有一个最大值(不过还要说明一下，一个值将趋近于 1，其他值将趋近于 0)。分类准确率所做的就是检查，对于 y_true 和 y_pred 来说，条目中的最大值是否在相同的位置。

找出所有这些实例后，就可得出结果的平均值，从而得出准确率值。

从本质上讲，此方程式类似于二元准确率的方程式，只是关于 y_true 和 y_pred 的条件不同。

Keras 将该函数定义为如图 A-24 所示的形式。

```
13   def categorical_accuracy(y_true, y_pred):
14       '''Calculates the mean accuracy rate across all predictions for
15       multiclass classification problems.
16       '''
17       return K.mean(K.equal(K.argmax(y_true, axis=-1),
18                     K.argmax(y_pred, axis=-1)))
19
```

图 A-24　Keras GitHub 页面中的分类准确率的代码定义

当然，Keras 文档中还有许多其他度量指标，而且你可**自定义度量指标**。如果想要自定义度量指标，只需要定义一个采用 y_true 和 y_pred 作为输入的函数，然后在你的度量指标中调用该函数名称，如图 A-25 所示。

在此示例中，你只是通过几行代码重写了二元准确率度量指标并返回分数。实际上，可将此函数精简为只包含一行，就像上面看到的实际实现中那样，不过这仅是一个展示自定义度量指标的示例。

```
In [ ]:    1  import keras.backend as K
           2
           3  def custom_metric(y_true, y_pred):
           4      matches = K.equal(y_true, K.round(y_pred))
           5      score = K.mean(matches)
           6      return  score
           7
           8  model.compile(optimizer='optimizer',
           9                loss='loss_function',
          10                metrics=['accuracy', custom_metric])
```

图 A-25　用于自定义度量指标并将其用于模型的代码

A.2.7　优化器

1. SGD

```
keras.optimizers.SGD()
```

这里的 SGD 指的是随机梯度下降优化器，这种类型的算法可通过调整权重在反向传播过程中提供帮助。在各种机器学习应用中，这都是一种常用的训练算法，其中也包括神经网络。

此优化器具有多个参数，如下所述。

- **lr**：满足学习率 lr≥0 条件的浮点值。学习率是一个超参数，用于确定优化损失函数时一步有多大。
- **momentum**：满足动量 m≥0 条件的浮点值。该参数有助于在优化方向上加速优化步，同时有助于降低超过局部最小值时的振荡(可回顾第 3 章中的相关内容，加深对损失函数优化方式的理解)。
- **decay**：满足衰减 d≥0 条件的浮点值。帮助确定在每次更新后学习率的衰减量(随着越来越接近局部最小值，或者在一定次数的训练迭代以后，学习率会下降，从而采用较小的步长。较大的学习率意味着可能更容易超过局部最小值)。
- **nesterov**：布尔值，用于确定是否应用 Nesterov 动量。Nesterov 动量是动量的一种变体，它不是从当前位置计算梯度，而从将动量计算在内的位置进行计算。这是因为梯度始终指向正确的方向，而动量可能使位置向前太多并超过目标。由于不使用当前位置，而是使用将动量计算在内的中间位置，从该位置的梯度可帮助更正当前进展，以使动量不会让新权重向前太多。

从本质上讲，它有助于实现更准确的权重更新，同时有助于更快实现收敛。

2. Adam

```
keras.optimizers.Adam()
```

Adam 优化器是在 SGD 基础上进行扩展而得出的一种算法,在各种深度学习应用、计算机视觉和自然语言处理等方面得到广泛运用。

下面列出了这种算法使用的参数。

- **lr**:满足学习率 lr≥0 条件的浮点值。学习率是一个超参数,用于确定优化损失函数时一步有多大。本文将值为 0.001 的结果描述为好的结果(本文将学习率称为 alpha)。
- **beta_1**:满足 0<beta_1<1 条件的浮点值。通常情况下,这是接近于 1 的值,而本文将值为 0.9 的结果描述为好的结果。
- **beta_2**:满足 0<beta_2<1 条件的浮点值。通常情况下,这是接近于 1 的值,而本文将值为 0.999 的结果描述为好的结果。
- **epsilon**:满足 epsilon e≥0 条件的浮点值。如果为 None,则默认为 K.epsilon()。Epsilon 指的是很小的数字,在本文中描述为 10E-8,用于帮助防止除数为 0。
- **decay**:满足衰减 d≥0 条件的浮点值。帮助确定在每次更新后学习率的衰减量(随着越来越接近局部最小值,或者在一定次数的训练迭代后,学习率会下降,从而采用较小的步长。较大的学习率意味着可能更容易超过局部最小值)。
- **amsgrad**:布尔值,指示是否应用该算法的 AMSGrad 版本。有关实现此算法的更多详细信息,请阅读论文 On the Convergence of Adam and Beyond(讨论 Adam 算法收敛性及其改进方法)。

3. RMSprop

```
keras.optimizers.RMSprop()
```

RMSprop 算法非常适合循环神经网络。RMSprop 是一种基于梯度的优化技术,其开发目的是帮助解决梯度变得过大或过小的问题。RMSprop 通过使用平方梯度的平均值归一化梯度本身来帮助解决这一问题。在第 7 章中,我们曾经指出 RNN 的一个问题是梯度消失/梯度爆炸问题,并为解决这个问题而开发出 LSTM 和 GRU 网络。因此,RMSprop 非常适合与循环神经网络结合使用也就不足为奇了。

除了学习率以外,建议将算法的其余参数保留默认设置。在此基础上,下面列出此优化器使用的参数。

- **lr**:满足学习率 lr≥0 条件的浮点值。学习率是一个超参数,用于确定优化损失函数时一步有多大。
- **rho**:满足 rho≥0 条件的浮点值。rho 参数可帮助计算平方梯度的指数加权平均值。

- **epsilon**：满足 epsilon e≥0 条件的浮点值。如果为 None，则默认为 K.epsilon()。Epsilon 指的是很小的数字，用于帮助防止除数为 0，还可帮助防止在 RMSprop 中发生梯度爆炸。
- **decay**：满足衰减 d≥0 条件的浮点值。帮助确定在每次更新后学习率的衰减量(随着越来越接近局部最小值，或者在一定次数的训练迭代以后，学习率会下降，从而采用较小的步长。较大的学习率意味着可能更容易超过局部最小值)。

A.2.8 激活

可在层中为 activation 参数传入 activation_function，如果想要对其进行更大程度的自定义，也可以传入完整函数 keras.activations.activation_function()。否则，将在层中使用默认初始化的激活函数。

1. softmax

```
keras.activations.softmax()
```

该函数针对输入 x 和给定的轴执行 softmax 激活。

该函数使用的两个参数如下所述。

- **x**：输入张量。
- **axis**：想要在其上使用 softmax 归一化的轴。默认情况下，该参数设置为-1。

softmax 的通用公式如图 A-26 所示(其中 k 是样本数量)。

$$\sigma(x)_i = \frac{e^{x_i}}{\sum_{j=1}^{k} e^{x_j}} \quad 对于 i = 1,...,k \quad 以及 \quad x = (x_1,...,x_k) \in R^k$$

图 A-26　softmax 的通用公式

2. ReLU

```
keras.activations.relu()
```

ReLU 的全称为 Rectified Linear Unit，即 "修正线性单元"，它基于图 A-27 中显示的函数执行简单的激活。

$$f(x) = \max(0, x)$$

图 A-27　这是 ReLU 的通用公式

该函数使用的参数如下所述。

- **x**：输入张量。
- **alpha**：一个浮点值，用于确定负部斜率。默认情况下设置为 0。

- **max_value**：表示上限阈值的浮点值，默认情况下设置为 None。
- **threshold**：表示下限阈值的浮点值，默认情况下设置为 0.0。

如果设置了 max_value，将得到图 A-28 所示的方程式。

$$f(x) = \text{max\_value} \quad \text{对于} \, x \geqslant \text{max\_value}$$

图 A-28　设置了 max_value 情况下的 ReLU 公式

如果也设置了 threshold，将得到图 A-29 所示的方程式。

$$f(x) = x \quad \text{对于} \, \text{threshold} \leqslant x < \text{max\_value}$$

图 A-29　也设置了 threshold 情况下的 ReLU 公式

另外，还可以得到图 A-30 中所示的方程式。

$$f(x) = \text{alpha} * (x - \text{threshold})$$

图 A-30　设置了 alpha 和 threshold 情况下的 ReLU 公式

有关基本 ReLU 函数的图形表示示例，请参见图 A-31。

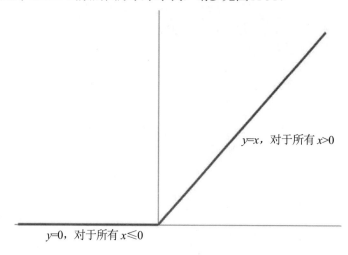

图 A-31　基本 ReLU 函数的图形表示

3. S 型

```
keras.activations.sigmoid(x)
```

这是可供调用的简单激活函数，因为除了输入张量 x 以外没有其他任何参数。

S 型函数有其自己的用途，主要是因为它强制要求输入介于 0 和 1 之间，但它比较容易导致梯度消失问题，因此在隐藏层中很少使用。

如果想要了解相应方程式的图形表示，请参见图 A-32。

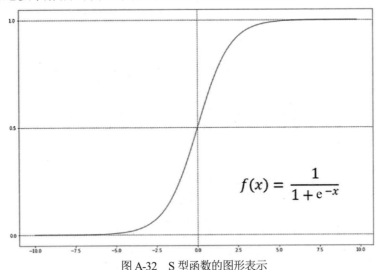

$$f(x) = \frac{1}{1 + e^{-x}}$$

图 A-32 S 型函数的图形表示

A.2.9 回调

1. ModelCheckpoint

```
keras.callbacks.ModelCheckpoint()
```

ModelCheckpoint 函数的基本作用是每次训练迭代保存模型(除非通过参数做出其他指示)。可以通过与 ModelCheckpoint()关联的一组参数来配置执行上述操作的方式，如下所述。

- **filepath**：想要保存模型文件的路径。仅键入 model_name.h5 会将其保存到同一个目录。
- **monitor**：希望模型监控的数量。默认情况下，该参数设置为 val_loss。
- **verbose**：设置为 0 或 1。默认情况下，该参数设置为 0。
- **save_best_only**：如果设置为 True，那么将保存根据监控的数量确定具有最佳性能的模型。
- **save_weights_only**：如果设置为 True，那么只会保存权重。从本质上讲，如果设置为 True，则相当于 model.save_weights(filepath)；否则相当于 model.save(filepath)。
- **mode**：在 auto、min 或 max 之间进行选择。如果 save_best_only 设置为 True，那么应该选择最适合监控数量的选项。如果为 monitor 参数选择了 val_acc，则需要为 mode 参数选择 max，如果为 monitor 参数选择了 val_loss，则需要为 mode 参数选择 min。

- **period**：每个检查点之间具有多少此训练迭代。

2. TensorBoard

```
keras.callbacks.TensorBoard()
```

TensorBoard 是 TensorFlow 随附的一种可视化工具。在模型训练过程中，它可以帮助你详细了解发生了什么情况。

如果想要启动 TensorBoard，请在命令提示符中键入下面的内容：

```
tensorboard --logdir=/full_path_to_your_logs

keras.callbacks.TensorBoard(log_dir='./logs', histogram_freq=0, batch_
size=32, write_graph=True, write_grads=False, write_images=False,
embeddings_freq=0, embeddings_layer_names=None,
embeddings_metadata=None,
embeddings_data=None, update_freq='epoch')
```

下面列出了上述命令中使用的参数。

- **log_dir**：希望模型保存日志文件的目录路径。此目录与你在命令提示符中作为参数传递的目录相同。默认情况下，该参数设置为"./logs"。
- **histogram_freq**：希望针对模型的层计算激活和权重直方图的频率(以训练迭代次数为单位)。默认情况下，该参数设置为 0，表示不会计算直方图。如果想要可视化这些直方图，必须传入 validation_data 或 validation_split。
- **batch_size**：传入网络用于从中计算直方图的每个输入批次的大小。默认情况下，该参数设置为 32。
- **write_graph**：是否允许在 TensorBoard 中可视化图表。默认情况下，该参数设置为 True。注意，当设置为 True 时，日志文件可能变得很大。
- **write_grads**：是否允许 TensorBoard 可视化梯度直方图。默认情况下，该参数设置为 False，还需要 histogram_freq 设置为大于 0 的值。
- **write_images**：是否在 TensorBoard 中将模型权重可视化为图像。默认情况下，该参数设置为 False。
- **embeddings_freq**：保存选定嵌入层的频率(以训练迭代次数为单位)。默认情况下，该参数设置为 0，表示不会计算嵌入。如果想在 TensorBoard 的 Embedding 选项卡中可视化数据，请以 embeddings_data 形式传入数据。
- **embeddings_layer_names**：TensorBoard 要跟踪的层名称列表。如果设置为 None 或空列表，则将监视所有层。默认情况下，该参数设置为 None。
- **embeddings_metadata**：将层名称映射到用于保存此嵌入层的元数据的对应文件名的词典。默认情况下，该参数设置为 None。如果对所有嵌入层使用相同的元数据文件，则可传递一个字符串。

- **embeddings_data**：要在 embeddings_layer_names 中指定的层上嵌入的数据。如果模型应该只有一个输入，则嵌入的数据是一个 Numpy 数组，如果模型有多个输入，则嵌入的数据是多个 Numpy 数组。默认情况下，该参数设置为 None。
- **update_freq**：值为 batch、epoch 或整数。值为 batch 时会在每个批次后将损失和度量指标写入 TensorBoard。值为 epoch 时执行的操作与值为 batch 时相同，只不过是在每次训练迭代后将损失和度量指标写入 TensorBoard。指定整数值时会告诉函数按照每 n 个样本的频率将度量指标和损失写入 TensorBoard，其中 n 就是传入的整数值。注意，过于频繁地写入 TensorBoard 可能降低训练过程的速度。

如前所述，图 A-33 显示了在针对 MNIST 数据集训练卷积神经网络时使用 TensorBoard 作为回调的一个示例。

```
tensorboard = keras.callbacks.TensorBoard(log_dir='./Graph',
histogram_freq=0,
        write_graph=True, write_images=True)


checkpoint =
keras.callbacks.ModelCheckpoint(filepath="keras_MNIST_CNN.h5",
                            verbose=0,
                            save_best_only=True)


model.fit(x_train, y_train,
        batch_size=batch_size,
        epochs=n_epochs,
        verbose=1,
        validation_data=(x_test, y_test),
        callbacks=[checkpoint, tensorboard])
```

图 A-33　用于定义 TensorBoard 回调并在训练时使用该回调的代码

执行该代码后，你会注意到训练过程将开始。此时，在命令提示符处输入以下代码行：

```
tensorboard --logdir=/full_path_to_your_logs
```

然后按 Enter 键。将显示如图 A-34 中所示的内容。

```
TensorBoard 1.10.0 at http://MSI:6006 (Press CTRL+C to quit)
```

图 A-34　在命令提示符中执行上述代码行以后，应该看到如图显示的内容。显示的内容应该告诉你到哪里访问 TensorBoard，在此示例中，给出的地址为 http://MSI:6006

点击进入该链接，应该看到图 A-35 所示的屏幕。

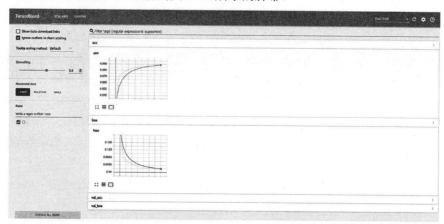

图 A-35　启动 TensorBoard 时显示的常规页面

在这里，可以看到度量指标准确率和损失对应的图表。可以展开另外两个度量指标 val_acc 和 val_loss，也查看其对应的图表(见图 A-36)。

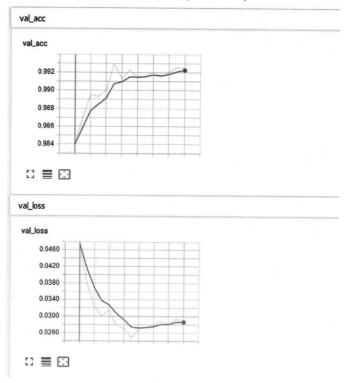

图 A-36　度量指标 val_acc 和 val_loss 对应的图表

对于各个图表来说，可以通过按图表下面最左侧的按钮将其展开，在图表上移动鼠标时，可以查看图表上相应的数据，如图 A-37 所示。

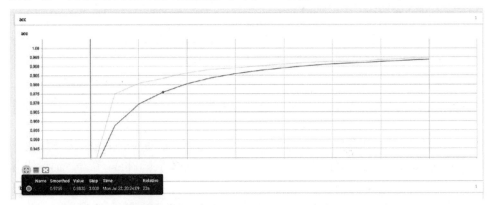

图 A-37　按图表下方最左侧的按钮得到的结果。按此按钮可以展开图表，无论图表是否展开，都可将鼠标光标指向图表中的任意点，从而了解有关该点的更多详细信息

也可通过 GRAPHS 选项卡来查看整个模型对应的图表，如图 A-38 所示。

图 A-38　这里包含两个选项卡

执行此操作所生成的图表与图 A-39 中显示的图表类似。

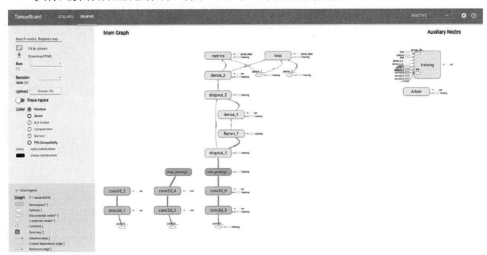

图 A-39　在 GRAPHS 选项卡看到的结果

TensorBoard 可提供的特性和功能还有很多，不过，这里的大概意思就是说可以通

过更好的方式来检查模型。

A.2.10　后端(TensorFlow 操作)

也可以导入后端，然后通过 Keras 执行 TensorFlow (如果它是后端)相关操作。下面将演示一些基本功能，不过请记住，TensorFlow 还可以完成其他很多操作和功能。

可以使用后端创建自定义层、度量指标、损失函数等，从而实现更深层次的自定义。但是，你必须对 TensorFlow 有很好的了解才能实现所有这些操作，因为这些实际上只是使用 TensorFlow 来完成的。

如果想要获得最大程度的自定义，将 tf.keras 与 TensorFlow 结合使用是更好的方法，因为 tf.keras 与 TensorFlow 完全兼容，可以访问更多 TensorFlow 命令，而仅使用 Keras 后端是无法获取这些命令的。

下面列出可使用后端执行的一些命令(图 A-40、图 A-41、图 A-42 和图 A-43)。

```
In [125]:
1  import keras.backend as K
2
3  #Declaring a placeholder
4  a = K.placeholder(shape=(1,2,3)) # Equivalent to tf.placeholder()
5  print(a)
6
7  vals = [0, 1, 2, 3, 4, 5]
8  b = K.variable(value=vals) # Equivalent to tf.Variable()
9  print(b)
```

```
Tensor("Placeholder_62:0", shape=(1, 2, 3), dtype=float32)
<tf.Variable 'Variable_65:0' shape=(6,) dtype=float32_ref>
```

图 A-40　通过 Keras 后端完成的部分 TensorFlow 操作，例如定义占位符和变量

```
In [126]:
1  import keras.backend as K
2
3  c = K.placeholder(shape=(1, 2))
4  d = K.placeholder(shape=(2, 5))
5
6  print(K.dot(c, d))
```

```
Tensor("MatMul_13:0", shape=(1, 5), dtype=float32)
```

图 A-41　使用 Keras 后端得出两个占位符变量 c 和 d 的点积

```
In [134]:
1  print(K.sum(c, axis=0))
2  print(K.sum(c, axis=1))
```

```
Tensor("Sum_7:0", shape=(2,), dtype=float32)
Tensor("Sum_8:0", shape=(1,), dtype=float32)
```

图 A-42　使用 Keras 后端得出不同轴上的 c 的和

```
In [136]:
1  print(K.mean(c, axis=0))
```

```
Tensor("Mean_1:0", shape=(2,), dtype=float32)
```

图 A-43　使用 Keras 后端得出 c 的平均值

这些只是可以通过后端执行的一些最基本函数。如果想要了解完整的后端函数列表，请访问 https://keras.io/backend/。

本附录小结

Keras 是一种非常出色的工具，可以帮助你轻松地创建、训练和测试深度学习模型，提供了很多有用的功能，同时对 TensorFlow 中的复杂语法进行了抽象化处理，使之更便于学习和使用。Keras 本身已经提供了足够的功能，但随着内容越来越复杂、高级，使其具有 TensorFlow 或 PyTorch 提供的自定义和灵活性水平会更好。Keras 允许你通过后端使用大量的函数，从而使你能够编写自定义层、自定义模型、度量指标、损失函数等，但是，如果想要对神经网络拥有最大程度的自定义能力和灵活性(特别是想要构建全新神经网络时)，那么 tf.keras + TensorFlow 或 PyTorch 可以更好地满足你的需求。

附录 B

■ ■ ■ ■

PyTorch 简介

在此附录中，将介绍 PyTorch 框架及其提供的功能。PyTorch 比 Keras 更复杂、更难用，因为它是一种更低级别的框架(这意味着其中包含更多语法和元素，它们并没有像 Keras 中那样进行抽象化处理)。

在安装此框架时，将使用：

- Torch 版本 0.4.1 (PyTorch)
- CUDA 版本 9.0.176
- cuDNN 版本 7.3.0.29

B.1 什么是 PyTorch?

PyTorch 是一种 Python 深度学习库，由 Facebook 上的人工智能研究人员在 Torch 库的基础上开发出来的。虽然 PyTorch 像 TensorFlow 一样，也是一种低级语言，但它更容易学习和掌握，因为其在语法方面具有很大的不同。相比于 PyTorch，TensorFlow 的学习曲线更陡峭，并且需要定义更多元素。

目前，在社区支持方面，TensorFlow 要远远胜过 PyTorch，这主要是因为 PyTorch 是一种较新的框架。尽管可以找到与 TensorFlow 相关的更多资源，但越来越多的用户开始转为使用 PyTorch，因为它更直观，而提供的功能几乎与 TensorFlow 相同(虽然 TensorFlow 包含一些 PyTorch 未提供的函数，但是，如果你了解逻辑是什么，就可以在 PyTorch 中轻松实现这些函数；arctanh 函数就是这样的一个示例)。

最后需要指出的是，决定使用 TensorFlow 还是 PyTorch 在很大程度上取决于用户的个人喜好。在你所处理的工作的上下文环境中，一种框架可能比另一种框架更适合，这种情况下，选择更适合的框架即可。

也就是说，使用 PyTorch 时的语法负担要轻一些，因此在其中创建原型要更容易，考虑到这一点，在处理一些调查研究任务时，PyTorch 可能更容易使用，也更适合。另一方面，TensorFlow 拥有更多的资源，此外，它还有一个得天独厚的优势，那就是拥有 TensorBoard。它也更适合处理跨平台兼容性问题，例如，模型可在 Python 中进行训练而使用 Java 进行部署，从而实现更好的可扩展性。如果需要优先考虑加载和保存模型，可能 TensorFlow 更适合。需要再次说明的是，究竟选择哪种框架完全取决于个人喜好，通常情况下，对于许多问题来说，通过这两种框架可能都可以找到相应的解决方法，只需要根据自己的实际情况选择更适合的框架即可。

B.2　使用 PyTorch

这一节会与附录 A 有一些不同。在这里，我们将演示一些基本的张量操作是如何完成的，然后通过探索与第 7 章中的时域卷积网络等效的 PyTorch 模型来说明如何使用 PyTorch。

首先，我们来看一些简单的张量操作。如果你想要了解有关框架本身及其支持的功能的更多信息，请阅读位于 https://pytorch.org/docs/0.4.1/index.html 的相关文档，以及位于 https://github.com/pytorch/pytorch 的代码实现。

下面让我们开始(见图 B-1)。

```
In [53]:    1  import torch
            2  import torch.nn
            3  import numpy as np
            4
            5  a = np.random.randint(0, 10, 5)
            6  a = torch.tensor(a)
            7  a

Out[53]:  tensor([0, 3, 0, 9, 4], dtype=torch.int32)

In [54]:    1  b = torch.tensor(np.random.randint(0, 10, 5))
            2  b

Out[54]:  tensor([3, 9, 7, 4, 2], dtype=torch.int32)

In [55]:    1  c = torch.add(a, b)
            2  c_summed = torch.sum(c)
            3
            4  c, c_summed

Out[55]:  (tensor([ 3, 12,  7, 13,  6], dtype=torch.int32), tensor(41))

In [56]:    1  d = torch.tanh(b.float())
            2  d

Out[56]:  tensor([0.9951, 1.0000, 1.0000, 0.9993, 0.9640])

In [57]:    1  torch.mean(d)

Out[57]:  tensor(0.9917)
```

图 B-1　PyTorch 中的一系列张量操作。上面的代码显示了相关的操作，
而输出显示了针对对应的张量执行操作后得到的结果

在 PyTorch 中，可以看到像张量这样的数据值是某种类型的数组，这与 TensorFlow 有所不同。在 TensorFlow 中，你必须通过会话运行变量才能看到数据值。

作为比较，图 B-2 显示了 TensorFlow 中对应的情况。

```
In [78]:    1  import tensorflow as tf
            2  import numpy as np
            3
            4  f = tf.constant(np.random.randint(0, 10, 5), shape=(1, 5), dtype=tf.int32)
            5  print(f)
            6  g = tf.constant(np.random.randint(0, 10, 5), shape=(1, 5), dtype=tf.int32)
            7  print(g)
            8  result = A + B
            9  tanh = tf.tanh(tf.to_float(result))
           10
           11
           12  with tf.Session() as sess:
           13      print("f: {}     g: {}\n".format(sess.run(f), sess.run(g)))
           14      print("f + g: {}\n".format(sess.run(result)))
           15      print("tanh(f+g): {}".format(sess.run(tanh)))

Tensor("Const_37:0", shape=(1, 5), dtype=int32)
Tensor("Const_38:0", shape=(1, 5), dtype=int32)
f: [[5 6 9 7 0]]     g: [[3 9 4 8 9]]

f + g: [[14 16  6  5 16]]

tanh(f+g): [[1.          1.          0.99998784 0.99990916 1.          ]]
```

图 B-2　在 TensorFlow 中执行的一些张量操作。请注意，为了实际看到结果，需要通过 TensorFlow 会话传递所需的各种内容

在操纵张量方面，PyTorch 提供了更多功能，因此，如果你还没有了解相关知识，阅读对应的文档还是非常有必要的。

接下来，我们来通过一种较高级而且组织结构良好的格式来创建一个 PyTorch 模型。将模型定义、训练过程和测试过程划分为各自独立的部分可以帮助你更好地了解这些模型是如何创建、训练和评估的。

首先对 MNIST 数据集应用卷积神经网络，以便展示可自定义程度更高的训练格式。

像之前一样，首先需要导入相关模块(见图 B-3 和图 B-4)。

```
import torch
import torch.nn as nn
import torchvision
import torchvision.transforms as transforms
import torch.optim as optim
import torch.nn.functional as F
import numpy as np


device = torch.device('cuda:0' if torch.cuda.is_available()
else 'cpu')
```

图 B-3　导入创建网络所需的基本模块

273

```
In [1]:    1  import torch
           2  import torch.nn as nn
           3  import torchvision
           4  import torchvision.transforms as transforms
           5  import torch.optim as optim
           6  import torch.nn.functional as F
           7  import numpy as np
           8
           9  device = torch.device('cuda:0' if torch.cuda.is_available() else 'cpu')
```

图 B-4　图 B-3 中的代码在 Jupyter 单元中的显示情况

在第 3 章中，代码是通过一种类似于基本 Keras 格式的方式引入的，因此，在导入所需的模块后，立即定义了超参数并加载了数据集(这种情况下为数据加载器)。

而现在，你将定义模型(见图 B-5 和图 B-6)。

```
class CNN(nn.Module):

    def __init__(self):

        super(CNN, self).__init__()

        self.conv1 = nn.Conv2d(1, 32, 3, 1)

        self.conv2 = nn.Conv2d(32, 64, 3, 1)

        self.dense1 = nn.Linear(12*12*64, 128)

        self.dense2 = nn.Linear(128, num_classes)


    def forward(self, x):

        x = F.relu(self.conv1(x))

        x = F.relu(self.conv2(x))

        x = F.max_pool2d(x, 2, 2)

        x = F.dropout(x, 0.25)

        x = x.view(-1, 12*12*64)

        x = F.relu(self.dense1(x))

        x = F.dropout(x, 0.5)

        x = self.dense2(x)

        return F.log_softmax(x, dim=1)
```

图 B-5　定义模型

```
In [2]:   1
          2   class CNN(nn.Module):
          3       def __init__(self):
          4           super(CNN, self).__init__()
          5           self.conv1 = nn.Conv2d(1, 32, 3, 1)
          6           self.conv2 = nn.Conv2d(32, 64, 3, 1)
          7           self.dense1 = nn.Linear(12*12*64, 128)
          8           self.dense2 = nn.Linear(128, num_classes)
          9
         10       def forward(self, x):
         11           x = F.relu(self.conv1(x))
         12           x = F.relu(self.conv2(x))
         13           x = F.max_pool2d(x, 2, 2)
         14           x = F.dropout(x, 0.25)
         15           x = x.view(-1, 12*12*64)
         16           x = F.relu(self.dense1(x))
         17           x = F.dropout(x, 0.5)
         18           x = self.dense2(x)
         19           return F.log_softmax(x, dim=1)
         20
```

图 B-6　图 B-5 中的代码在 Jupyter 单元中的显示情况

除了这些，还可以定义训练函数和测试函数。接下来的图 B-7 和图 B-8 对应的是训练函数，而图 B-9 和图 B-10 对应的是测试函数。

下面列出了训练函数使用的参数。

● **model**：模型类的一个实例。在此示例中，它是上面定义的 CNN 类的一个实例。

● **device**：基本上来讲，这会告诉 PyTorch 要在哪个设备(如果 GPU 是一个选项，则指明要在哪个 GPU 上运行，如果没有提供 GPU 选项，则设备为 CPU)上运行。在此示例中，在导入模块后立即定义设备。

● **train_loader**：训练数据集的加载器。在此示例中，你使用了 data_loader，因为这是从 torchvision 导入时 MNIST 数据的格式化方式。此数据加载器包含 MNIST 数据集的训练样本。

● **criterion**：要使用的损失函数。需要在调用训练函数之前定义此参数。

● **optimizer**：要使用的优化函数。需要在调用训练函数之前定义此参数。

● **epoch**：正在运行的训练迭代。在此示例中，你在 for 循环中调用训练函数，同时传入迭代作为 epoch 参数的值。

```python
def train(model, device, train_loader, criterion, optimizer, epoch,
save_dir='model.ckpt'):
    total_step = len(train_loader)
    for i, (images, labels) in enumerate(train_loader):
        images = images.to(device)
        labels = labels.to(device)


        # Forward pass
        outputs = model(images)
        loss = criterion(outputs, labels)


        # Backward and optimize
        optimizer.zero_grad()
        loss.backward()
        optimizer.step()


        if (i+1) % 100 == 0:
            print ('Epoch [{}/{}], Step [{}/{}], Loss:
{:.4f}'.format(epoch+1, num_epochs, i+1, total_step, loss.item()))

    torch.save(model.state_dict(), 'pytorch_mnist_cnn.ckpt')
```

图 B-7　训练算法。for 循环接收每一对图像和标签，并将它们以张量形式传递到 GPU 中。然后，它
们进入模型，并计算梯度。随后输出有关训练迭代和损失的信息

```
In [6]:  1  def train(model, device, train_loader, criterion, optimizer, epoch, save_dir='model.ckpt'):
         2      total_step = len(train_loader)
         3      for i, (images, labels) in enumerate(train_loader):
         4          images = images.to(device)
         5          labels = labels.to(device)
         6
         7          # Forward pass
         8          outputs = model(images)
         9          loss = criterion(outputs, labels)
        10
        11          # Backward and optimize
        12          optimizer.zero_grad()
        13          loss.backward()
        14          optimizer.step()
        15
        16          if (i+1) % 100 == 0:
        17              print ('Epoch [{}/{}], Step [{}/{}], Loss: {:.4f}'
        18                  .format(epoch+1, num_epochs, i+1, total_step, loss.item()))
        19
        20      torch.save(model.state_dict(), 'pytorch_mnist_cnn.ckpt')
```

图 B-8　图 B-7 中的代码在 Jupyter 单元中的显示情况

图 B-9 和图 B-10 中显示的是测试函数。

```python
from sklearn.metrics import roc_auc_score


def test(model, device, test_loader):

    preds = []
    y_true = []
    # Test the model
    model.eval()  # Set model to evaluation mode.
    with torch.no_grad():
        correct = 0
        total = 0
        for images, labels in test_loader:
            images = images.to(device)
            labels = labels.to(device)
            outputs = model(images)
            _, predicted = torch.max(outputs.data, 1)
            total += labels.size(0)
            correct += (predicted == labels).sum().item()
            detached_pred = predicted.detach().cpu().numpy()
            detached_label = labels.detach().cpu().numpy()
            for f in range(0, len(detached_pred)):
                preds.append(detached_pred[f])
                y_true.append(detached_label[f])


        print('Test Accuracy of the model on the 10000 test images:
{:.2%}'.format(correct / total))


        preds = np.eye(num_classes)[preds]
        y_true = np.eye(num_classes)[y_true]
        auc = roc_auc_score(preds, y_true)
        print("AUC: {:.2%}".format (auc))
```

图 B-9　测试算法对应的代码。同样，for 循环接收图像和标签对，并通过模型传递它们以获得预测结果。然后，当每个对都有一个预测结果后，便计算 AUC 分数

```
In [7]:    1   from sklearn.metrics import roc_auc_score
           2
           3   def test(model, device, test_loader):
           4
           5       preds = []
           6       y_true = []
           7       # Test the model
           8       model.eval()   # Set model to evaluation mode.
           9       with torch.no_grad():
          10           correct = 0
          11           total = 0
          12           for images, labels in test_loader:
          13               images = images.to(device)
          14               labels = labels.to(device)
          15               outputs = model(images)
          16               _, predicted = torch.max(outputs.data, 1)
          17               total += labels.size(0)
          18               correct += (predicted == labels).sum().item()
          19               detached_pred = predicted.detach().cpu().numpy()
          20               detached_label = labels.detach().cpu().numpy()
          21               for f in range(0, len(detached_pred)):
          22                   preds.append(detached_pred[f])
          23                   y_true.append(detached_label[f])
          24
          25           print('Test Accuracy of the model on the 10000 test images: {:.2%}'.format(correct / total))
          26
          27       preds = np.eye(num_classes)[preds]
          28       y_true = np.eye(num_classes)[y_true]
          29       auc = roc_auc_score(preds, y_true)
          30       print("AUC: {:.2%}".format (auc))
          31
```

图 B-10　图 B-9 中的代码在 Jupyter 单元中的显示情况

请注意，使用了 AUC 分数作为测试度量指标的一部分。实际上，并非必须要这么做，但是，相对于仅使用准确率，这个度量指标或许能更好地指示模型的性能，因此，此示例中包含了这个度量指标。

下面列出了该模型接收的参数。

- **model**：模型类的一个实例。在此示例中，它是上面定义的 CNN 类的一个实例。

- **device**：基本上来说，这会告诉 PyTorch 要在哪个设备(如果 GPU 是一个选项，则指明要在哪个 GPU 上运行，如果没有提供 GPU 选项，则设备为 CPU)上运行。在此示例中，在导入模块后立即定义设备。

- **test_loader**：测试数据集的加载器。在此示例中，你使用了 data_loader，因为这是从 torchvision 导入时 MNIST 数据的格式化方式。此数据加载器包含 MNIST 数据集的测试样本。

现在，可以开始定义超参数和数据加载器，并调用训练函数和测试函数(见图 B-11 至图 B-13)。

```
# Hyperparameters
num_epochs = 15
num_classes = 10
batch_size = 128
learning_rate = 0.001


# Load MNIST data set
train_dataset = torchvision.datasets.MNIST(root='../../data/',
                                            train=True,

transform=transforms.ToTensor(),
                                            download=True)


test_dataset = torchvision.datasets.MNIST(root='../../data/',
                                           train=False,

transform=transforms.ToTensor())


# Data loader
train_loader = torch.utils.data.DataLoader(dataset=train_dataset,
                                           batch_size=batch_size,
                                           shuffle=True)


test_loader = torch.utils.data.DataLoader(dataset=test_dataset,
                                          batch_size=batch_size,
                                          shuffle=False)
```

图 B-11　定义超参数，加载 MNIST 数据并定义训练集和测试集数据加载器

```
model = CNN().to(device)
criterion = nn.CrossEntropyLoss()
optimizer = torch.optim.Adam(model.parameters(), lr=learning_rate)


## Training phase


for epoch in range(0, num_epochs):
    train(model, device, train_loader, criterion, optimizer, epoch)


## Testing phase


test(model, device, test_loader)
```

图 B-12　初始化模型并将其传递到 GPU，定义准则函数(交叉熵损失)和优化器(Adam 优化器)，然后
调用训练函数和测试函数

```
In [8]:    1  #Hyperparameters
           2  num_epochs = 15
           3  num_classes = 10
           4  batch_size = 128
           5  learning_rate = 0.001
           6
           7  #Load MNIST data set
           8  train_dataset = torchvision.datasets.MNIST(root='../../data/',
           9                                             train=True,
          10                                             transform=transforms.ToTensor(),
          11                                             download=True)
          12
          13  test_dataset = torchvision.datasets.MNIST(root='../../data/',
          14                                            train=False,
          15                                            transform=transforms.ToTensor())
          16
          17  #Data loader
          18  train_loader = torch.utils.data.DataLoader(dataset=train_dataset,
          19                                             batch_size=batch_size,
          20                                             shuffle=True)
          21
          22  test_loader = torch.utils.data.DataLoader(dataset=test_dataset,
          23                                            batch_size=batch_size,
          24                                            shuffle=False)
          25
          26
          27
          28  model = CNN().to(device)
          29  criterion = nn.CrossEntropyLoss()
          30  optimizer = torch.optim.Adam(model.parameters(), lr=learning_rate)
          31
          32
          33  ## Training phase
          34
          35  for epoch in range(0, num_epochs):
          36      train(model, device, train_loader, criterion, optimizer, epoch)
          37
          38  ## Testing phase
          39
          40
          41  test(model, device, test_loader)
```

图 B-13　图 B-11 和图 B-12 中的代码在传入 Jupyter 单元后的显示情况

训练过程结束后，将得到图 B-14 和图 B-15 所示的结果。

```
Epoch [1/15], Step [100/469], Loss: 0.1852
Epoch [1/15], Step [200/469], Loss: 0.0556
Epoch [1/15], Step [300/469], Loss: 0.1524
Epoch [1/15], Step [400/469], Loss: 0.0332
Epoch [2/15], Step [100/469], Loss: 0.0494
Epoch [2/15], Step [200/469], Loss: 0.1003
Epoch [2/15], Step [300/469], Loss: 0.0534
Epoch [2/15], Step [400/469], Loss: 0.0329
Epoch [3/15], Step [100/469], Loss: 0.0387
Epoch [3/15], Step [200/469], Loss: 0.0379
Epoch [3/15], Step [300/469], Loss: 0.0055
Epoch [3/15], Step [400/469], Loss: 0.0183
Epoch [4/15], Step [100/469], Loss: 0.0283
Epoch [4/15], Step [200/469], Loss: 0.0250
Epoch [4/15], Step [300/469], Loss: 0.0210
Epoch [4/15], Step [400/469], Loss: 0.0637
Epoch [5/15], Step [100/469], Loss: 0.0109
Epoch [5/15], Step [200/469], Loss: 0.0091
Epoch [5/15], Step [300/469], Loss: 0.0243
Epoch [5/15], Step [400/469], Loss: 0.0095
Epoch [6/15], Step [100/469], Loss: 0.0310
Epoch [6/15], Step [200/469], Loss: 0.0254
Epoch [6/15], Step [300/469], Loss: 0.0029
```

图 B-14　训练过程的初始输出

```
Epoch [12/15], Step [200/469], Loss: 0.0017
Epoch [12/15], Step [300/469], Loss: 0.0006
Epoch [12/15], Step [400/469], Loss: 0.0026
Epoch [13/15], Step [100/469], Loss: 0.0010
Epoch [13/15], Step [200/469], Loss: 0.0002
Epoch [13/15], Step [300/469], Loss: 0.0025
Epoch [13/15], Step [400/469], Loss: 0.0014
Epoch [14/15], Step [100/469], Loss: 0.0000
Epoch [14/15], Step [200/469], Loss: 0.0000
Epoch [14/15], Step [300/469], Loss: 0.0001
Epoch [14/15], Step [400/469], Loss: 0.0064
Epoch [15/15], Step [100/469], Loss: 0.0024
Epoch [15/15], Step [200/469], Loss: 0.0000
Epoch [15/15], Step [300/469], Loss: 0.0017
Epoch [15/15], Step [400/469], Loss: 0.0003
Test Accuracy of the model on the 10000 test images: 98.93%
AUC: 99.40%
```

图 B-15　训练过程已完成

　　尽管在前面的 Keras 示例中并没有将训练函数和测试函数分开(因为它们每一个只有一行)，但对于涉及自定义层、模型等的更复杂的模型实现，可按与上面的 PyTorch 示例类似的方式进行格式化。

　　希望经过上面的介绍，你能够对如何在 PyTorch 中实现、训练和测试神经网络有更深入的了解。

　　接下来，将介绍 PyTorch 提供的与模型层(包括激活)、损失函数和优化器相关的一些基本功能，然后，将探索如何针对第 7 章中的数据集进行时域卷积神经网络的 PyTorch 应用。

B.2.1　顺序与模块列表

　　与 Keras 类似，PyTorch 也有一组不同的方式来定义模型。

　　顺序方式如图 B-16 所示。

```
In [ ]:    1   ## sequential
           2   import torch.nn as nn
           3
           4   model = nn.Sequential(
           5           nn.Conv2d(1, 32, 3, 1),
           6           nn.ReLU(),
           7           nn.Conv2d(32, 64, 3, 1),
           8           nn.Sigmoid()
           9           )
```

图 B-16　PyTorch 中的顺序模型

　　这与 Keras 中的顺序模型非常相似，可在其中按顺序添加层，一次添加一个。

　　模块列表方式如图 B-17 所示。

```
10
11   ## ModuleList
12
13   class ModuleListModel(nn.Module):
14       def __init__(self):
15           super(ModuleListModel, self).__init__()
16           self.conv_1 = nn.Conv2d(1, 32, 3, 1)
17           self.conv_2 = nn.Conv2d(32, 64, 3, 1)
18           self.dense_1 = nn.Linear(64*64, 128)
19           self.output = nn.Linear(128, n_classes)
20
21
22       def forward(self, x):
23           x = nn.functional.relu(self.conv_1(x))
24           x = nn.functional.relu(self.conv_2(x))
25           x = nn.functional.max_pool2d(x, 2, 2)
26           x = nn.functional.dropout(x, 0.25)
27           x = x.view(-1, 64*64)
28           x = nn.functional.reu(self.dense_1(x))
29           x = nn.functional.dropout(x, 0.5)
30           x = nn.functional.log_softmax(self.output(x), dim=1)
31           return x
32
33
34   model = ModuleListModel().to(device)
```

图 B-17　在 PyTorch 中以模块列表格式定义的模型

这与可以在 Keras 中构建的函数模型非常相似。通过这种方式构建模型具有更高的可自定义性，并可在模型构建方式方面提供更大的灵活性。

B.2.2　层

我们已经介绍了如何构建模型，接下来，我们来看看可以构建的一些常用层的示例。

1. 卷积一维

`torch.nn.Conv1d()`

如果想要了解一维卷积的详细工作方式，请阅读第 7 章中的相关内容。

该层是一个一维(或时域)卷积层。它的基本工作原理是针对一维输入传递一个过滤器，然后对各个值进行逐元素相乘，从而创建输出特征图。

下面列出了该函数使用的各个参数。

- **in_channels**：输入空间的维度；输入节点的数量。
- **out_channels**：输出空间的维度；输出节点的数量。
- **kernel_size**：核/过滤器的维度。如果指定整数 n，核的维度将为 n×n；如果该参数是由两个整数组成的元组，则允许你指定精确的维度(**高度, 宽度**)。

- **stride**：执行一次过滤器/核操作后向右移动的元素数。如果指定整数 n，那么核会向右移动该数量的元素。如果该参数是由两个整数组成的元组，则允许你指定(**vertical_shift, horizontal_shift**)。该参数的默认值为 1。
- **padding**：在输出中添加到层的零填充量。如果指定整数 n，会向行和列填充 n 个条目。如果该参数是由两个整数组成的元组，则允许你指定(**vertical_padding, horizontal_padding**)。该参数的默认值为 0。
- **dilation**：有关膨胀的工作方式的解释说明，请参见第 7 章中的相关内容。如果指定整数 n，则表示膨胀因子为 n。该参数的默认值为 1。
- **groups**：控制输入节点与输出节点之间的连接。groups=1 表示所有输入与所有输出都有关联。groups=2 表示实际上有两个并列的卷积层，因此，一半的输入进入一半的输出。该参数的默认值为 1。
- **bias**：是否使用偏差。该参数的默认值为 True。

2. 卷积二维

```
torch.nn.Conv2d()
```

如果想要了解二维卷积层的详细工作方式，请阅读第 3 章中的相关内容。

该层是一个二维卷积层。它的基本工作原理是针对输入传递一个二维过滤器，然后对各个值进行逐元素相乘，从而创建输出特征图。

下面列出了该函数使用的各个参数。

- **in_channels**：输入空间的维度；输入节点的数量。
- **out_channels**：输出空间的维度；输出节点的数量。
- **kernel_size**：核/过滤器的维度。如果指定整数 n，核的维度将为 n×n；如果该参数是由两个整数组成的元组，则允许你指定精确的维度(**高度，宽度**)。
- **stride**：执行一次过滤器/核操作后向右移动的元素数。如果指定整数 n，那么核会向右移动该数量的元素。如果该参数是由两个整数组成的元组，则允许你指定(**vertical_shift, horizontal_shift**)。该参数的默认值为 1。
- **padding**：在输出中添加到层的零填充量。如果指定整数 n，会向行和列填充 n 个条目。如果该参数是由两个整数组成的元组，则允许你指定(**vertical_padding, horizontal_padding**)。该参数的默认值为 0。
- **dilation**：有关膨胀的工作方式的解释说明，请参见第 7 章中的相关内容。如果指定整数 n，则表示膨胀因子为 n。如果该参数是由两个整数组成的元组，则允许你指定(**vertical_dilation, horizontal_dilation**)。该参数的默认值为 1。

- **groups**：控制输入节点与输出节点之间的连接。groups=1 表示所有输入与所有输出都有关联。groups=2 表示实际上有两个并列的卷积层，因此，一半的输入进入一半的输出。该参数的默认值为 1。
- **bias**：是否使用偏差。该参数的默认值为 True。

3. 线性

```
torch.nn.Linear()
```

这是一个由稠密连接的神经元组成的神经网络层。基本上，该层中的每个节点都与前面的层和后面的层(如果存在)完全连接。

下面列出了对应的参数。

- **in_features**：每个输入样本的大小；输入的数量。
- **out_features**：每个输出样本的大小；输出的数量。
- **bias**：是否使用偏差。该参数的默认值为 True。

4. 最大池化一维

```
torch.nn.MaxPool1d()
```

该层对一维输入应用最大池化。如果想要更好地了解最大池化的工作方式，请参见第 3 章中的相关内容。一维最大池化与二维最大池化类似，只不过滑动窗口仅在一个维度上适用，从左向右。

下面列出了该函数使用的各个参数。

- **kernel_size**：池化窗口的大小。如果给定了整数 n，则池化层的窗口大小为 1×n。
- **stride**：如果未传入任何值，则默认为 kernel_size。如果传入一个整数，在对一组条目完成池化操作以后，将按照整数 n 移动池化窗口。
- **padding**：一个整数 n，表示在两侧添加的零填充。该参数的默认值为 0。
- **dilation**：与卷积层中的膨胀因子类似，只不过是用于最大池化。该参数的默认值为 1。
- **return_indices**：如果设置为 True，将随输出一起返回最大值的索引。该参数的默认值为 False。
- **ceil_mode**：如果设置为 True，将使用向上取整而不是向下取整的方式来计算输出形状。之所以要用到这种计算，是因为涉及维度降低(核大小 n 会按照因子 n 来降低维度)。

5. 最大池化二维

```
torch.nn.MaxPool2d()
```

该层对二维输入应用最大池化。如果想要更好地了解最大池化的工作方式，请参见第 3 章中的相关内容。

下面列出了该函数使用的各个参数。

- **kernel_size**: 池化窗口的大小。如果给定了整数 n，则池化层的窗口大小为 1×n。如果该参数是由两个整数组成的元组，则允许你将维度指定为(**高度, 宽度**)。

- **stride**：如果未传入任何值，则默认为 kernel_size。如果传入一个整数，在对一组条目完成池化操作以后，将按照整数 n 移动池化窗口。如果该参数是由两个整数组成的元组，则允许你指定(**vertical_shift, horizontal_shift**)。

- **padding**：一个整数 n，表示在两侧添加的零填充。如果该参数是由两个整数组成的元组，则允许你指定(**vertical_padding, horizontal_padding**)。该参数的默认值为 0。

- **dilation**：与卷积层中的膨胀因子类似，只不过是用于最大池化。如果指定整数 n，则表示膨胀因子为 n。如果该参数是由两个整数组成的元组，则允许你指定(**vertical_dilation, horizontal_dilation**)。该参数的默认值为 1。

- **return_indices**：如果设置为 True，将随输出一起返回最大值的索引。该参数的默认值为 False。

- **ceil_mode**：如果设置为 True，将使用向上取整而不是向下取整的方式来计算输出形状。之所以要用到这种计算，是因为涉及维度降低(核大小 n 会按照因子 n 来降低维度)。

6. 零填充二维

`torch.nn.ZeroPad2d()`

根据输入内容，会针对输入序列在图像张量的顶部、左侧、右侧和底部填充若干行和列的零。

下面列出了该函数使用的参数。

- **padding**：一个整数或由四个整数组成的元组。该整数会告诉层在图像张量的顶部和底部添加 n 行零以及 n 列零。由四个整数组成的元组格式为(padding_left, padding_right, padding_top, padding_bottom)，因此，可对层添加多少行零或多少列零的方式进行更大程度的自定义。

7. 丢弃

`torch.nn.Dropout()`

在 PyTorch 中，丢弃层的作用是获取输入，然后使用伯努利分布中的样本根据特定的概率 p 对元素进行随机零化。这个过程是随机的，因此，每次向前通过模型，都会选择不同的元素进行零化。该过程有助于实现层输出正则化，还可以帮助防止出现过拟合问题。

下面列出了该函数使用的参数。

- **p**：某个元素进行零化的概率。该参数的默认值为 0.5。
- **inplace**：如果设置为 True，将就地执行操作。该参数的默认值为 False。

可以将此定义为模型本身内的一个层，或者像下面这样在 forward 函数中应用丢弃：

```
torch.nn.functional.Dropout(input, p = 0.5, training=False,
inplace=False)
```

input 是上一层，而 training 参数用于确定是否希望此丢弃层在训练以外发挥作用(例如，在评估过程中)。

图 B-18 显示了有关如何在 forward 函数中使用该层的一个示例。

```
In [ ]:  1  def forward(self, x):
         2      x = nn.functional.relu(self.conv_1(x))
         3      x = nn.functional.dropout(x, 0.25)
         4      x = nn.functional.relu(self.conv_2(x))
         5      ...
```

图 B-18　模型的 forward 函数中的丢弃层

通过上面的介绍可知，对于丢弃层，可以采用两种方式来应用它，二者会生成类似的输出。实际上，该层本身是丢弃的函数版本的扩展，而丢弃本身是一个接口。具体选择哪一种方式完全取决于个人喜好，因为二者仍然都是丢弃层，在行为上没有实质性差别。

8. ReLU

```
torch.nn.ReLU()
```

ReLU 的全称为 Rectified Linear Unit，即"修正线性单元"，它基于图 B-19 中所示的函数执行简单的激活。

$$f(x) = \max(0, x)$$

图 B-19　ReLU 遵循的通用公式

下面列出了该函数使用的参数。

● **inplace**：如果设置为 True，将就地执行操作。该参数的默认值为 False。

有关 ReLU 函数的图形表示示例，请参见图 B-20。

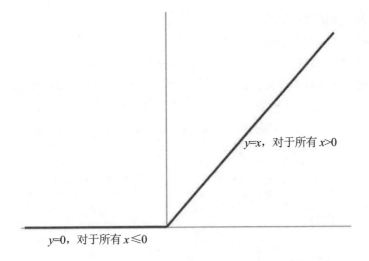

$y=x$，对于所有 $x>0$

$y=0$，对于所有 $x \leqslant 0$

图 B-20　ReLU 函数的一般图形表示

与丢弃类似，可将此定义为模型本身内的一个层，或者像下面这样在 forward 函数中应用 ReLU：

```
torch.nn.functional.relu(input, inplace=False)
```

input 是上一层。

图 B-21 显示了有关如何在 forward 函数中使用该层的一个示例。

与丢弃一样，可以采用两种方式来应用 ReLU，但具体选择哪种方式完全取决于个人喜好。

```
In [ ]:   1   def forward(self, x):
          2       x = nn.functional.relu(self.conv_1(x))
          3       x = nn.functional.dropout(x, 0.25)
          4       x = nn.functional.relu(self.conv_2(x))
          5       ...
```

图 B-21　模型的 forward 函数中的 ReLU 层

9. softmax

```
torch.nn.softmax()
```

该函数针对给定的维度执行 softmax。

softmax 的通用公式如图 B-22 所示(其中 k 是样本数量)。

$$\sigma(x)_i = \frac{e^{x_i}}{\sum_{j=1}^{k} e^{x_j}} \quad 对于 i = 1,...,k \quad 以及 \quad x = (x_1,...,x_k) \in R^k$$

图 B-22　softmax 的通用公式。参数 i 会逐渐增加，直至达到样本的总数，即 k

下面列出了该函数使用的参数。

- **dim**：计算 softmax 所沿的维度，通过整数 n 来确定。在这种情况下，该维度上的每个截取分片加起来的和为 1。该参数的默认值为 None。

可以将此定义为模型本身内的一个层，或者像下面这样在 forward 函数中应用 softmax：

```
torch.nn.functional.softmax(input, dim=None, _stacklevel=3)
```

input 是上一层。

图 B-23 显示了有关如何在 forward 函数中使用该层的一个示例。

```
In [ ]:    1  def forward(self, x):
           2      ...
           3      x = nn.functional.dropout(x, 0.5)
           4      x = nn.functional.softmax(self.dense_1(x), dim=1)
           5      return x
           6
```

图 B-23　模型的 forward 函数中的 softmax 层

但是，如果使用的是 NLLL(负对数似然)损失，该函数并不是非常适合，这种情况下，你应该改用 LogSoftmax。

10. LogSoftmax

```
torch.nn.LogSoftmax()
```

该函数针对给定的维度执行 softmax 激活，但通过对数函数进行传递。

对数 softmax 的通用公式如图 B-24 所示(其中 k 是样本数量)。

$$\sigma(x)_i = \log\left(\frac{e^{x_i}}{\sum_{j=1}^{k} e^{x_j}}\right) \quad 对于 \, i = 1, ..., k \quad 以及 \quad x = (x_1, ..., x_k) \in R^k$$

图 B-24　对数 softmax 的通用公式。值 i 会逐渐增加，直至达到样本的总数，即 k

下面列出了该函数使用的参数。

- **dim**：计算 softmax 所沿的维度，通过整数 n 来确定。在这种情况下，该维度上的每个截取分片加起来的和为 1。该参数的默认值为 None。

可以将此定义为模型本身内的一个层，或者像下面这样在 forward 函数中应用 softmax：

```
torch.nn.functional.log_softmax(input, dim=None, _stacklevel=3)
```

input 是上一层。

图 B-25 显示了有关如何在 forward 函数中使用该层的一个示例。

```
In [ ]:  1  def forward(self, x):
         2      ...
         3      x = nn.functional.dropout(x, 0.5)
         4      x = nn.functional.log_softmax(self.dense_1(x), dim=1)
         5      return x
```

图 B-25　模型的 forward 函数中的对数 softmax 层

11. S 型

`torch.nn.Sigmoid()`

该函数执行 S 型激活。

S 型函数有其自己的用途，主要是因为它强制要求输入介于 0 和 1 之间，但它比较容易导致梯度消失问题，因此在隐藏层中很少使用。

该函数没有任何参数，因此，只是简单的函数调用。

如果想要了解相应方程式的图形表示，请参见图 B-26。

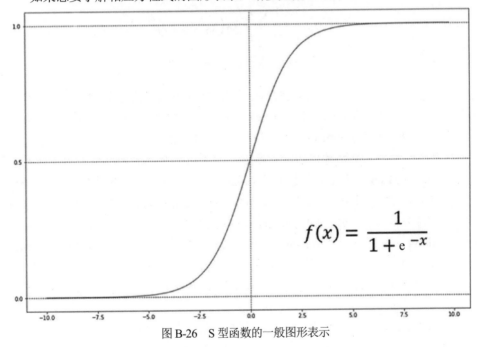

$$f(x) = \frac{1}{1 + e^{-x}}$$

图 B-26　S 型函数的一般图形表示

可以将此定义为模型本身内的一个层，或者像下面这样在 forward 函数中应用 S 型函数：

`torch.nn.functional.sigmoid(input)`

input 是上一层。

图 B-27 显示了有关如何在 forward 函数中使用该层的一个示例。

```
In [ ]:  1  def forward(self, x):
         2      ...
         3      x = nn.functional.dropout(x, 0.5)
         4      x = nn.functional.sigmoid(self.dense_1(x), dim=1)
         5      return x
```

图 B-27　模型的 forward 函数中的 S 型函数层

B.2.3　损失函数

1. MSE

`torch.nn.MSELoss()`

如果你对此方程式的表示法有疑问，请阅读第 3 章中的相关内容。方程式如图 B-28 所示。

$$J(\theta) = \frac{1}{n} \sum_{i=1}^{n} \big(h_\theta(x_i) - y_i\big)^2$$

图 B-28　均方损失的通用公式

给定输入 θ (也就是权重)，该公式可以得出预测值与实际值之间的均方差。参数 h_θ 表示传入权重参数 θ 的模型，因此，$h_\theta(x_i)$ 可以得出模型的权重 θ 下 x_i 的预测值。参数 y_i 表示索引 i 处的数据点的实际预测。最后，总共有 n 个条目。

该函数使用多个参数(建议尽量不要使用其中的两个)，如下所述。

- **size_average**：建议尽量使用 reduction 而不使用该参数。该参数的默认设置为 True，在默认情况下，会针对批中的每个损失元素计算损失平均值。如果设置为 False，则针对每个小批(minibatch)计算损失总和。

- **reduce**：建议尽量使用 reduction 而不使用该参数。该参数的默认设置为 True，在默认情况下，会根据 size_average 的设置，针对每个小批计算观测值的损失平均值或总和。如果设置为 False，则会针对每个批元素返回一个损失并忽略 size_average。

- **reduction**：一个字符串值，用于指定要完成的缩减类型。可在 none、elementwise_mean 或 sum 之间进行选择。none 表示不应用缩减，elementwise_mean 会将输出的总和除以输出中的元素数，而 sum 则仅对输出进行求和。默认设置为 elementwise_mean。注意，如果指定 size_average 或 reduce，该参数将被覆盖。

可以在自动编码器中使用此损失度量指标来帮助评估重构输出与原始输出之间的差异。对于异常检测来说，可以使用此度量指标将异常与正常数据点分离开来，因为异常的重构误差更高一些。

2. 交叉熵

`torch.nn.CrossEntropyLoss()`

方程式如图 B-29 所示。

$$J(\theta) = -\frac{1}{n}\sum_{i=0}^{n} y_i * log(h_\theta(x_i)) + (1 - y_i) * \log(1 - h_\theta(x_i))$$

图 B-29　交叉熵损失的通用公式

在这种情况下，n 是整个数据集中的样本数。参数 h_θ 表示传入权重参数 θ 的模型，因此，$h_\theta(x_i)$ 可以得出模型的权重 θ 下 x_i 的预测值。最后，y_i 表示索引 i 处的数据点的真实标签。需要将数据正则化为介于 0 和 1 之间，因此，对于分类交叉熵来说，必须使其通过 softmax 激活层。分类交叉熵损失也称为 **softmax 损失**。

可以将前面的方程式书写为图 B-30 中所示的形式，二者是等效的。

$$J(\theta) = -\frac{1}{n}\sum_{i=0}^{n}\sum_{j=0}^{m} y_{ij} * \log(h_\theta(x_{ij})$$

图 B-30　另一种书写图 B-29 中的方程式的方式

在这种情况下，m 是类数。

分类交叉熵损失是分类任务中的常用度量指标，特别是在使用卷积神经网络的计算机视觉中。

该函数使用多个参数(建议尽量不要使用其中的两个)，如下所述。

- **weight**：(可选)一个张量，表示类数 n 的大小。这从本质上来说是指定给每个类的权重，这样，某些类的权重会更大一些，从而对整体损失和优化问题的影响也更大。

- **size_average**：(建议尽量使用 reduction 而不使用该参数)该参数的默认设置为 True，在默认情况下，会针对批中的每个损失元素计算损失平均值。如果设置为 False，则针对每个小批(minibatch)计算损失总和。

- **ignore_index**：(可选)一个整数，用于指定将被忽略从而不对输入梯度产生影响的目标值。如果 size_average 设置为 True，则会针对没有忽略的目标计算损失平均值。

- **reduce**：(建议尽量使用 reduction 而不使用该参数)该参数的默认设置为 True，默认情况下，会根据 size_average 的设置，针对每个小批计算观测值的损失平均值或总和。如果设置为 False，则会针对每个批元素返回一个损失并忽略 size_average。

- **reduction**：一个字符串值，用于指定要完成的缩减类型。可在 none、elementwise_mean 或 sum 之间进行选择。none 表示不应用缩减，elementwise_mean 会将输出的总和除以输出中的元素数，而 sum 则仅对输出进行求和。默认设置为 elementwise_mean。注意，如果指定 size_average 或 reduce，那么该参数将被覆盖。

B.2.4　优化器

1. SGD

```
torch.optim.SGD()
```

这里的 SGD 指的是**随机梯度下降**优化器，这种类型的算法可以通过调整权重在反向传播过程中提供帮助。在各种机器学习应用中，这都是一种常用的训练算法，其中也包括神经网络。

该函数使用多个参数，如下所述。

- **params**：要优化的某些可迭代参数，或者具有参数组的词典。这可能是 model.parameters()这样的内容。
- **lr**：一个用于指定学习率的浮点值。
- **momentum**：(可选)用于指定动量因子的浮点值。该参数有助于在优化方向上加速优化步，同时有助于降低超过局部最小值时的振荡(可以回顾前面第 3 章中的相关内容，加深对损失函数优化方式的理解)。该参数的默认值为 0。
- **weight_decay**：对于过高权重的 l2 惩罚项，有助于激励采用更小的模型权重。该参数的默认值为 0。
- **dampening**：动量的阻尼因子。该参数的默认值为 0。
- **nesterov**：布尔值，用于确定是否应用 nesterov 动量。nesterov 动量是动量的一种变体形式，它不是从当前位置计算梯度，而是从将动量计算在内的位置进行计算。这是因为梯度始终指向正确方向，而动量可能使位置向前太多并超过目标。由于不使用当前位置，而是使用将动量计算在内的中间位置，从该位置的梯度可以帮助更正当前进展，以使动量不会让新权重向前太多。从本质上讲，它有助于实现更准确的权重更新，同时有助于更快实现收敛。该参数的默认值为 False。

2. Adam

```
torch.optim.Adam()
```

Adam 优化器是在 SGD 基础上进行扩展而得出的一种算法,在各种深度学习应用、计算机视觉和自然语言处理等方面得到广泛运用。

下面列出了该函数使用的参数。

- **params**：要优化的某些可迭代参数，或者具有参数组的词典。这可能是 model.parameters()这样的内容。
- **lr**：一个用于指定学习率的浮点值。该参数的默认值为 0.001 (或 1e-3)。
- **betas**：(可选)由两个浮点数组成的元组，用于定义 beta 值 beta_1 和 beta_2。本文中使用(0.9, 0.999)来表示良好的结果，这也是该参数的默认值。
- **eps**：(可选)满足 epsilon e≥0 条件的浮点值。Epsilon 指的是很小的数字，在本文中描述为 10E-8，用于帮助防止除数为 0。该参数的默认值为 1e-8。
- **weight_decay**：对于过高的权重的 l2 惩罚项，有助于激励采用更小的模型权重。该参数的默认值为 0。
- **amsgrad**：布尔值，指示是否应用该算法的 AMSGrad 版本。有关实现此算法的详细信息,请阅读论文"On the Convergence of Adam and Beyond"(关于 Adam 算法收敛性及其改进方法的讨论)。该参数的默认值为 False。

3. RMSProp

```
torch.optim.RMSprop()
```

RMSprop 算法非常适合循环神经网络。RMSprop 是一种基于梯度的优化技术，其开发目的是帮助解决梯度变得过大或过小的问题。RMSprop 通过使用平方梯度的平均值归一化梯度本身来帮助解决这一问题。在第 7 章中，我们曾经指出 RNN 存在梯度消失/梯度爆炸问题，并且为了解决这个问题而开发出 LSTM 和 GRU 网络。因此，RMSprop 非常适合与循环神经网络结合使用也就不足为奇了。

下面列出了该函数使用的各个参数。

- **params**：要优化的某些可迭代参数，或者具有参数组的词典。这可能是 model.parameters()这样的内容。
- **lr**：一个用于指定学习率的浮点值。该参数的默认值为 0.01 (或 1e-2)。
- **momentum**：(可选)用于指定动量因子的浮点值。该参数有助于在优化方向上加速优化步，同时有助于降低超过局部最小值时的振荡(可以回顾前面第 3 章中的相关内容，加深对损失函数优化方式的理解)。该参数的默认值为 0。
- **alpha**：(可选)平滑常数。该参数的默认值为 0.99。

- **eps**：(可选)满足 epsilon e≥0 条件的浮点值。Epsilon 指的是很小的数字，在本文中描述为 10E-8，用于帮助防止除数为 0。该参数的默认值为 1e-8。
- **centered**：(可选)如果设置为 True，则计算无偏 RMSprop，并根据方差估计值来归一化梯度。该参数的默认值为 False。
- **weight_decay**：对于过高的权重的 l2 惩罚项，有助于激励采用更小的模型权重。该参数的默认值为 0。

现在，希望你通过查看 PyTorch 提供的部分功能而对它的工作方式有了更深入的了解。你按照组织有序的格式构建了一个模型并将其应用于 MNIST 数据集，而且通过学习层的相关知识、模型是如何构造的、激活是如何执行的以及损失函数和优化器是什么，了解 PyTorch 的一些基础知识。

B.3　PyTorch 中的时域卷积网络

现在，我们来通过一个示例看一看如何使用 PyTorch 构造时域卷积网络并将其应用于第 7 章中的信用卡数据集。

膨胀时域卷积网络

我们要在 PyTorch 中重新构造的特定 TCN 是第 7 章中的膨胀 TCN。

与之前一样，首先要导入必需的模块并定义设备(见图 B-31 和图 B-32)。

```python
import numpy as np
import pandas as pd
import keras
from sklearn.model_selection import train_test_split
from sklearn.preprocessing.data import StandardScaler
import torch
import torch.nn as nn
import torch.nn.functional as F


# Hyperparameters
num_epochs = 30
num_classes = 2
learning_rate = 0.002


device = torch.device('cuda:0' if torch.cuda.is_available() else
'cpu')
```

图 B-31　导入必需的模块

```
In [14]:    1  import numpy as np
            2  import pandas as pd
            3  from sklearn.model_selection import train_test_split
            4  from sklearn.preprocessing.data import StandardScaler
            5  import torch
            6  import torch.nn as nn
            7  import torch.nn.functional as F
            8
            9  # Hyperparameters
           10  num_epochs = 30
           11  num_classes = 2
           12  learning_rate = 0.002
           13
           14  device = torch.device('cuda:0' if torch.cuda.is_available() else 'cpu')
```

图 B-32　图 B-31 中的代码在 Jupyter 单元中的显示情况

接下来加载数据集(见图 B-33)。

```
df = pd.read_csv("datasets/creditcardfraud/creditcard.csv",
sep=",", index_col=None)

print(df.shape)

df.head()
```

图 B-33　加载数据集并显示前五行

运行上述代码得到的输出结果应该如图 B-34 所示。

```
In [2]:    1  df = pd.read_csv("datasets/creditcardfraud/creditcard.csv", sep=",", index_col=None)
           2  print(df.shape)
           3  df.head()
```

(284807, 31)

Out[2]:

	Time	V1	V2	V3	V4	V5	V6	V7	V8	V9	...	V:
0	0.0	-1.359807	-0.072781	2.536347	1.378155	-0.338321	0.462388	0.239599	0.098698	0.363787	...	-0.0183
1	0.0	1.191857	0.266151	0.166480	0.448154	0.060018	-0.082361	-0.078803	0.085102	-0.255425	...	-0.2257
2	1.0	-1.358354	-1.340163	1.773209	0.379780	-0.503198	1.800499	0.791461	0.247676	-1.514654	...	0.2479
3	1.0	-0.966272	-0.185226	1.792993	-0.863291	-0.010309	1.247203	0.237609	0.377436	-1.387024	...	-0.1083
4	2.0	-1.158233	0.877737	1.548718	0.403034	-0.407193	0.095921	0.592941	-0.270533	0.817739	...	-0.0094

5 rows × 31 columns

图 B-34　运行图 B-33 中的代码得到的输出结果

需要对 Time 和 Amount 的值进行标准化,因为它们可能会变得非常大。数据集中的其他所有内容已经进行了标准化。运行图 B-35 中的代码。

```
df['Amount'] =
StandardScaler().fit_transform(df['Amount'].values.reshape(-1, 1))

df['Time'] =
StandardScaler().fit_transform(df['Time'].values.reshape(-1, 1))

df.tail()
```

图 B-35　对 Amount 和 Time 列中的值进行标准化

运行上述代码得到的输出结果应该如图 B-36 所示。

```
In [3]:  df['Amount'] = StandardScaler().fit_transform(df['Amount'].values.reshape(-1, 1))
         df['Time'] = StandardScaler().fit_transform(df['Time'].values.reshape(-1, 1))
         df.tail()
```

Out[3]:

	Time	V1	V2	V3	V4	V5	V6	V7	V8	
284802	1.641931	-11.881118	10.071785	-9.834783	-2.066656	-5.364473	-2.606837	-4.918215	7.305334	1.91
284803	1.641952	-0.732789	-0.055080	2.035030	-0.738589	0.868229	1.058415	0.024330	0.294869	0.58
284804	1.641974	1.919565	-0.301254	-3.249640	-0.557828	2.630515	3.031260	-0.296827	0.708417	0.43
284805	1.641974	-0.240440	0.530483	0.702510	0.689799	-0.377961	0.623708	-0.686180	0.679145	0.39
284806	1.642058	-0.533413	-0.189733	0.703337	-0.506271	-0.012546	-0.649617	1.577006	-0.414650	0.48

5 rows × 31 columns

图 B-36　运行图 B-35 中的代码得到的输出结果

现在，定义正常数据集和异常数据集(见图 B-37)。

```
anomalies = df[df["Class"] == 1]

normal = df[df["Class"] == 0]


anomalies.shape, normal.shape
```

图 B-37　定义异常数据集和正常数据集

运行上述代码得到的输出结果应该如图 B-38 所示。

```
In [4]:  anomalies = df[df["Class"] == 1]
         normal = df[df["Class"] == 0]

         anomalies.shape, normal.shape

Out[4]: ((492, 31), (284315, 31))
```

图 B-38　运行图 B-37 中的代码得到的输出结果

将异常与正常数据隔离后，我们来创建训练集和测试集(见图 B-39)。

```
for f in range(0, 20):
    normal = normal.iloc[np.random.permutation(len(normal))]


data_set = pd.concat([normal[:10000], anomalies])

x_train, x_test = train_test_split(data_set, test_size = 0.4,
random_state = 42)

x_train = x_train.sort_values(by=['Time'])
x_test = x_test.sort_values(by=['Time'])

y_train = x_train["Class"]
y_test = x_test["Class"]

x_train.head(10)
```

图 B-39　创建训练数据集和测试数据集

运行上述代码得到的输出结果应该如图 B-40 所示。

In [5]:

```
for f in range(0, 20):
    normal = normal.iloc[np.random.permutation(len(normal))]


data_set = pd.concat([normal[:10000], anomalies])

x_train, x_test = train_test_split(data_set, test_size = 0.4, random_state = 42)

x_train = x_train.sort_values(by=['Time'])
x_test = x_test.sort_values(by=['Time'])

y_train = x_train["Class"]
y_test = x_test["Class"]

x_train.head(10)
```

Out[5]:

	Time	V1	V2	V3	V4	V5	V6	V7	V8	
8	-1.996436	-0.894286	0.286157	-0.113192	-0.271526	2.669599	3.721818	0.370145	0.851084	-0.392
99	-1.995151	1.232996	0.189454	0.491040	0.633673	-0.511574	-0.990609	0.066240	-0.196940	0.075
118	-1.994983	-0.997176	0.228365	1.715340	-0.420067	0.560838	0.564725	0.846047	0.197491	-0.097
177	-1.994182	1.194066	-0.072582	0.635286	0.768616	-0.735584	-0.673466	-0.146299	-0.065653	0.646
225	-1.993488	-2.687978	4.390230	-2.360483	0.360829	1.310192	-1.645253	2.327776	-1.727825	4.324
259	-1.992729	0.726749	-0.528042	0.050366	1.373621	-0.124122	0.415688	0.259555	0.085114	-0.003
356	-1.991087	1.260328	0.299161	0.527681	0.614899	-0.420592	-0.977533	0.108485	-0.244502	-0.058
374	-1.990834	1.124355	-0.132953	0.588467	0.804871	-0.726266	-0.521875	-0.167010	0.059298	0.368
379	-1.990729	-1.092301	0.430750	1.249785	0.429757	1.272076	0.548203	-0.120592	0.452571	-0.414
400	-1.990476	-0.695818	0.581773	2.378180	0.063396	0.329119	-0.449865	1.269104	-0.758363	0.381

10 rows × 31 columns

图 B-40　运行图 B-39 中的代码得到的输出结果

定义了数据集后，你需要对值进行重塑，以使神经网络可接受它们(见图 B-41)。

```python
x_train = np.array(x_train).reshape(x_train.shape[0], 1,
x_train.shape[1])

x_test = np.array(x_test).reshape(x_test.shape[0], 1,
x_test.shape[1])


y_train = np.array(y_train).reshape(y_train.shape[0] , 1)

y_test = np.array(y_test).reshape(y_test.shape[0], 1)


print("Shapes:\nx_train:%s\ny_train:%s\n" % (x_train.shape,
y_train.shape))
print("x_test:%s\ny_test:%s\n" % (x_test.shape,
y_test.shape))
```

图 B-41　对训练数据集和测试数据集进行重塑以便可将它们传递到模型中

运行上述代码得到的输出结果应该如图 B-42 所示。

```
In [6]:   1  x_train = np.array(x_train).reshape(x_train.shape[0], 1, x_train.shape[1])
          2  x_test = np.array(x_test).reshape(x_test.shape[0], 1, x_test.shape[1])
          3
          4  y_train = np.array(y_train).reshape(y_train.shape[0] , 1)
          5  y_test = np.array(y_test).reshape(y_test.shape[0], 1)
          6
          7  print("Shapes:\nx_train:%s\ny_train:%s\n" % (x_train.shape, y_train.shape))
          8  print("x_test:%s\ny_test:%s\n" % (x_test.shape, y_test.shape))

Shapes:
x_train:(6295, 1, 31)
y_train:(6295, 1)

x_test:(4197, 1, 31)
y_test:(4197, 1)
```

图 B-42　运行图 B-41 中的代码得到的输出结果

现在，可以定义模型(见图 B-43 和图 B-44)。

```python
class TCN(nn.Module):

    def __init__(self):
        super(TCN, self).__init__()


        self.conv_1 = nn.Conv1d(1, 128, kernel_size=2, dilation=1,
padding=((2-1) * 1))
        self.conv_2 = nn.Conv1d(128, 128, kernel_size=2, dilation=2,
padding=((2-1) * 2))
        self.conv_3 = nn.Conv1d(128, 128, kernel_size=2, dilation=4,
padding=((2-1) * 4))
        self.conv_4 = nn.Conv1d(128, 128, kernel_size=2, dilation=8,
padding=((2-1) * 8))
        self.dense_1 = nn.Linear(31*128  , 128)
        self.dense_2 = nn.Linear(128, num_classes)
```

图 B-43　TCN 类的第一部分

```python
def forward(self, x):
        x = self.conv_1(x)

        x = x[:, :, :-self.conv_1.padding[0]]

        x = F.relu(x)

        x = F.dropout(x, 0.05)

        x = self.conv_2(x)

        x = x[:, :, :-self.conv_2.padding[0]]

        x = F.relu(x)

        x = F.dropout(x, 0.05)

        x = self.conv_3(x)

        x = x[:, :, :-self.conv_3.padding[0]]

        x = F.relu(x)

        x = F.dropout(x, 0.05)

        x = self.conv_4(x)

        x = x[:, :, :-self.conv_4.padding[0]]

        x = F.relu(x)

        x = F.dropout(x, 0.05)

        x = x.view(-1, 31*128)

        x = F.relu(self.dense_1(x))

        x = self.dense_2(x)

        return F.log_softmax(x, dim=1)
```

图 B-44　TCN 类中的 forward 函数

模型的代码应该如图 B-45 所示。

```
In [13]:  1  class TCN(nn.Module):
          2      def __init__(self):
          3          super(TCN, self).__init__()
          4
          5          self.conv_1 = nn.Conv1d(1, 128, kernel_size=2, dilation=1, padding=((2-1) * 1))
          6          self.conv_2 = nn.Conv1d(128, 128, kernel_size=2, dilation=2, padding=((2-1) * 2))
          7          self.conv_3 = nn.Conv1d(128, 128, kernel_size=2, dilation=4, padding=((2-1) * 4))
          8          self.conv_4 = nn.Conv1d(128, 128, kernel_size=2, dilation=8, padding=((2-1) * 8))
          9          self.dense_1 = nn.Linear(31*128, 128)
         10          self.dense_2 = nn.Linear(128, num_classes)
         11
         12      def forward(self, x):
         13          x = self.conv_1(x)
         14          x = x[:, :, :-self.conv_1.padding[0]]
         15          x = F.relu(x)
         16          x = F.dropout(x, 0.05)
         17          x = self.conv_2(x)
         18          x = x[:, :, :-self.conv_2.padding[0]]
         19          x = F.relu(x)
         20          x = F.dropout(x, 0.05)
         21          x = self.conv_3(x)
         22          x = x[:, :, :-self.conv_3.padding[0]]
         23          x = F.relu(x)
         24          x = F.dropout(x, 0.05)
         25          x = self.conv_4(x)
         26          x = x[:, :, :-self.conv_4.padding[0]]
         27          x = F.relu(x)
         28          x = F.dropout(x, 0.05)
         29          x = x.view(-1, 31*128)
         30          x = F.relu(self.dense_1(x))
         31          x = self.dense_2(x)
         32          return F.log_softmax(x, dim=1)
```

图 B-45　图 B-43 和图 B-44 中的代码在 Jupyter 单元中的显示情况。这些代码可定义整个模型

现在，可以定义训练函数和测试函数(见图 B-46、图 B-47 和图 B-48)。

```
def train(model, device, x_train, y_train, criterion, optimizer,
epoch, save_dir='TCN_CreditCard_PyTorch.ckpt'):

    total_step = len(x_train)


    x_train = torch.Tensor(x_train).cuda().float()

    y_train = torch.Tensor(y_train).cuda().long()


    x_train.to(device)

    y_train.to(device)


    # Forward pass

    outputs = model(x_train)

    loss = criterion(outputs, y_train.squeeze(1))


    # Backward and optimize

    optimizer.zero_grad()

    loss.backward()

    optimizer.step()


    print('Epoch {}/{}, Loss: {:.4f}'.format(epoch+1,
num_epochs, loss.item()))


    torch.save(model.state_dict(), save_dir)
```

图 B-46　训练函数。由于没有数据加载器，将 x_train 和 y_train 转换为张量后直接将其传入 GPU。然后传送输入，并计算梯度

```
In [12]:  1  def train(model, device, x_train, y_train, criterion, optimizer, epoch, save_dir='TCN_CreditCard_PyTorch.ckpt'):
          2      total_step = len(x_train)
          3
          4      x_train = torch.Tensor(x_train).cuda().float()
          5      y_train = torch.Tensor(y_train).cuda().long()
          6
          7      x_train.to(device)
          8      y_train.to(device)
          9
         10      # Forward pass
         11      outputs = model(x_train)
         12      loss = criterion(outputs, y_train.squeeze(1))
         13
         14      # Backward and optimize
         15      optimizer.zero_grad()
         16      loss.backward()
         17      optimizer.step()
         18
         19      print('Epoch {}/{}, Loss: {:.4f}'.format(epoch+1, num_epochs, loss.item()))
         20
         21      torch.save(model.state_dict(), save_dir)
```

图 B-47　图 B-46 中的代码在 Jupyter 单元中的显示情况

```
from sklearn.metrics import roc_auc_score


def test(model, device, x_test, y_test):

    preds = []

    y_true = []


    # Set model to evaluation mode.

    model.eval()

    with torch.no_grad():

        correct = 0

        total = 0


        x_test = torch.Tensor(x_test).cuda().float()

        y_test = torch.Tensor(y_test).cuda().long()


        x_test = x_test.to(device)

        y_test = y_test.to(device)

        y_test = y_test.squeeze(1)

        outputs = model(x_test)

        _, predicted = torch.max(outputs.data, 1)

        total += y_test.size(0)

        correct += (predicted == y_test).sum().item()

        detached_pred = predicted.detach().cpu().numpy()

        detached_label = y_test.detach().cpu().numpy()
```

图 B-48　测试函数。由于没有数据加载器，在能够基于测试集做出预测之前，必须将其转换为张量并
传入 GPU。然后与准确率值一起生成 AUC 分数

测试函数代码的其余部分如图 B-49 所示。

```python
for f in range(0, len(detached_label)):
            preds.append(detached_pred[f])
            y_true.append(detached_label[f])


    print('Test Accuracy of the model on the 10000
test images: {:.2%}'.format(correct / total))


    preds = np.eye(num_classes)[preds]
    y_true = np.eye(num_classes)[y_true]
    auc = roc_auc_score(np.round(preds), y_true)
    print("AUC: {:.2%}".format (auc))
```

图 B-49　测试函数的其余部分。这些代码用于计算 AUC 分数和准确率值

整个测试函数应该如图 B-50 所示。

```python
In [218]:
1  from sklearn.metrics import roc_auc_score
2
3  def test(model, device, x_test, y_test):
4      preds = []
5      y_true = []
6
7      # Set model to evaluation mode.
8      model.eval()
9      with torch.no_grad():
10         correct = 0
11         total = 0
12
13         x_test = torch.Tensor(x_test).cuda().float()
14         y_test = torch.Tensor(y_test).cuda().long()
15
16         x_test = x_test.to(device)
17         y_test = y_test.to(device)
18         y_test = y_test.squeeze(1)
19         outputs = model(x_test)
20         _, predicted = torch.max(outputs.data, 1)
21         total += y_test.size(0)
22         correct += (predicted == y_test).sum().item()
23         detached_pred = predicted.detach().cpu().numpy()
24         detached_label = y_test.detach().cpu().numpy()
25         for f in range(0, len(detached_label)):
26             preds.append(detached_pred[f])
27             y_true.append(detached_label[f])
28
29         print('Test Accuracy of the model on the 10000 test images: {:.2%}'.format(correct / total))
30
31         preds = np.eye(num_classes)[preds]
32         y_true = np.eye(num_classes)[y_true]
33         auc = roc_auc_score(np.round(preds), y_true)
34         print("AUC: {:.2%}".format (auc))
```

图 B-50　整个测试函数，由图 B-48 和图 B-49 中的代码组成

最后，可以对模型进行训练，如图 B-51 所示。

```
model = TCN().to(device)

criterion = nn.CrossEntropyLoss()

optimizer = torch.optim.Adam(model.parameters(),
lr=learning_rate)




## Training phase


for epoch in range(0, num_epochs):
    train(model, device, x_train, y_train, criterion,
optimizer, epoch)
```

图 B-51　初始化 TCN 模型，将 criterion 定义为交叉熵损失，并定义优化器(Adam 优化器)

运行上述代码得到的输出结果应该如图 B-52 所示。

```
In [15]:   1
           2  model = TCN().to(device)
           3  criterion = nn.CrossEntropyLoss()
           4  optimizer = torch.optim.Adam(model.parameters(), lr=learning_rate)
           5
           6
           7  ## Training phase
           8
           9  for epoch in range(0, num_epochs):
          10      train(model, device, x_train, y_train, criterion, optimizer, epoch)
          11
```

```
Epoch 1/30, Loss: 0.7319
Epoch 2/30, Loss: 0.5128
Epoch 3/30, Loss: 0.3454
Epoch 4/30, Loss: 0.2430
Epoch 5/30, Loss: 0.1245
Epoch 6/30, Loss: 0.1041
Epoch 7/30, Loss: 0.0684
Epoch 8/30, Loss: 0.0737
Epoch 9/30, Loss: 0.0646
Epoch 10/30, Loss: 0.0672
Epoch 11/30, Loss: 0.0650
Epoch 12/30, Loss: 0.0545
Epoch 13/30, Loss: 0.0526
Epoch 14/30, Loss: 0.0428
Epoch 15/30, Loss: 0.0403
Epoch 16/30, Loss: 0.0409
Epoch 17/30, Loss: 0.0453
Epoch 18/30, Loss: 0.0366
Epoch 19/30, Loss: 0.0357
Epoch 20/30, Loss: 0.0358
Epoch 21/30, Loss: 0.0351
Epoch 22/30, Loss: 0.0347
Epoch 23/30, Loss: 0.0342
Epoch 24/30, Loss: 0.0333
Epoch 25/30, Loss: 0.0329
Epoch 26/30, Loss: 0.0322
Epoch 27/30, Loss: 0.0316
Epoch 28/30, Loss: 0.0314
Epoch 29/30, Loss: 0.0307
Epoch 30/30, Loss: 0.0304
```

图 B-52　训练过程的输出

现在，可对模型进行评估(见图 B-53)。

```
## Testing phase


test(model, device, x_test,
y_test)
```

图 B-53　调用测试函数

调用测试函数得到的输出结果应该如图 B-54 所示。

```
In [16]:    1  ## Testing phase
            2
            3  test(model, device, x_test, y_test)
```

Test Accuracy of the model on the 10000 test images: 99.14%
AUC: 98.98%

图 B-54　调用测试函数输出的 AUC 值

现在，本示例已经结束，在此过程中，你在 Keras 和 PyTorch 这两种框架中都创建了一个 TCN。通过这种方式，可以清晰明了地比较在两种框架中是如何构建、训练和评估模型的，从而能够观察到两种框架在处理这些过程时有什么类似的地方，有什么不同的地方。

到目前为止，你应该已经对 PyTorch 的工作方式有了更深入的了解，特别是它在哪些方面表现出更直观的特性。回顾一下训练函数以及整个过程，即转换数据集、传递数据给 GPU 和模型、计算梯度以及反向传播。尽管该框架并没有像 Keras 那样进行抽象化处理，但它仍然遵循正常的逻辑性，调用的函数与神经网络的训练过程直接相关。

本附录小结

PyTorch 是一种低级工具，可供你快速创建、训练和测试自己的深度学习模型，不过，相对于在 Keras 中执行相同的操作，PyTorch 要更复杂一些。然而，与 Keras 相比，它可以提供更多功能、更大的灵活性和更高的可自定义性；而与 TensorFlow 相比，它用到的语法要少得多。使用 PyTorch，你不必担心随着操作变得越来越高级而需要切换框架，因为它可以提供足够强大的功能，这使其成为一种非常适合在执行深度学习研究时使用的工具。在你逐步深入地学习和使用深度学习的过程中，PyTorch 应该足以满足你的绝大部分需求，至于到底选择使用 PyTorch 还是 TensorFlow(或 tf.keras + TensorFlow)，则完全取决于你的个人喜好。